互联网 + 职业技能系列

职业入门 ｜ **基础知识** ｜ 系统进阶 ｜ 专项提高

Python

基础实例教程

微课版

Python Development

韦玮 著

人民邮电出版社

北京

图书在版编目（ＣＩＰ）数据

Python基础实例教程：微课版 / 韦玮著. -- 北京：
人民邮电出版社，2018.9（2021.6重印）
（互联网+职业技能系列）
ISBN 978-7-115-48713-1

Ⅰ. ①P… Ⅱ. ①韦… Ⅲ. ①软件工具－程序设计－
教材 Ⅳ. ①TP311.56

中国版本图书馆CIP数据核字(2018)第137030号

内 容 提 要

本书较为全面地介绍了 Python 编程相关的知识。全书共 14 章，包括 Python 开发环境搭建与入门、语法基础、运算符与表达式、控制流、函数、模块、数据结构、常见算法实例、面向对象程序设计、异常处理、文件操作、标准库与其他应用、远程操控计算机项目、腾讯动漫爬虫项目等内容。

本书可以作为高校计算机类专业的教材，也适合作为编程开发人员、计算机销售技术支持的专业人员和广大计算机爱好者的自学参考书。

◆ 著　　　　韦　玮
　　责任编辑　左仲海
　　责任印制　马振武

◆ 人民邮电出版社出版发行　　北京市丰台区成寿寺路 11 号
　　邮编　100164　　电子邮件　315@ptpress.com.cn
　　网址　http://www.ptpress.com.cn
　　北京鑫正大印刷有限公司印刷

◆ 开本：787×1092　1/16
　　印张：15.75　　　　　　　　2018 年 9 月第 1 版
　　字数：421 千字　　　　　　2021 年 6 月北京第 5 次印刷

定价：49.80 元

读者服务热线：(010)81055256　印装质量热线：(010)81055316
反盗版热线：(010)81055315
广告经营许可证：京东市监广登字 20170147 号

前言
Foreword

关于本书

Python 是一门非常适合新手入门的编程语言，语法简洁，易于上手，并且功能十分强大，在许多领域都有着非常广泛的应用。

编者编写本书是希望能够帮助一些没有编程基础或者编程基础薄弱的读者建立起程序设计相关的知识体系。为此，编者为本书配上了全套的视频教程，希望可以让读者学习起来更加轻松，更容易地理解本书中的内容。同时，本书的编排遵循由简到难的原则，知识的难度逐步加大，层层递进。本书的编程实例非常丰富，读者可以跟着书中的实例进行学习。对于初学者来说，在实践中学习不会感觉过于枯燥。

尽管本书已经尽力做到通俗易懂、易于学习，但学习仍然是一件艰苦的事情，希望广大的读者朋友可以坚持下去，早日学会 Python 编程。

勘误与支持

由于编者水平有限，书中难免有一些不足或疏漏之处，恳请各位读者不吝指正。读者可以通过微博"@韦玮 pig"或微信公众平台"正版韦玮"（可以直接扫描最下方二维码添加）反馈相关建议，也可以直接向邮箱 ceo@iqianyue.com 发送邮件（标题注明：勘误反馈-书名）。期待能够收到读者的意见和建议。

致谢

感谢这么久以来一直支持我的学生们！平常公司的工作比较忙，如果没有你们一直以来的支持，在业余时间完成课程的录制及书籍的写作确实太难。你们的支持与包容是我在这个领域一直走下去的动力，非常感谢大家！

特别感谢我的女友！因为编写这本书，少了很多陪你的时间，感谢你的不离不弃与理解，同时，也感谢你帮我完成书稿的校对工作，谢谢你的付出与支持。

特别感谢远方的父母、叔叔、姐姐、爷爷，也特别感谢所有支持我的朋友们。

配套资源下载

读者可以通过以下微信公众平台，或者登录人民邮电出版社教育社区（www.ryjiaoyu.com）下载相关资源。

编者

2018 年 3 月

目录
Contents

第1章

初识Python

■ Python 是一门面向对象的、解释型的编程语言，具有语法简洁、易读、功能强大等特点，对于初学者来说，非常容易上手。而且，使用 Python 可以完成非常多的需求，比如开发网络爬虫，进行自动化运维、自动化测试、逆向编程、量化分析等。所以，Python 这门语言获得了大量IT从业人员以及编程爱好者的喜爱。本章会对 Python 的基础进行介绍，让读者对 Python 有一个快速的认识。

十分钟快速了解
Python

1.1 快速了解 Python

Python 是一门非常优秀的语言，于 1989 年由吉多·范罗苏姆（Guido van Rossum）创立，拥有语法简洁、易于学习、功能强大等多种优势与特点，所以非常受程序员的欢迎。目前 Python 在最流行的 10 种编程语言排行榜中排名第 1。

1.1.1 Python 的起源与背景

1989 年圣诞节期间，荷兰人吉多·范罗苏姆打算开发一门新的语言作为 ABC 语言的继承，随后便以自己非常喜欢的一个喜剧团 Monty Python 的名字中的 Python 为这门新语言命名。就这样，在吉多·范罗苏姆的努力下，Python 语言诞生了。从一开始，吉多·范罗苏姆在 Python 语言的设计中就特别在意易读性与可扩展性。比如强制缩进这方面的设计就参照了当时的 ABC 语言，非常有利于提升程序的易读性。

当然，强制缩进这方面的内容目前还存在着比较大的争议，有些人认为强制缩进让编写变得更加麻烦，而有些人认为强制缩进可以让代码更加整洁。笔者觉得强制缩进还是利大于弊的。虽然在写程序的时候，如果不注意程序的缩进，会导致程序出现错误，稍微麻烦了一点，但是缩进可以让程序更加美观，在阅读程序的时候可以一目了然。而且，缩进也是有规律的，最大的规律就是同一层级的代码在同一个缩进幅度上。这样做可以让程序的层次结构变得非常分明，尤其在代码多的时候，如果层次分明，可以更方便开发与管理程序。同样，读者在写 Python 程序的时候，只需要把握住这一规律，就会发现强制缩进非但不麻烦，而且还会提升开发效率。

在可扩展性方面，Python 语言做得也是相当不错的。比如可以将一些常用的功能写成.py 文件，然后放到 Python 安装目录的 Lib 目录下，这样该文件就成了一个 Python 的模块，此时若想用对应的功能，直接导入对应的模块即可。比如对应的.py 文件的文件名为 a.py，在将该文件封装为模块之后，直接通过 import a 就可以导入该文件，然后就可以使用该文件中所实现的功能了。除此之外，也可以使用 C 语言去写一些程序文件，写好了之后只需要将对应的 C 语言文件编译为.so 文件，随后就可以直接在 Python 中引入对应的.so 文件并使用了。正因为 Python 语言在可扩展性方面做得非常好，所以使用 Python 来实现各种功能都非常适合，这让 Python 具备了强大的功能。

在 1991 年的时候，Python 第一版正式发行。第一版 Python 就具备了核心数据类型、函数、模块、异常处理及面向对象等方面的内容。

在接下来的发展中，Python 语言获得了很多 Python 用户的支持与改进。开始的时候，Python 用户以邮件列表（maillist）的方式进行沟通和开发，不同的用户使用 Python 开发出一些功能或改进之后，会将这些改进及新的功能发送给吉多·范罗苏姆。如果吉多·范罗苏姆觉得这些改进或新的功能非常有用，则会将这些改进或新的功能添加到 Python 或者 Python 的标准库中。之前提到过，Python 的可扩展性非常好，所以，当用户的改进或新的功能添加到 Python 之后，Python 可以继续保留原有的功能，也可以很轻松地对接新的功能。

随后，Python 用户越来越多，Python 社区也越来越大，Python 社区后来也拥有了自己的网站（python.org），之后 Python 的开发与改进方式也由原先通过邮件列表的方式逐渐向开源的方式转变。

目前，Python 已经拥有了大量的模块，通过不同的模块，可以实现各式各样的功能。读者可以通过 Python 社区的 PyPI 查找别人开发的模块并使用。当然，用户开发或改进的某个新功能，也可以通过 PyPI 提交上去，供别的开发者使用。

Python 发展到今天，已经深受广大程序开发者的喜爱，应用在各个行业上，比如常见的爬虫、数据挖掘、人工智能等领域，Python 都有着极其广泛的应用。

如图 1-1 所示，2017 年，Python 在最流行的 10 种编程语言排行榜中排名第 1，也在逐渐地影响着更多的程序员。

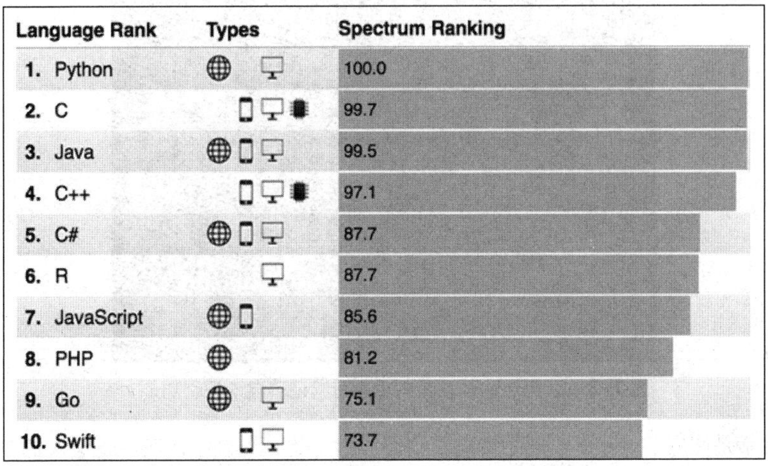

Language Rank	Types	Spectrum Ranking	
1. Python	🌐 🖥	100.0	
2. C	📱🖥🖧	99.7	
3. Java	🌐📱🖥	99.5	
4. C++	📱🖥🖧	97.1	
5. C#	🌐📱🖥	87.7	
6. R	🖥	87.7	
7. JavaScript	🌐📱	85.6	
8. PHP	🌐	81.2	
9. Go	🌐🖥	75.1	
10. Swift	📱🖥	73.7	

图 1-1　2017 年最流行的 10 种编程语言

1.1.2　Python 的功能

由于 Python 的可扩展性非常好，所以 Python 可以实现的功能也非常多。

就目前来说，经常使用 Python 来处理的领域有简单脚本编程、Web 系统开发、爬虫数据采集、数据分析与挖掘、自动化运维等。

除此之外，Python 还可以实现很多其他的功能。例如游戏开发、黑客逆向编程、网络编程等方面，使用 Python 来实现也是非常适合的。

在使用 Python 开发程序时，尤其是在实现某个专业方向的功能时，通常会使用到 Python 的模块。一般来说，Python 的自带模块（即标准库）就已经非常丰富了，但如果某个自带模块无法实现更深层次的功能，开发者还可以选择使用第三方模块进行开发。如果还无法满足需求，也可以自己开发一些程序封装成模块使用，这些都是很容易实现的。也正因为如此，使得 Python 能够适应多个专业领域的开发。当然，在初学 Python 的时候，并不需要大家对 Python 所有的标准库都非常熟悉，只需要关注与自己专业方向相关的标准库即可。例如，如果主要做网络爬虫，可以重点关注 urllib（自带模块）、re（自带模块）、Scrapy（第三方模块），对于其他模块，可以有选择地掌握。总之，一切以需求为导向。

为了让大家能够更好地理解 Python 的功能，笔者将为大家展示一些自己用 Python 开发实现的项目案例。

图 1-2 所示是使用 Python 实现的乘法口诀表，可以使用循环自动地输出。

```
1*0=0
2*0=0 2*1=2
3*0=0 3*1=3 3*2=6
4*0=0 4*1=4 4*2=8 4*3=12
5*0=0 5*1=5 5*2=10 5*3=15 5*4=20
6*0=0 6*1=6 6*2=12 6*3=18 6*4=24 6*5=30
7*0=0 7*1=7 7*2=14 7*3=21 7*4=28 7*5=35 7*6=42
8*0=0 8*1=8 8*2=16 8*3=24 8*4=32 8*5=40 8*6=48 8*7=56
```

图 1-2　使用 Python 实现的乘法口诀表

图 1-3 所示是使用 Python 实现的豆瓣自动登录网络爬虫，会自动登录豆瓣网（假如遇到验证码，会自动识别验证码再自动登录），然后爬取个人中心页面日志数据。

```
D:\loginpjt>scrapy crawl loginspd --nolog
此时没有验证码
登录中…
此时已经登录完成并爬取了个人中心的数据
网页标题是：
韦老师

第1篇文章的信息如下：
文章标题为：测试2
文章发表时间为：2016-10-03 19:31:40
文章内容为：这是测试2的正文内容。
文章链接为：https://www.douban.com/note/584776354/
-----------
第2篇文章的信息如下：
文章标题为：test7799
文章发表时间为：2016-10-03 11:46:57
文章内容为：mytest this is my test 779988
文章链接为：https://www.douban.com/note/584726594/
-----------
```

图 1-3　豆瓣自动登录爬虫（具有验证码自动识别功能）

图 1-4 所示是使用 Python 实现的智能预测课程销量的一个程序，使用的是人工神经网络算法。当然，由于实验数据及时间有限，当前的 loss 值为 0.3818，相对比较高，所以准确率不算太高，即此时有 61.82%的概率是预测准确的，此时加多训练次数以及加大训练数据数量即可改善准确率。从图 1-4 中也可以看到，随着训练次数的增加，loss 逐渐减小，即准确率逐渐提高。

```
Epoch 997/1000
29/29 [==============================] - 0s - loss: 0.3822
Epoch 998/1000
29/29 [==============================] - 0s - loss: 0.3821
Epoch 999/1000
29/29 [==============================] - 0s - loss: 0.3820
Epoch 1000/1000
29/29 [==============================] - 0s - loss: 0.3818
29/29 [==============================] - 0s
0.8620689655172413
3/3 [==============================] - 0s
第1门课程的销量预测结果为：高
第2门课程的销量预测结果为：高
第3门课程的销量预测结果为：低
```

图 1-4　使用 Python 实现的预测课程销量的程序执行结果

除此之外，还能使用 Python 做很多有趣的事情。

当然，要想使用 Python 实现各种各样的功能，首先需要把 Python 基础打好，本书会为大家全面地呈现 Python 的基础知识。基础打好之后，方可继续研究深层次的内容。

Python 简介及特色

1.1.3　Python 的优势与特色

Python 作为一门流行的编程语言，有着非常多的优势与特色。下面就来介绍一下 Python 基本的优势与特色。

1. Python 的优势

Python 语言有着三大显著的优势，即：

（1）简单易学。

（2）功能强大。

（3）支持面向对象。

首先，如果想入门 Python，相对来说是非常容易的，因为 Python 的编程风格非常简洁。举个例子，想定义一个变量并赋值为 19，然后输出该变量的值，如果使用 C++进行编写，需要通过如下程序实现：

```cpp
#include <iostream>
using namespace std;

int main() {
    int i=19;
    cout<<i;
    return 0;
}
```

而如果使用 Python 实现，以下程序即可：

```python
i=19
print(i)
```

都是输出 19。

从上面的例子可以看出，相对来说，Python 的编程风格是非常简洁的，正因为如此，读者很快就能学会 Python。

Python 的语法如此简洁，是否意味着 Python 的功能不够强大呢？

答案当然是否定的。Python 的功能非常强大，几乎是一门全能的语言，总结来说，Python 可以应用在以下方面。

（1）系统编程。

（2）GUI 编程。

（3）开发网络爬虫。

（4）Web 开发。

（5）数据分析与挖掘。

（6）机器学习领域。

（7）游戏开发。

（8）自动化运维。

Python 的第三个优势就是支持面向对象编程，这个优势可以让 Python 在开发大型项目的时候变得非常方便。

2. Python 的特色

Python 常见的一些特点如下。

（1）大小写严格区分。

（2）简单、易学、支持面向对象。

（3）开源。

（4）库非常丰富。

（5）跨平台使用。

（6）解释性语言。

（7）高级语言。

这些特点大家在后续的学习过程中会逐渐感受到，前两个特点不用过多阐述，接下来重点介绍一下后 5 个特点。

Python 是开源的，所谓"开源"，简单理解就是开放源代码。正因为其是开源的，所以可以让更多的人传播和使用 Python，并且能够更好地发现其中的 Bug 并修复，这大大促进了 Python 的发展。

Python 的库是非常丰富的，所谓 "库"，读者可以理解为是一系列 Python 功能的封装，比如要使用 Python 开发一个网络爬虫，那么就可以使用网络爬虫相关的库。首先导入 urllib 库，然后直接进行网络爬虫的编写，因在 urllib 库中封装了大量与网络爬虫相关的功能。再比如，需要使用 Python 实现一些与操作系统相关的功能，如运行某个 shell 命令，此时可以使用 Python 的 os 库进行实现，因为在 os 库中封装了大量与操作系统相关的功能。

接触 Python 后就会发现，正因为 Python 的库非常丰富，所以使用 Python 来实现各种各样的功能就变得非常方便了。

另外，跨平台使用也是 Python 的一大特点。比如，在 Windows 操作系统写好的 Python 程序，可以不加修改或者只进行少量修改，就能够在 Linux 系统、Mac 系统及其他操作系统中运行。这一点对于程序开发来说是极为方便的。

此外，Python 是一门解释性语言，同时也是一门高级语言，这是它的另外两大特点。

解释性语言区别于编译型语言，解释性语言是在程序运行的时候将程序翻译成机器语言，而编译型语言则需要在程序执行之前进行一个编译的过程，统一地将程序转换为机器语言，然后执行。按常规来说，解释性语言的执行速度一般会比编译型语言慢，但是，学到后面会发现，Python 程序在执行的时候会生成一个跟程序对应的 PYC 格式的文件，这样可以大大提高程序运行的速度。关于 PYC 格式的文件，此处不需要深入理解，因为在后面会详细介绍到。

高级语言与低级语言不同，一般来说，与人类思维方式更接近的语言称为高级语言，而与机器的运行方式（二进制）更接近的语言称为低级语言。两种类型的语言各有优势，比如，使用高级语言编程，编写的速度自然会更快一些，而使用低级语言实现相同的功能，则相对慢一些。但是，在程序运行的时候，由于低级语言更接近于机器的习惯，而高级语言需要经过解释或编译的过程转换为机器语言，之后再交由机器执行，所以，高级语言的运行速度一般来说会比低级语言的运行速度慢。

这里为大家介绍了 Python 的三大优势与七大特点，当然，这些并不代表 Python 的所有优势与特点，其他的优势及特点大家可以在后续的学习中逐步领会。

Windows 下安装
Python

1.2 在 Windows 下搭建 Python 开发环境

要想学习 Python 程序开发，首先需要搭建好 Python 的开发环境。所以，需要在自己的计算机上安装好 Python，并配置好相应的开发环境。

在此，先为大家介绍如何在 Windows 操作系统中安装 Python 并配置相关的开发环境。

1.2.1 操作系统的选择

考虑到目前大部分读者使用的都是 Windows 操作系统的计算机，而 Python 的跨平台能力又非常强，所以对于学习 Python 的读者来说，操作系统并不是学习 Python 的关键影响因素，所以本书会选择大部分读者熟悉的 Windows 操作系统进行编写。

在实际的工作环境中，编程人员常常在 Windows 以及 Mac 计算机中进行 Python 程序的开发，当然也会有一部分公司喜欢用 Linux 系统进行 Python 程序的开发，所以大家在掌握了 Python 程序开发的知识之后，未来有机会也可以学习一下 Linux 系统的使用。

一般来说，在 Python 自动化运维领域，应该优先选用 Linux 操作系统进行 Python 程序的开发。而在其他 Python 应用的领域，比如网络爬虫、Web 开发等方面，使用哪种系统进行 Python 程序开发并不是那么重要，这也是本书为什么选择 Windows 操作系统进行编写的原因之一。

1.2.2 在 Windows 下安装 Python

如果希望在 Windows 计算机上搭建 Python 开发环境，总体上可以按照以下步骤进行。

（1）选择 Python 版本。

（2）下载对应版本的 Python。

（3）在计算机上安装好 Python。

（4）配置好环境变量。

（5）选择一款合适的编辑器（可选）。

下面分别对这些步骤进行详细的讲解。

1. 选择 Python 的版本

目前，Python 版本主要分为两种，一种是 Python 2.X，另外一种是 Python 3.X。这两种版本的兼容性并不是太好，所以还是推荐大家使用 Python 3.X 进行学习，毕竟 Python 3.X 在各相关公司用得越来越多，也必将是未来的发展趋势。

至于使用 Python 3.X 系列下面哪个具体的版本，并不是那么重要。一般来说，Python 3.4 及以上的版本，差别并不是太大，本书选择的版本是 Python 3.5.2，当然，读者也可以安装 Python 3.6 及以上的版本进行学习，影响不大。

2. 下载对应版本的 Python

读者可以打开 Python 官网，然后选择 Downloads 下面的 Windows 选项，如图 1-5 所示。

python™
About
Downloads
Document
All releases
Source code
Windows
Mac OS X

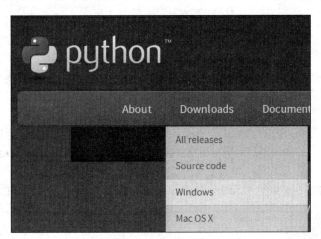

图 1-5　在官网选择 Windows 版本的 Python 进行下载

然后，在出现的页面中可以选择相关的版本，比如选择 Python 3.5.2 版本，如图 1-6 所示。

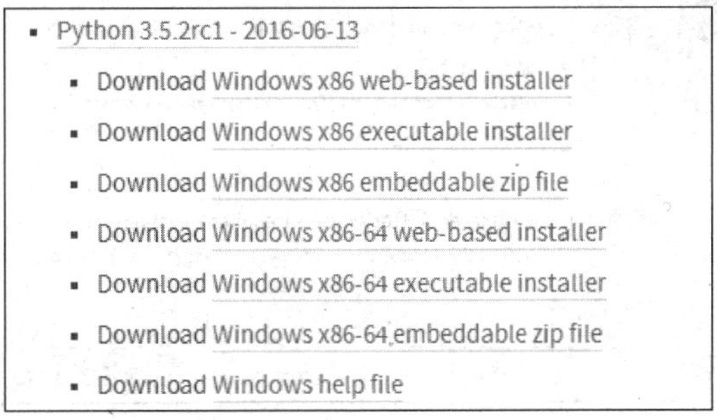

Python 3.5.2rc1 - 2016-06-13
Download Windows x86 web-based installer
Download Windows x86 executable installer
Download Windows x86 embeddable zip file
Download Windows x86-64 web-based installer
Download Windows x86-64 executable installer
Download Windows x86-64 embeddable zip file
Download Windows help file

图 1-6　选择具体的 Python 版本

这里有很多个文件链接，此时只需要重点关注以 executable installer 结束的文件即可，代表对应的文件为可执行的安装文件。

在图 1-6 中，出现了两个相关的文件，即：

（1）Windows x86 executable installer。

（2）Windows x86-64 executable installer。

这两个文件中，（1）为 32 位的安装包（即 x86 字样的），（2）为 64 位的安装包（即 x86-64 字样的），所以此时需要查看读者的计算机的位数，如果计算机为 64 位，选择文件（2）进行下载即可。

3. 安装下载的 Python

双击下载好的文件（如果无法打开或出现问题，可以右键单击图标，选择"以管理员身份运行"命令，即可解决问题），会出现图 1-7 所示的界面。

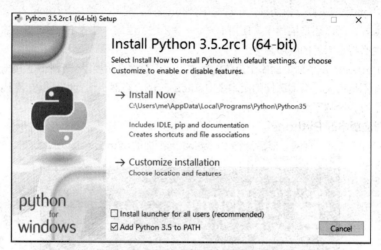

图 1-7　安装 Python 的界面

在该界面中，可以将下方的"Add Python 3.5 to PATH"复选框勾选上，此时会对相关的环境变量进行自动配置。此外，如果不想为所有用户安装 Python，也可以取消选择"Install launcher for all users（recommended）"复选框，如图 1-7 所示。

随后，可以单击图 1-7 中的"Customize installation"，会出现图 1-8 所示的界面。

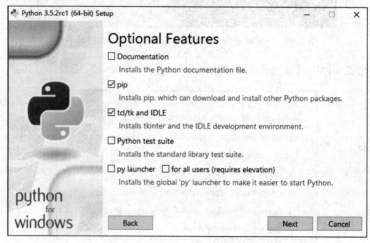

图 1-8　选项配置界面

此时可以勾选"pip"与"tcl/ tk and IDLE"复选框。pip 工具可以极大地方便模块的安装；IDLE 则为默认的 Python 编辑器；其他的选项部分，如果不需要可以不必勾选。这样可以节省安装时间，随后单击"Next"按钮，会出现图 1-9 所示的界面。

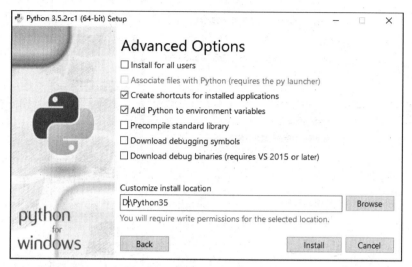

图 1-9　设置 Python 的安装目录

在图 1-9 所示的界面中，可以设置 Python 的安装目录，例如可以将路径设置在 D 盘下的 Python35 文件夹中。选项设置方面，可以将第 3、4 个复选框勾选上，取消其他复选框的勾选，如图 1-9 所示，然后，单击"Install"按钮即可安装成功。

4. 环境变量的配置

由于在安装的时候勾选了自动添加环境变量，如果不出意外，环境变量此时已经添加好了。但有时由于系统或者其他原因，环境变量可能自动添加不上，所以最好检查一下。

首先，在计算机左下角的运行框内输入"环境变量"后进行搜索，然后在出现的匹配结果中选择"编辑系统环境变量"，如图 1-10 所示。

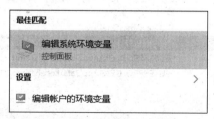

图 1-10　选择"编辑系统环境变量"

此时会出现图 1-11 所示的对话框。

此时，需要单击图 1-11 中的"环境变量"按钮，即可出现环境变量的相关配置对话框，如图 1-12 所示。

然后选择"me 的用户变量"列表框中的"PATH"变量，只需要单击即可选中，如图 1-12 所示。

在此编辑 PATH 环境变量的目的，是为了告诉系统 Python 安装在了什么地方，否则系统无法知道 Python 在什么地方，所以如果环境变量没有配置好，在 cmd 命令行下输入"python"，会出现相关错误。

选中"PATH"变量之后，单击图 1-12 中的"编辑"按钮，则会出现图 1-13 所示的对话框。

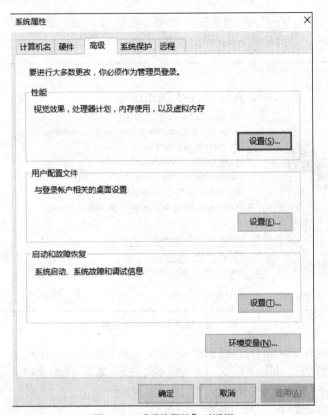

图 1-11 "系统属性"对话框

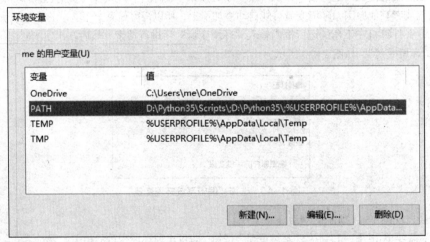

图 1-12 "环境变量"对话框

在图 1-13 所示的对话框中，可以看到左边列表框的每一行均为一个目录地址，当前的第一行和第二行分别为 Python 的安装目录下面的 Scripts 目录和 Python 的安装目录。所以此时的环境变量是自动配好的，如果在所有的行中都找不到 Python 的安装目录及安装目录下面的 Scripts 目录，只需要单击右方的"新建"按钮，然后输入相关的目录地址，单击"确定"按钮即可。

单击"确定"按钮之后，该界面会自动退出到图 1-14 所示的对话框。

图 1-13 "编辑环境变量"对话框

图 1-14 "环境变量"对话框

　　然后只需要在图 1-14 所示的界面中单击最下方的"确定"按钮，即可完成环境变量的配置。

　　到这一步为止，Python 的开发环境基本上已经配置完成了，如果想在编写代码的时候不使用自带的编辑器 IDLE，也可以安装其他的编辑器来编写 Python 程序，比如 Notepad++、PyCharm 等，都是非常好的选择。读者也可以直接使用 Python 自带的编辑器 IDLE，该编辑器是非常好用的，接下来会使用 IDLE 编辑器进行编写程序。

5. 使用 IDLE 编辑器验证 Python 开发环境是否搭建成功

首先，可以在计算机左下角的运行框处输入 "cmd"，打开 cmd 命令行界面，如图 1-15 所示。

图 1-15　cmd 命令行界面

然后在 cmd 命令行界面中输入 "python"，按回车键，如图 1-16 所示。如果此时能够出现 Python 版本相关的信息，则说明 Python 的开发环境已经搭建成功。如果输入 "python" 并按回车键后出现类似 "python 不是内部或外部命令，也不是可运行的程序" 的提示信息，说明 Python 环境变量的配置有问题，只需要按照之前讲述的步骤配置好环境变量即可。

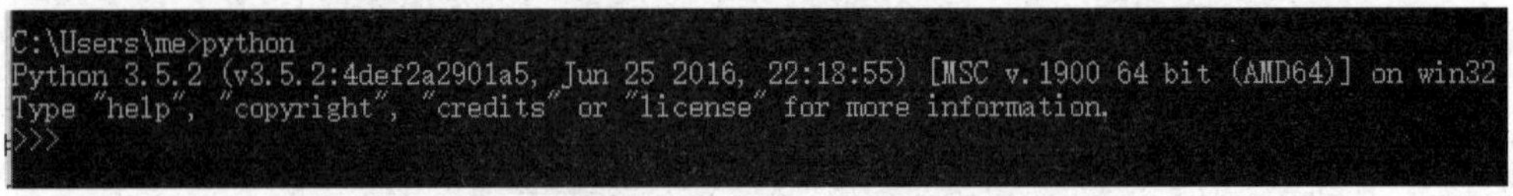

图 1-16　检验 "python" 命令能否运行

如果想退出图 1-16 中的 ">>>" 区域，返回到 cmd 命令行输入模式，只需要在 ">>>" 右边输入 "exit()" 即可。

在退出到 cmd 命令行输入模式的时候，再来检测一下 pip 命令能否运行。输入 "pip" 后按回车键，如果出现图 1-17 所示的界面，说明此时 pip 命令能够成功运行，若此时提示 "pip 不是内部或外部命令，也不是可运行的程序" 之类的信息，则很有可能是安装目录下面的 Scripts 目录没有配置好环境变量。

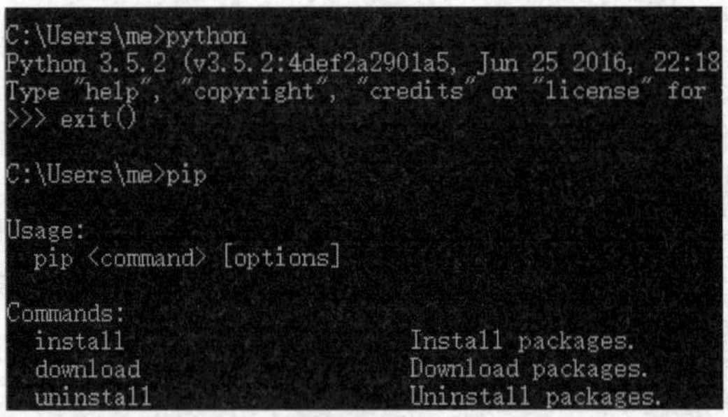

图 1-17　检验 pip 命令能否运行

完成了这些之后，接下来可以测试一下 IDLE 能否正常运行。

在计算机的左下角运行处输入 "IDLE"，然后按回车键，如果没有问题，可以直接打开 IDLE 编辑器，如图 1-18 所示。在此编辑器中，用户可以自由地编写 Python 程序。

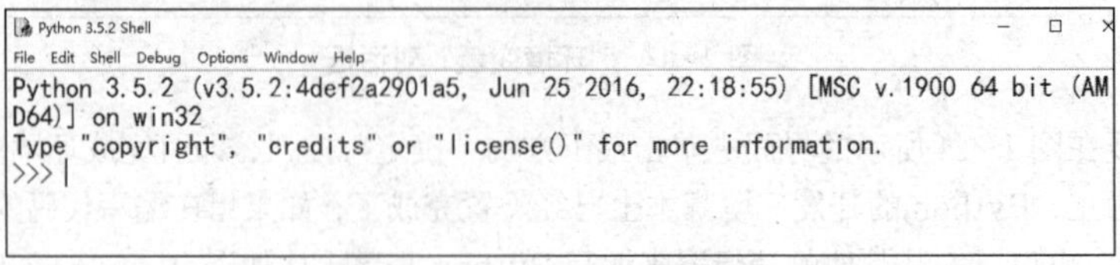

图 1-18　IDLE 编辑器

接下来，在 IDLE 编辑器中编写第一个 Python 程序并执行，测试一下能否正常运行。可以在"＞＞＞"右侧输入：

```
print("I like Python!")
```

然后按回车键，如果可以正常执行，则会输出"I like Python!"的信息，如图 1-19 所示。

```
Type "copyright", "credits" or "license()" for more information.
>>> print("I like Python!")
I like Python!
>>>
```

图 1-19　在 IDLE 编辑器中输入 Python 程序并执行

到此为止，在 Windows 系统中已经成功搭建好 Python 开发环境，并测试好 Python 开发环境是否能正常运行了。走到这一步，读者已经开始踏进 Python 的世界了。

1.3　在 Linux 下搭建 Python 开发环境

Linux 下安装 Python

一般，Linux 系统中默认有 Python 开发环境，但是目前 Linux 中自带的 Python 一般为 Python 2.X 版本。

如果想在 Linux 中使用 Python 3.X 版本，一般不建议卸载自带的 Python 2.X 版本，因为卸载后会遇到很多麻烦。如果目前要在 Linux 系统中使用 Python 3.X 的环境，一般建议在保留自带的 Python 2.X 版本的基础上，同时安装 Python 3.X 版本，也就是要保证两个版本共存于该 Linux 系统中。

这中间会涉及相应的技巧，具体以 CentOS 7 系统为例进行讲解。

首先，在终端中输入"python"，便可以查到当前自带的 Python 版本，本例中自带的版本为 Python 2.7.5，如下所示：

```
[root@localhost weisuen]# python
Python 2.7.5 (default, Nov 20 2015, 02:00:19)
[GCC 4.8.5 20150623 (Red Hat 4.8.5-4)] on linux2
Type "help", "copyright", "credits" or "license" for more information.
>>> exit()
```

接下来，要安装 3.X 版本的 Python 可以这样做：先从 Python 的官网下载 Python 3.X，在此选择的版本是 Python-3.4.2.tgz，所以可以按如下代码进行下载：

```
# wget https://www.python.org/ftp/python/3.4.2/Python-3.4.2.tgz
```

下载之后进行相应的解压操作：

```
# tar -zxvf Python-3.4.2.tgz
```

随后对其进行配置：

```
[root@localhost weisuen]# ls
Python-3.4.2  Python-3.4.2.tgz  公共  模板  视频  图片  文档  下载  音乐  桌面
[root@localhost weisuen]# cd Python-3.4.2/
[root@localhost Python-3.4.2]# ./configure --prefix=/usr/local/python3
```

配置完成之后，可以进行 make（编译）和 make install（安装）：

```
[root@localhost Python-3.4.2]# make
[root@localhost Python-3.4.2]# make install
```

安装完成之后，为了能通过直接输入"python"调用刚刚安装的 Python 3.4.2，需要建立软链接。在建立软链接之前，一般首先需要备份原来的 Python，具体过程如下：

```
[root@localhost bin]# mv /usr/bin/python /usr/bin/python2bac
[root@localhost bin]# ln –fs /usr/local/python3/bin/python3 /usr/bin/python
```

此时，输入"python"即可调用刚刚安装的 Python 3.4.2，而输入"python2.7"，则可以调用系统原来的 Python 2.X 版本，两种 Python 版本都在 Linux 中，如下所示：

```
[root@localhost bin]# python
Python 3.4.2 (default, Sep  3 2016, 20:04:41)
[GCC 4.8.5 20150623 (Red Hat 4.8.5–4)] on linux
Type "help", "copyright", "credits" or "license" for more information.
>>> exit()
[root@localhost bin]# python2.7
Python 2.7.5 (default, Nov 20 2015, 02:00:19)
[GCC 4.8.5 20150623 (Red Hat 4.8.5–4)] on linux2
Type "help", "copyright", "credits" or "license" for more information.
>>> exit()
```

接下来需要配置好 Python 3.X 对应的 pip 工具，其实在 Python 3.4 中会默认带有 pip3，所以此时，为了能在终端中输入"pip3"可以直接调用 Python 3.4 自带的 pip3，需要为 pip3 建立软链接，如下所示：

```
[root@localhost bin]# ln –fs /usr/local/python3/bin/pip3 /usr/bin/pip3
```

建立好软链接之后，在终端中输入"pip3"，即可出现如下信息，说明此时在终端中输入"pip3"已经能成功调用 pip3。

```
[root@localhost bin]# pip3

Usage:
  pip <command> [options]

Commands:
  install                   Install packages.
  uninstall                 Uninstall packages.
  freeze                    Output installed packages in requirements format.
  list                      List installed packages.
  show                      Show information about installed packages.
  search                    Search PyPI for packages.
  wheel                     Build wheels from your requirements.
  zip                       DEPRECATED. Zip individual packages.
  unzip                     DEPRECATED. Unzip individual packages.
  bundle                    DEPRECATED. Create pybundles.
  help                      Show help for commands.

General Options:
  –h, ––help                Show help.
  –v, ––verbose             Give more output. Option is additive, and can be used up to 3 times.
  –V, ––version             Show version and exit.
```

```
    -q, --quiet                    Give less output.
    --log-file <path>              Path to a verbose non-appending log, that only logs failures. This log is
active by default at /root/.pip/pip.log.
    --log <path>                   Path to a verbose appending log. This log is inactive by default.
    --proxy <proxy>                Specify a proxy in the form [user:passwd@]proxy.server:port.
    --timeout <sec>                Set the socket timeout (default 15 seconds).
    --exists-action <action>       Default action when a path already exists: (s)witch, (i)gnore, (w)ipe,
(b)ackup.
    --cert <path>                  Path to alternate CA bundle.
```

通过以上的步骤，已经在 Linux 系统中搭建好了 Python 2.X 与 Python 3.X 共存的开发环境。但是，由于升级之后会影响某些系统的功能，所以还需要了解一下经常出现的问题及解决方案。

常见问题 1：升级 Python 3.X 后，yum 无法使用。

问题描述：

升级 Python 3.X 后，可能会导致 yum 无法使用，出现如下信息：

```
File "/usr/bin/yum", line 30
    except KeyboardInterrupt, e:


SyntaxError: invalid syntax
```

解决办法：

因为/usr/bin/yum 文件中会调用 Python，而此时调用的 Python 为升级后的 Python 3.X，由于 Python 3.X 与 Python 2.X 有一些差异，所以可以让系统调用 Python 2.X，修改一下相应的代码。

编辑文件/usr/bin/yum：

```
[root@localhost Python-3.4.2]# vim /usr/bin/yum
#!/usr/bin/python
import sys
try:
    import yum
except ImportError:
    print >> sys.stderr, """\
There was a problem importing one of the Python modules
required to run yum. The error leading to this problem was:

    %s

Please install a package which provides this module, or
verify that the module is installed correctly.

It's possible that the above module doesn't match the
current version of Python, which is:
%s

If you cannot solve this problem yourself, please go to
the yum faq at:
    http://yum.baseurl.org/wiki/Faq
```

```
""" % (sys.exc_value, sys.version)
    sys.exit(1)

sys.path.insert(0, '/usr/share/yum-cli')
try:
    import yummain
    yummain.user_main(sys.argv[1:], exit_code=True)
except KeyboardInterrupt, e:
    print >> sys.stderr, "\n\nExiting on user cancel."
    sys.exit(1)
```

可以发现，第一行代码默认会调用 Python 3.X，所以需要将第一行代码改为：

```
#!/usr/bin/python2.7
```

修改之后，保存并退出。

随后，使用 yum 时就不会再出现该问题。

常见问题 2：升级 Python 后，/usr/libexec/urlgrabber-ext-down 出现问题。

问题描述：

升级 Python 后，有时程序在用到/usr/libexec/urlgrabber-ext-down 文件的时候（比如有时用 yum 之时），可能会出现如下所示的问题：

```
Downloading packages:
Delta RPMs reduced 2.7 M of updates to 731 k (73% saved)
  File "/usr/libexec/urlgrabber-ext-down", line 28
    except OSError, e:

SyntaxError: invalid syntax
  File "/usr/libexec/urlgrabber-ext-down", line 28
    except OSError, e:

SyntaxError: invalid syntax
  File "/usr/libexec/urlgrabber-ext-down", line 28
    except OSError, e:
                  ^
SyntaxError: invalid syntax
```

由于用户取消而退出。

解决办法：

这个问题的原因跟问题 1 的原因类似，即程序用到 Python 的时候无法调用 Python 2.X。

所以可以修改/usr/libexec/urlgrabber-ext-down 文件里面的代码，具体操作如下：

```
[root@localhost Python-3.4.2]# vim /usr/libexec//urlgrabber-ext-down
#! /usr/bin/python
#   A very simple external downloader
#   Copyright 2011-2012 Zdenek Pavlas

#   This library is free software; you can redistribute it and/or
#   modify it under the terms of the GNU Lesser General Public
#   License as published by the Free Software Foundation; either
```

```
#    version 2.1 of the License, or (at your option) any later version.
…
```

同样，需要将第一行改为：

```
#! /usr/bin/python2.7
```

修改并保存之后，该问题即可解决。

1.4 编写 Python 程序

至此，我们已经完成了 Python 开发环境的搭建。接下来为大家讲解如何编写 Python 程序，此处以 Python 自带的编辑器 IDLE 为例进行程序的编写。

IDLE 中的 Python 程序编写，按照程序的行数不同可以分为以下两种情况。

（1）逐行执行的 Python 程序的编写。

（2）多行 Python 程序的编写。

此处将分别为大家演示。

首先，打开 IDLE 之后出现的界面就是逐行执行的 Python 程序的编写界面。在此，需要一行一行地编写 Python 程序，每编写一行，按回车键便执行一行。

如果想编写多行 Python 程序，然后统一执行，也是可以的，此时需要进行多行 Python 程序的编写。

打开 IDLE 之后，按"Ctrl+N"组合键调出一个窗口，在该窗口中可以进行多行 Python 程序的编写，如图 1-20 所示。

图 1-20　多行 Python 程序的编写

编写好之后，可以按"Ctrl+S"组合键将所编写的内容保存为本地文件进行存储。按"Ctrl+S"组合键之后会调出图 1-21 所示的界面，此时只需要选择存储的目录，并命名该多行 Python 程序，之后单击"保存"按钮即可存储。如图 1-21 所示，我们将 Python 程序文件命名为 first。

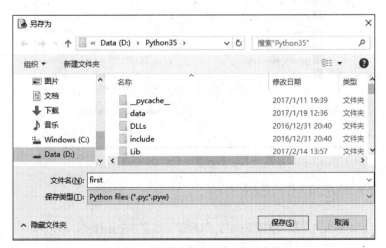

图 1-21　保存多行 Python 程序文件

17

运行一个Python程序

1.5 运行一个 Python 程序

上面已经学习了如何编写 Python 程序，接下来为大家讲解如何运行编写好的 Python 程序。

1.5.1 运行单行 Python 程序

直接打开 IDLE 之后，编写的 Python 程序是逐行运行的，所以若要运行单行 Python 程序，只需要按回车键即可。

如图 1-22 所示，每输入一行 Python 程序并按回车键之后，就会直接运行该单行 Python 程序，该图中一共运行了 3 个单行 Python 程序。

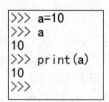

```
>>> a=10
>>> a
10
>>> print(a)
10
>>>
```

图 1-22 运行单行 Python 程序

相对来说，单行 Python 程序的运行是比较简单的。

1.5.2 运行源码（多行）Python 程序

首先通过按 "Ctrl+O" 组合键打开需要执行的源码 Python 程序，若还要执行刚才编写的 first.py 文件，可以选中该文件，单击 "打开" 按钮即可，如图 1-23 所示。

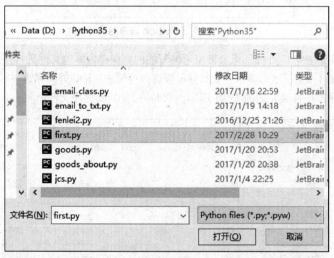

图 1-23 打开源码 Python 程序

打开之后，如果想运行该文件，有两种方式。

方式 1：

如图 1-24 所示，单击菜单栏中的 "Run"，然后在下拉菜单中选择 "Run Module" 命令，便可直接运行该多行 Python 程序，运行结果如图 1-25 所示。

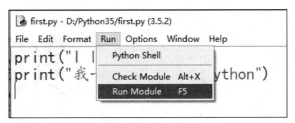

图 1-24　运行多行 Python 程序

方式 2：

除此之外，也可以通过快捷键"F5"直接运行多行 Python 程序。同样，需要首先打开对应的多行 Python 程序，然后按"F5"键，会出现图 1-25 所示的执行结果。

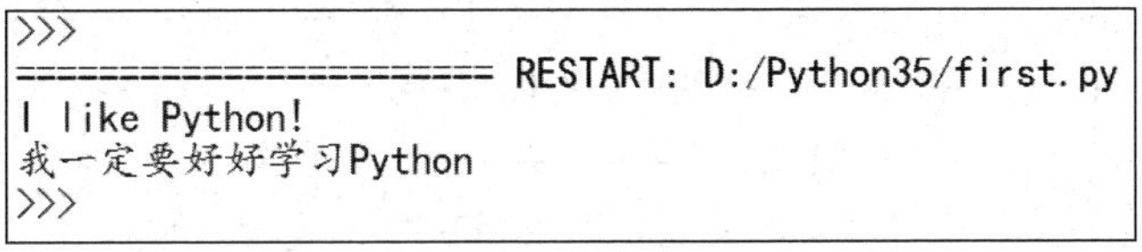

```
>>>
======================= RESTART: D:/Python35/first.py
I like Python!
我一定要好好学习Python
>>>
```

图 1-25　多行 Python 程序运行结果

需要注意的是：在多行 Python 程序文件中也可以只放一行 Python 代码，这里多行的含义是可以将多行 Python 代码一次性执行，区别于 Python Shell 模式下的逐行执行方式。

1.6　小结与练习

小结：

（1）高级语言不同于低级语言，一般来说，与人类思维方式更接近的语言称为高级语言，而与机器的运行方式（二进制）更接近的语言称为低级语言。两种类型语言各有优势，比如，使用高级语言编程，编写的速度自然会更快一些，而使用低级语言实现相同的功能，则相对慢一些。但是，在程序运行的时候，由于低级语言更接近于机器的习惯，而高级语言需要经过解释或编译的过程，转换为机器语言之后再交由机器执行，所以，高级语言的运行速度一般来说会比低级语言的运行速度慢。

（2）Python 语言有着三大显著的优势，即简单易学、功能强大、支持面向对象。

（3）编辑 PATH 环境变量的目的，是为了告诉系统 Python 安装在了什么地方，否则系统无法知道 Python 在什么地方。所以，如果环境变量没有配置好，在 cmd 命令行下输入"python"，会出现相关错误。

习题：请判断以下说法是否正确。

判断：多行 Python 程序文件中只能放置两行及两行以上的 Python 程序，因为是多行。

参考答案：不正确，多行 Python 程序文件中，也可以只放一行 Python 代码，这里的多行的含义是可以将多行 Python 代码一次性执行，区别于 Python Shell 模式下的逐行执行方式。

第2章

Python语法基础

■ 第 1 章已经与大家一起搭建好了 Python 的开发环境，从这一章开始，将正式进入与 Python 程序开发相关的内容。如果要系统地学习一门编程语言，在做好准备工作之后，首要的任务是将这门语言的语法以及相关基础掌握好。在掌握了语法基础之后，就能够使用这门编程语言写出一些简单的实例程序了。本章将会为大家系统地阐述 Python 语法基础相关的知识。

2.1 常量与变量

Python 常量与变量

按照在程序运行时是否会发生改变来进行分类,可以将量分为常量和变量两种类型。

2.1.1 常量与变量的概念

在 Python 中,程序运行时不会被更改的量称为常量,比如,数字 7 和字符串 "abc" 在运行时一直都是数字 7 跟字符串 "abc",不会更改成其他的量,这些就是常量。除此之外,还可以定义任意的字符串为指定值的常量。

常量有一个特点,就是一旦绑定,不能更改。

而变量则与常量的含义相反,在程序运行时可以随着程序的运行而更改的量称为变量。比如可以定义一个变量 i,并将数字 5 赋给变量 i,然后将数字 7 赋给变量 i,那么这个时候 i 的值就变成了 7,i 的值是可以改变的,像 i 这种可以改变值的量称为变量。

同样,变量也有一个特点,就是即使赋值,也可以更改。

2.1.2 常量与变量应用实例

为了让大家更好地认识常量与变量,这里将结合实例为大家分别阐述常量与变量的相关知识点。

首先,从变量开始说起。

在学习变量的应用之前,要学习刚才提到的赋值。所谓 "赋值",即将相应的具体的数据存储到某个量中,其实,读者可以把对应的量看成一个容器,而赋值就相当于把对应的数据添加到这个容器中。如果该容器是变量,则该容器中的数据可以变化;若该容器是常量,则该容器里面一旦有了数据,就不能再赋予新的数据,即不能再变化。

可以打开 Python 编辑器,新建一个 Python 程序文件,然后在该文件中输入如下代码:

```
i=7
print(i)
```

该程序的第一行即为赋值的过程,"=" 在 Python 里面叫作赋值符号(在 Python 里面,等于符号是 "==",注意区别开)。在遇到赋值符号的时候,大家可以养成一个习惯:从右往左看。也就是说,赋值符号的执行过程是从右往左执行的,"i=7" 的意思指的是将数字 7 赋值给变量 i,赋值后 i 的值就是 7 了。上述程序中,将 i 称为变量名,将 7 称为 i 的变量值。

在第二行程序中,将该变量 i 的值打印输出,所以程序的执行结果如下(直接输出数字 7):

```
7
```

在 Python 里面,变量是不需要提前声明的,在上述赋值语句执行的时候,会默认将赋值符号左边的量看成是变量,所以如果想定义一个变量,只需要取一个符合标识符命名规则的变量名,然后写一个赋值语句即可。关于标识符的命名规则,将在 2.4 节中进行具体的讲解。

因为变量可以随着程序的运行而改变,而生活中的事物很多时候是需要变化的,所以变量相对来说比常量适应更多的情境,所以变量在 Python 编程中的应用是非常广的。

接下来将通过下一个程序让大家进一步理解 Python 的变量,可以输入如下所示的程序:

```
i=5
print(i)
i+=1
print(i)
i+=2
```

```
print(i)
i+=3
print(i)
```

此时程序应该会输出什么呢？

各位读者可以初步思考一下，接下来进入上述程序的分析。

首先，将数字 5 赋值给变量 i，然后输出 i 的值，此时应该会输出数字 5，然后进行了 "i+=1" 的运算，"i+=1" 实际上相当于 "i=i+1"，也就是以下两种写法是一样的（k 表示某个变量名，a 表示某个数字）。

写法 1：k+=a

写法 2：k=k+a

所以，"i+=1" 的意思是，将 i+1 的运算结果再次赋值给变量 i，上面 i 已经是 5 了，此时相当于 "i=5+1"，所以执行了这一行代码之后，变量 i 的值就变成了数字 6。

接下来通过 print(i) 将变量 i 的值（数字 6）输出。

随后，运行 "i+=2" 这一行程序，显然，这一行程序的含义是 i 的值加上 2 之后再次赋值给变量 i，所以 i 的值变成了数字 8（i=6+2），然后同样通过 print() 函数将该值输出。

随后运行 "i+=3"，想必大家对这种写法非常熟悉了，它表示将当前 i 的值加上数字 3 后再次赋值给变量 i，然后通过 print(i) 将赋值后的结果输出，所以最后输出的结果是 11。

该程序的执行结果如下：

```
5
6
8
11
```

大家可以动手写一写以便能够更好地理解变量。

接下来为大家阐述 Python 常量的应用实例。

在 Python 中，默认是没有常量的。如果要在 Python 中使用常量，则需要自己实现常量的功能。

常量是一旦绑定了数据就不能变更的量。所以，可以定义一个模块（可能读者现在还不知道模块的含义及如何使用模块，简单来说，模块是将相应的功能进行封装，以方便使用，在第 6 章会进行深入讲解，现在只需知道如何初步使用即可），在模块中实现常量的功能。当需要使用常量的时候，只需要导入该常量模块使用即可。

具体做法如下：

首先编写一个 Python 文件，文件的内容如下：

```
class _const:
    def __setattr__(self,name,value):
        class myError(Exception):pass
        if name in self.__dict__:
            raise myError(name+"不能再次绑定值")
        self.__dict__[name] = value
import sys
sys.modules[__name__] = _const()
```

该文件即为 Python 常量功能的实现文件，读者学到这里的时候，不一定需要看懂上面的代码，因为上面的代码用到了还没有学到的知识，在后续章节中会逐渐学到，只需要大致理解即可。上面的代码中，首先定义了一个类，然后在该类中定义了一个自定义异常 myError，该异常主要在用户给常量绑定一个新值的时候触发。随后，假如给一个常量赋值，首先通过 "if name in self.__dict__" 判断该常量是否之前定义过。如果定义过，将引发该自定义异常，提示用户该常量不能再次绑定；若之前没有给该常量赋值，则可以通过上述代码中的"self.__dict__[name] = value"给该常量赋值。所以，该程序可以实现常量功能。

随后，将该程序文件命名为"const.py"，然后保存在 Python 安装目录下面的 Lib 目录下，比如，这里的 Python 安装目录是 D:/Python35，所以可以以将上述文件存储在 D:/Python35/Lib/目录中，此时该文件就成了 Python 的一个模块。在 Python 中，自定义一个模块非常简单，只需要将写好的程序放在 Python 安装目录下面的 Lib 目录下面即可。

随后，打开 IDLE，编写一个新程序，比如可以直接进入到运行单行 Python 程序的 Python Shell 界面，然后输入如下代码导入常量这个模块。因为如果要使用对应的模块，需要首先导入该模块，通过 import 语句导入：

```
>>> import const
```

导入了该模块之后，可以尝试定义一个常量。在这里，如果想定义一个常量，只需要按照如下格式定义即可：

```
const.常量名=常量值
```

输入如下语句：

```
>>> const.a="Hello"
```

此时定义了一个名为 a 的常量，该常量的值为"Hello"。

接下来如果想定义其他的常量，只需要改变常量名即可，而常量值随意，没有过多要求。如下所示，定义了一个名为 abc 的常量，该常量的值为"Python"。

```
>>> const.abc="Python"
```

既然常量是一旦绑定值就不能改变的量，可以尝试给上面已经定义好的常量 a 绑定一个新值，若提示出错信息，则说明我们的常量模块的功能成功实现了；若可以绑定新值，则说明上述关于常量实现的程序有误。

输入以下程序：

```
>>> const.a="Hi"
```

此时尝试将值"Hi"重新跟常量 a 绑定，输入以上程序之后按回车键，会出现如下的错误提示信息：

```
>>> const.a="Hi"
Traceback (most recent call last):
  File "<pyshell#3>", line 1, in <module>
    const.a="Hi"
  File "D:\Python35\lib\const.py", line 5, in __setattr__
    raise myError(name+"不能再次绑定值")
const._const.__setattr__.<locals>.myError: a不能再次绑定值
```

此时提示"a 不能再次绑定值"，所以此时常量的功能是成功实现的。若以后需要使用常量，只需要导入 const 模块，按照"const.常量名=常量值"的方式定义常量即可。

2.2 数与字符串

Python 数与字符串

世界上的数据有很多，按照数据的特点不同，可以将它归属到某个或某些类型中。

在 Python 中，数据的类型基本上可以分为两种，即 Python 自带数据类型和自定义类型。

数与字符串都是 Python 非常常见的自带的数据类型，所以可以从数与字符串这两种简单的数据类型开始逐步认识 Python 的数据类型。

2.2.1　数的概念及应用实例

想必从很小的时候开始，我们的数学课本上就出现了数。在 Python 中，数指的是一系列的数字。

按照不同数字的特点，可以进一步将数这种数据类型进行细分，分为整数、小数等。当然，在 Python 中有些细分类型的叫法不同。

Python 中数的细分类型主要有 4 种，分为有符号整型（int）、长整型（long）、浮点型（float）、复数型（complex）。

特别注意：在 Python 3.X 中，已经取消了长整型这种自带的数据类型，也就是说，在 Python 3.X 中是没有 long 型的，long 型可以在 Python 2.X 中使用。

例如：0、1、-1、1009、-290 这些都是 int 型，878871、-909901、2345671 这些都是 long 型（在 Python 3.X 中没有该自带类型的数据），2.7788、3.277、8.88 这些都是 float 型，4+2j、-9+20j、56+7j 这些属于 complex 型。

如果希望在 Python 中查看当前的数据类型，可以通过 type() 函数实现，比如输入以下程序：

```
>>> a=19
>>> b=19.0
>>> a
19
>>> b
19.0
>>> type(a)
<class 'int'>
>>> type(b)
<class 'float'>
```

在上面的程序中，定义了 a、b 两个变量，两个变量的值都是数，然后可以通过 type() 打印（输出）对应数据的类型。

可以看到，输出 type(a) 得到的结果为 <class 'int'>，可以知道 a 的数据类型为 int，即整型，同样可以知道 b 的数据类型为 float，即浮点型。

如果希望强行地转换数据的数据类型，可以通过以下格式实现：

```
数据类型名(数据)
```

所以，如果希望将整型数据 a 强行转换为浮点型数据，可以接着上面的程序继续输入如下程序：

```
>>> a=float(a)
>>> type(a)
<class 'float'>
```

可以看到，此时已经将整型数据 a 通过 a=float(a) 强行转换为了浮点型数据。

2.2.2　字符串的概念及应用实例

字符串也是一种非常常见的 Python 自带的数据类型。

在 Python 中用引号引起来的字符集称为字符串，比如，'hello'、"my Python"、"2+3"等都是字符串。

Python 中的字符串使用的引号可以是单引号、双引号和三引号。但是它们的使用是不同的，接下来将通过实例为大家介绍。

单引号的使用方法和双引号的使用方法基本上一致，先看以下单引号的使用，输入如下所示的程序：

```
#单引号
c1='2height'
print(c1)
```

在上面的程序中，通过单引号定义了一个名为 c1 的字符串变量，对应的值为字符串'2height'，此时程序输出结果为：

```
2height
```

假如希望定义一个字符串变量，值为"It is a "dog"!"，此时，不能使用双引号定义。因为该字符串中就含有双引号，如果外层再用双引号包含，则会出现冲突，所以如果要定义该字符串变量，可以通过单引号去定义，如下所示：

```
#单引号
c2='It is a "dog"!'
print(c2)
```

此时的输出结果为：

```
It is a "dog"!
```

双引号的使用方法基本上与单引号的使用方法一致，比如，同样可以使用双引号定义一个名为 c1、对应的值为字符串 2height 的字符串变量，如下所示：

```
#双引号
c1="2height"
print(c1)
```

此时的程序输出结果与上面使用单引号定义时的输出结果一致，为：

```
2height
```

如果希望定义一个值为"It's a dog!"的字符串，同样不能使用单引号去定义。因为该字符串中含有单引号，在其外层使用单引号会引发冲突，此时可以使用双引号去定义该字符串，如下所示：

```
#双引号
c2="It's a dog!"
print(c2)
```

输出结果为：

```
It's a dog!
```

可以看到，已经成功将该字符串定义好并赋值给了变量 c2。

三引号的使用方法跟单引号、双引号的使用方法略有不同。

三引号的组成方式可以是 3 个双引号的组合：

```
"""数据"""
```

也可以是 3 个单引号的组合：

```
'''数据'''
```

三引号可以实现单引号、双引号的功能，也可以使用三引号定义刚才使用单引号、双引号定义的数据，如下所示：

```
#三引号
c1="""2height"""
print(c1)
c2='''It is a "dog"!'''
print(c2)
```

此时的输出结果如下：

```
2height
It is a "dog"!
```

可以看到，已经成功定义好字符串 2height 和 It is a "dog"!。

除此之外，三引号比单引号、双引号的功能稍强。三引号可以直接定义多行的字符串数据，如下所示：

```
#三引号
c1="""he
she
my
you are
hello"""
print(c1)
```

此时可以输出以下结果：

```
he
she
my
you are
hello
```

上面的结果为一个字符串而不是多个，只不过该字符串是一个多行字符串。

而如果想使用双引号或者单引号直接定义如上的多行字符串，是不行的。

三引号除了具有定义字符串的功能外，还常常用于注释。在 Python 中，如果希望注释某些程序代码（即让某些程序代码不起作用，或者让程序的某些片段只起一个对程序解释说明的作用），可以使用#进行。

比如程序有如下代码：

```
print("abc")
print("def")
```

如果只希望让上述程序的第一行不起作用，注释掉第一行即可，写成如下形式：

```
#print("abc")
print("def")
```

注释后，程序的第一行就不起作用了，此时的输出结果如下（只会执行第二行）：

```
def
```

由于注释可以让程序里面的某些区域不起作用，所以常常可以使用注释对程序进行解释说明，如上面的单引号使用的相关程序中，就在程序的开始使用"#单引号"说明了该程序的作用，即做了注释。

在 Python 中，#只能让其注释的当前行中#后面的内容不起作用。如果需要注释掉多行程序，此时就需要在这多行程序的每一行前面均加上#，在程序代码非常多的时候略显麻烦。

所以，如果需要注释多行程序，可以使用三引号进行。

如下所示，以下两段程序的功能是一样的。

程序段 1：

```
#注释多行程序
a=9
#b=10
#c=a+b
```

```
#c=c-a+b-a
#b=1
print(a)
#print(b)
#print(c)
```

程序段 2：

```
'''注释多行程序'''
a=9
'''
b=10
c=a+b
c=c-a+b-a
b=1
'''
print(a)
#print(b)
#print(c)
```

程序执行的结果都是：

```
9
```

可以看到，如果希望注释多行程序，使用三引号非常方便。当然三引号也可以注释单行程序。同时，三引号注释法和#注释法可以混合使用，如上面的程序段 2 中就是这样的。

接下来大家再来思考这样一个问题：假如需要使用双引号或者单引号定义一个在程序里面写成多行的字符串，应该如何实现？

比如需要将一个字符串"Where are you"写成多行，如果写成下面这种形式，程序的执行就会出错，因为单引号和双引号不能直接定义写成多行的字符串。

```
#错误的写法
a="Where are
you"
print(a)
```

此时可以在程序的行末使用连接符\实现，如下所示：

```
#正确的写法
a="Where are \
you"
print(a)
```

此时的程序输出结果：

```
Where are you
```

可以看到，此时已经能够正确地输出。在这里，有两点需要注意：第一，如果需要使用单引号和双引号定义写成多行的字符串，可以通过在行末加上连接符实现；第二，这种写法与三引号写法的作用是不一样的，如果上面的多行字符串用三引号定义，则该字符串为多行字符串，而如果使用单引号或双引号加上连接符定义，此时定义的字符串本质上仍然是单行字符串，这一点希望能够区分开来。

接下来继续思考另外一个问题：在 Python 里面，如果需要输出一个"It's a dog!"这样的字符串，有两种方法。一种方法是用刚才的单引号、双引号间插使用的方法，即 print "It's a dog!"，用双引号来包含有单引号的字符串。那么还有其他的方法么？

此时，可以使用转义符\解决这个问题。写一个新程序，如下所示：

```
#转义符
a='It\'s a dog!'
print(a)
```

此时程序的输出结果为：

```
It's a dog!
```

可以看到，由于转义符的作用，It\'s 里面的单引号可以原样输出了。

在本小节中，主要为大家介绍了字符串的概念与使用实例。而字符串的使用实例中，重点在于各种引号的使用，希望大家能够掌握。

Python 数据类型

2.3 数据类型

刚才已经为大家介绍了两种非常常见的基本数据类型：数和字符串。在 Python 中，还有很多常见的自带数据类型，比如列表、元组、集合、字典等。在这一节中，将为大家讲解各种常见的数据类型及应用实例。

2.3.1 各种数据类型

如果大家学习过其他语言，想必应该知道数组的概念。在 Python 中，默认是没有数组的，Python 中与数组最接近的概念就是列表和元组，先说列表。

列表就是用来存储一连串元素的容器。列表用[]来表示，比如，一个班里面有 30 个学生，需要将 30 个学生安排到一间教室里面上课，如果把 30 个学生分别比作元素，那么这个教室就是数组。30 个学生是按座位坐好的，有序排列的，数组中的元素也是有序排列的。

Python 中与数组类似的除了列表之外还有元组。

除此之外，Python 还拥有集合、字典等数据类型，将一起在 2.3.2 小节中为大家呈现。

2.3.2 Python 数据类型应用实例

上面已经初步认识了 Python 中的各种数据类型，接下来将逐一通过实例进行介绍。

1. 列表

假如一个班级里面有小明、小华、小李、小娟与小云几位同学，并且按顺序排列，这时就可以将这几位同学放到一个列表中。此时希望能够取出序号为 3 的同学，则可以通过取下标[3]实现。值得注意的是，在列表中，下标默认是从 0 开始编号的。

定义一个列表可以使用这种格式进行：

```
列表名=[元素1,元素2,元素3]
```

如下所示，可以将上面的事情写成如下程序：

```
#列表
students=["小明","小华","小李","小娟","小云"]
print(students[3])
```

此时程序的输出结果为：

```
小娟
```

也就是说，当前的序号为 3 的同学为小娟同学。

那么，如何更改列表里面的元素呢？

比如，班里面又来了一个学生小月，而小李退学了，班主任决定把小月调到小李的位置，此时，需要将列表里面的"小李"这个元素对应位置的值替换成"小月"，可以通过以下代码实现：

```
#列表元素的替换
students=["小明","小华","小李","小娟","小云"]
print(students)
students[2]="小月"
print(students)
```

执行结果为：

```
['小明', '小华', '小李', '小娟', '小云']
['小明', '小华', '小月', '小娟', '小云']
```

可以看到，通过以下方式就实现了对应元素的替换：

```
列表名[下标]=新元素值
```

此时，小月已经成功调到了小李的位置。

2. 元组

Python 中与数组类似的除了列表之外还有元组。元组里面的元素进行的是索引计算。但是列表跟元组有什么区别呢？

区别一：列表里面的元素的值可以修改，而元组里面的元素的值不能修改，只能读取。

区别二：列表的符号是[]，而元组的符号是()。

比如，一个小组内有小明、小军、小强、小武和小龙等人，该组内的成员关系非常好，不允许其他人取代他们之中任何一个人的位置，那么可以将这几位同学组建为一个元组，如下所示：

```
#元组
students=("小明","小军","小强","小武","小龙")
print(students)
print("第1位成员是："+students[0])#正常排序从1开始排，而列表元素从0计数
#故而第一位（当然按照习惯不同，也可以称为第0位）成员是下标为0的元素
```

程序的执行结果如下：

```
('小明', '小军', '小强', '小武', '小龙')
第1位成员是：小明
```

可以看到，此时已经成功定义了元组并取了元组的第 0 个元素。

从上面的程序中可以知道，如果需要定义一个元组，格式如下：

```
元组名=(元素1，元素2，元素3，…)
```

而如果需要去除元组中的某个元素，同样可以使用[下标]的方式进行。

上面已经学会了如何定义元组，刚才也已经初步提到，元组中的元素是不可以替换的，比如，可以尝试将上面元组中的小军的位置替换成其他人，就会发现程序的执行会出错。代码如下所示：

```
#这样做会出错，因为元组里面的元素不能替换
students=("小明","小军","小强","小武","小龙")
students[1]="小海"
print(students)
```

程序的执行结果中出现错误：

```
Traceback (most recent call last):
  File "D:/Python35/tests.py", line 3, in <module>
    students[1]="小海"
TypeError: 'tuple' object does not support item assignment
```

结果中提示，元组类型里的数据不能被替换，这一点跟列表是有区别的。

3. 集合

Python 中集合的概念与高中时数学课上数学集合的概念类似。集合最重要的特点是，集合里面不允许存在重复的元素。

Python 中的集合主要有两个功能，一个功能是建立关系（即将某些元素放在一起构成一个组，元素与元素之间就成了组内成员关系），另一个功能是消除重复元素。

如果需要在 Python 中创建一个集合，格式如下：

```
set(所有元素)
```

比如，希望创建一个包含字母 a、b、c、d 这 4 个元素的集合，可以通过如下代码实现：

```
>>> set("abcd")
{'c', 'd', 'a', 'b'}
```

可以看到，此时已经生成了一个集合{'c', 'd', 'a', 'b'}。除此之外，也可以通过另一种方式创建一个集合，格式如下：

```
集合名={元素1，元素2，元素3，…}
```

比如，如果想创建一个包含 5、"python""php" 这 3 个元素的集合，可以通过如下代码实现：

```
>>> a={5,"python","php"}
>>> a
{'python', 'php', 5}
```

可以看到，此时已经成功生成了集合{'python', 'php', 5}。

同样，在 Python 中，集合也可以进行交集、并集、差集等运算，如下所示，关键部分已给出注释：

```
a=set("abcnmaaaaggsng")
b=set("cdfm")
#交集，可以通过&符号实现交集运算
x=a&b

#并集，可以通过|符号实现并集运算
y=a|b

#差集，可以通过-符号实现差集运算
z=a-b
print("集合a是:"+str(a))#因为集合不能直接进行字符串连接，所以需要强行转换为字符串
print("集合b是:"+str(b))
print("a与b的交集是:"+str(x))
print("a与b的并集是:"+str(y))
print("a与b的差集是:"+str(z))
```

上面的程序执行结果如下：

```
集合a是:{'m', 'n', 'b', 'g', 'a', 's', 'c'}
集合b是:{'m', 'd', 'c', 'f'}
a与b的交集是:{'m', 'c'}
a与b的并集是:{'m', 'n', 'b', 'f', 'g', 'a', 's', 'd', 'c'}
a与b的差集是:{'a', 'g', 'n', 's', 'b'}
```

可以看到，上述程序已经成功实现了交集、并集、差集等运算。

假如现在有一些数据，里面可能会存在重复的数据，而此时希望将重复的数据过滤掉，即任何数据最多只能出现一次，那么可以使用集合来实现，因为集合有非常好的去重功能。

例如有一串数据元素，如下所示：

"python","php","android","python","android","aspx","php"

现在需要将上面重复的数据去除，那么可以通过以下程序实现：

```
#去除重复元素
new={"python","php","android","python","android","aspx","php"}
print(new)
```

执行结果如下：

```
{'python', 'aspx', 'android', 'php'}
```

执行结果中，重复的数据已经成功过滤掉，就是运用集合里面的元素不能重复这一个特性实现的。

4．字典

Python 中的字典也叫作关联数组，用大括号{}括起来。例如如下代码：

```
zidian={'name':'weiwei','home':'guilin','like':'music'}
```

可以这样理解：字典里面其实包含的是整个事情，这个事情里面包括各方面的具体信息。比如刚才这个，包含了 name、home、like 方面的具体信息，其中 name 方面的值为 weiwei，home 方面的值为 guilin，like 方面的值为 music。

一般来说，字典元素里面，:左边的部分称为 key（键），:右边的部分称为该键对应的 value（值），所以字典格式的定义，可以抽象为如下所示：

```
字典名={键1:值1,键2:值2,键3:值3,…}
```

如果需要取字典里面的某个元素，通过这种格式即可：

```
字典名[键名]
```

比如，已知老师的姓名为韦玮，籍贯为桂林，可以将这些信息存储到一个字典中，如下所示：

```
#字典
k={"姓名":"韦玮","籍贯":"桂林"}
print(k)
print("籍贯是:"+k["籍贯"])
```

程序的执行结果如下：

```
{'姓名': '韦玮', '籍贯': '桂林'}
籍贯是:桂林
```

可以看到，此时已经成功定义了该字典，并且成功取出了该字典中的籍贯所对应的元素值。

如果想在字典中添加新的元素，可以通过如下格式进行：

```
字典名["新键名"]=值
```

比如，在刚才的信息中，又得知了老师的爱好为音乐，如果想将爱好信息添加到原来的字典中，完整的程序如下：

```
#字典
k={"姓名":"韦玮","籍贯":"桂林"}
print(k)
print("籍贯是:"+k["籍贯"])
#添加字典里面的项目
k["爱好"]="音乐"
print("姓名为:"+k["姓名"])
print("爱好为:"+k["爱好"])
```

程序的执行结果如下：

{'籍贯': '桂林', '姓名': '韦玮'}

籍贯是:桂林

姓名为:韦玮

爱好为:音乐

可以看到，此时的爱好信息已经添加成功。

在 Python 中，常见的数据类型主要就是这些，在未来的学习过程中，会逐渐接触更多的数据类型，同时，未来也会学会如何定义自定义数据类型。

2.4 认识标识符

Python 认识标识符

简单来说，在 Python 中编程的时候，所起的名字就叫作标识符。其中变量名和常量名就是标识符的一种。

在 Python 中，标识符的命名是有规则的。

按正确命名规则命名的可以使用的标识符叫作有效标识符，否则不能使用的标识符叫作无效标识符。

有效标识符命名有以下几点规范。

（1）标识符第一个字符必须是字母或下划线。

（2）第一个字符不能出现数字或除字母和下划线以外的其他字符。

（3）标识符除第一个字符外，其他部分可以是字母、下划线或者数字。

（4）标识符大小写敏感，比如，name 跟 Name 是不同的标识符。

比如，以下的标识符是有效标识符：abc、_79、a98、a_7c；以下的标志符为无效标识符，是不合规的：987、51it、^it。所以在使用的标识符的时候，一定要注意标识符的命名规则。

Python 系统中自带了一些具备特定含义的标识符，将这些标识符称为关键字。

常用的 Python 关键字主要有 and、elif、global、or、else、pass、break、continue、import、class、return、for、while。

可以通过 Python 程序来查看系统中有哪些关键字，代码实现如下：

```
#常用关键字
#查看一下关键字有哪些
import keyword
print(keyword.kwlist)
```

程序的执行结果为：

```
['False', 'None', 'True', 'and', 'as', 'assert', 'break', 'class', 'continue', 'def', 'del', 'elif', 'else', 'except', 'finally', 'for', 'from', 'global', 'if', 'import', 'in', 'is', 'lambda', 'nonlocal', 'not', 'or', 'pass', 'raise', 'return', 'try', 'while', 'with', 'yield']
```

此时可以全面地看到常用的关键字有哪些，读者并不需要懂得每个关键字的使用方法，因为在后面会逐渐地学到。

下面简单举一个关键字的实例。

关键字列表中有一个关键字为 import，该关键字所对应的含义是导入，要导入某个模块时需要使用到该关键字。

比如，需要导入 urllib.request 与 json 模块，可以通过以下代码实现：

```
import urllib.request
import json
```

在标识符的知识点中，重点掌握标识符的命名规则与常用关键字查看方法即可。

2.5 对象

Python 对象

2.5.1 Python 中的对象

Python 的内置对象类型主要有数字、字符串、列表、元组、字典、集合等。其实，在 Python 中，一切皆为对象，后面会给大家讲解面向对象的知识。

在 Python 中，如果有一些对象需要持久性存储，并且保证这个对象的类型与数据不会丢失，则需要将这些对象进行序列化。

序列化之后，需要使用的时候，再恢复为原来的数据。

序列化的这种过程称为 pickle（腌制）。

pickle 中的方法主要有：

（1）dumps(object)；

（2）loads(string)；

（3）dump(object,file)；

（4）loads(file)。

2.5.2 Python 对象使用应用实例

接下来将进一步讲解 pickle 相关的知识。

如果需要将某个对象进行序列化，可以使用 pickle 下面的 dumps(object)方法。

比如，现在有一个列表对象 lista，里面有一些元素，该列表对象如下所示：

```
lista=["Python","PHP","机器学习"]
```

如果需要将该列表对象进行序列化，可以通过以下代码进行：

```
#pickle腌制
import pickle
#dumps(object)将对象序列化
lista=["Python","PHP","机器学习"]
listb=pickle.dumps(lista)
print(listb)
```

此时，程序的输出结果如下：

```
b'\x80\x03]q\x00(X\x06\x00\x00\x00Pythonq\x01X\x03\x00\x00\x00PHPq\x02X\x0c\x00\x00\x00\xe6\x9c\xba\xe5\x99\xa8\xe5\xad\xa6\xe4\xb9\xa0q\x03e.'
```

可以看到，该列表对象 lista 已经序列化成功，并将序列化后的结果赋给了 listb。

如果希望将序列化后的对象原样恢复，可以使用 loads(string)方法实现。

比如，可以使用如下程序将上面序列化后的结果进行恢复，完整程序如下：

```
#pickle腌制
import pickle
#dumps(object)将对象序列化
lista=["Python","PHP","机器学习"]
listb=pickle.dumps(lista)
#loads(string)将对象原样恢复，并且对象类型也恢复为原来的格式
listc=pickle.loads(listb)
print(listc)
```

程序的输出结果为：

['Python', 'PHP', '机器学习']

可以看到，对应的对象数据已经恢复成功。

如果希望将对象序列化并直接存储到某个文件中，可以使用 dump(object,file)方法进行。

比如，希望将元组对象 t1=('Python', 'PHP', '机器学习')序列化并直接存储到某个文件中（比如 D:/t1.pk1），可以通过如下代码实现：

```
#pickle腌制
import pickle
#dump(object,file),将对象序列化并存储到文件里面
t1=('Python', 'PHP', '机器学习')
f1=open('D:/t1.pk1','wb')
pickle.dump(t1,f1,True)
f1.close()
```

执行该代码后，会发现在 D 盘下出现了一个名为 t1.pk1 的文件，如图 2-1 所示。

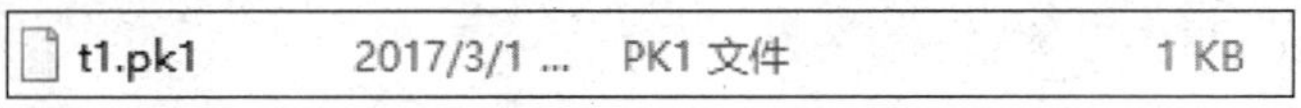

| t1.pk1 | 2017/3/1 ... | PK1 文件 | 1 KB |

图 2-1 序列化执行后生成的文件

如果希望将对应的数据恢复，可以通过 load(object,file)方法实现，具体程序实现如下：

```
#pickle腌制
import pickle
#load(object,file)将dump()存储在文件里面的数据恢复
f2=open('D:/t1.pk1','rb')
t=pickle.load(f2)
print(t)
f2.close()
```

此时程序的执行结果如下：

('Python', 'PHP', '机器学习')

可以看到，相关数据已经成功恢复。

Python 行与缩进

2.6 行与缩进

2.6.1 行

在 Python 中，行可以分为逻辑行和物理行。

逻辑行主要是指一段代码在意义上的行数，而物理行指的是实际看到的行数。

比如，以下程序是 3 个物理行：

```
print("abc")
print("789")
print("777")
```

而以下是一个物理行，3 个逻辑行：

```
print("abc");print("789");print("777")
```

再比如，以下是一个逻辑行，3 个物理行：

```
print('''这里是
```

Python

实例开发教程''')

以上为大家解释了逻辑行与物理行相关的知识。可以看到，在 Python 中一个物理行一般可以包含多个逻辑行，在一个物理行中编写多个逻辑行的时候，逻辑行与逻辑行之间用分号隔开。

事实上，每个逻辑行的后面必须有一个分号，但是在编写程序的时候，如果一个逻辑行占了一个物理行的最后，则逻辑行可以省略分号。

比如，可以结合下面的程序来具体了解一下分号的使用规则。

首先，所有的逻辑行后均应使用分号；其次，每个物理行的行末可以省略分号。

如下所示，以下两种写法都是正确的。

写法 1：

```
print("123");print("456");
```

写法 2：

```
print("123");print("456")
```

值得注意的是，若程序不是在物理行的行末，逻辑行结束后必须使用分号，例如，上述代码中的 print("123") 后面必须加上分号。

2.6.2 缩进

缩进是 Python 的一个特性。

在 Python 中，逻辑行行首的空白是有规定的。逻辑行行首的空白不对，就会导致程序执行出错，这是与其他语言的一个很重要的不同点。

那么这个空白到底为多少合适呢？又有怎样的使用技巧呢？

简单来说，最开始的时候，逻辑行行首不留空白，然后，同一层级的代码要求处于同一个缩进幅度。缩进时可以使用空格键，也可以使用 Tab 键，个人建议使用 Tab 键。

接下来通过一些例子讲解与缩进相关的知识。

一般情况下，行首应该不留空白，如下所示：

```
import sys
```

然后，同一层级的代码要求处于同一个缩进幅度。

比如，以 if 语句为例进行讲解（可能有的读者现在还没有学过 if 语句，没有关系，暂时只需要简单理解即可）。

```
#if语句的缩进方法
a=7
if a>0:
    print("hello")
```

可以看到，print("hello") 行首留了一个 Tab 的空白，因为 print("hello") 属于 if 语句里面的代码，相当于是 if 语句的下一层级的代码。而 "a=7" 与 "if a>0:" 两行代码由于属于同一个层次，所以处于同一个缩进幅度上。

在后续的学习中常常会遇到缩进，有些同学非常反感缩进，其实没有必要。关于缩进的使用技巧，只需要记住同一层级的代码处于同一个缩进幅度上，下一层级的代码相对于上一层级的代码进行缩进即可。

并且，后续大家会发现，正是因为缩进这个特性，使得写出来的代码非常美观，可读性非常强。

2.7　小结与练习

小结：

（1）按照不同数字的特点，可以进一步将数这种数据类型进行细分，可以细分为整数、小数等。当然，在 Python 中有些细分类型的叫法不同。

（2）一般如果需要注释多行程序，可以使用三引号进行。

（3）在 Python 中，如果有一些对象需要持久性存储，并且保证这个对象的类型与数据不会丢失，则需要将这些对象进行序列化。序列化之后，需要使用的时候，再恢复为原来的数据。序列化的这种过程称为 pickle（腌制）。

习题：假如有一个公司，公司里面的领导有 3 个人：李军、大明、张晓。现在已知这 3 个人的一些特点，比如李军的性格比较温和，长相比较帅，爱好是读书；而大明的性格比较火爆，长相很普通，不知道其爱好是什么；张晓的性格不太清楚，长相漂亮，爱好是羽毛球。请选择合适的数据类型，将这些数据存储起来。

参考答案：a=[{"name":"李军","性格":"温和","长相":"帅","爱好":"读书"},{"name":"大明","性格":"火爆","长相":"普通"},{"name":"张晓","长相":"漂亮","爱好":"羽毛球"}]

PART03

第3章

Python运算符与表达式

■ 在了解了 Python 的基本语法之后，接下来我们将学习 Python 的运算符与表达式相关的内容。

3.1 认识运算符

3.1.1 Python 运算符的概念

所谓"运算符"，指的是运算符号。在 Python 中，有的时候需要对一个或多个数字，一个或多个字符串，以及其他的数据对象进行运算操作，此时需要用到运算符，比如，2+3 中的"+"是一种运算符。

3.1.2 Python 常见运算符

Python 中常见的运算符有+、−、*、/、**、<、>、!=、//、%、&、|、^、~、>>、<<、<=、>=、==、not、and 和 or。

表 3-1 总结了常见运算符及其对应的含义。

表 3-1　常见运算符及其对应含义

运算符	含义
+	两个对象相加
−	取一个数字的相反数或者实现两个数字相减
*	两个数相乘或者字符串重复
/	两个数字相除
**	求幂运算
<	小于符号，返回一个 bool 值
>	大于符号，返回一个 bool 值
!=	不等于符号，返回一个 bool 值
//	除法运算，然后返回其商的整数部分，舍掉余数
%	除法运算，然后返回其商的余数部分，舍掉商
&	按位与运算，所谓的按位与，是将数字转换为二进制，然后这些二进制的数按位来进行与运算
|	按位或运算，同样要将数字转换为二进制之后按位进行或运算
^	按位异或
~	按位翻转~x=−（x+1）
>>	右移
<<	左移
<=	小于等于符号，比较运算，返回一个 bool 值
>=	大于等于
==	比较两个对象是否相等
not	逻辑非
and	逻辑与
or	逻辑或

读者可以先浏览一遍这个表，有个初步的印象即可，在后续需要复习的时候，也可以通过此表进行快速温习。下一小节将通过实例为读者详细介绍各运算符的使用。

3.1.3　Python 运算符应用实例

Python 运算符实际　　Python 运算符重要
运用技巧　　　　　　　特点

1. 算数运算符

（1）加法运算符（+）

加法运算符不仅能够操作两个数字进行求和运算，也可以操作两个字符串对象进行字符串的连接。总的来说，运算符可以实现两个对象相加的功能，而对象的类型既可以是数，也可以是字符串。

可以输入如下程序：

```
#两个数字相加
a=7+8
print(a)
```

该程序主要使用加法运算符（+）实现了两个数字相加的功能，输出结果为 15。

加法运算符（+）除了可以实现两个数字相加的功能之外，还可以实现两个字符串相加，字符串相加的含义即连接两个字符串。

可以输入如下所示的程序：

```
#两个字符串相加
b="GOOD"+" JOB!"
print(b)
```

该程序主要通过加法运算符连接了字符串"GOOD"与字符串"JOB!"，所以最终程序的输出结果如下：

```
GOOD JOB!
```

可以看到，已经成功将两个字符串进行了连接，合并成了一个字符串。

（2）减法运算符（-）

该运算符主要实现的功能是取一个数字的相反数或者实现两个数字相减。若其操作数为两个数，一般来说进行相减运算；若其操作数为一个数，一般来说进行取相反数的运算。

可以输入如下程序：

```
#"-":取一个数字的相反数
a=-7
print(a)
```

此时减法运算符的操作数为 7，只有一个，所以进行的是取相反数的运算，程序最终输出的结果是 7 的相反数，即输出结果为-7。

同样，可以输入以下程序：

```
#"-":实现两个数字相减
b=19-1
print(b)
```

减法运算符的操作数有两个时一般进行相减运算，计算出来的结果即是 19 减去 1 之后的结果，所以程序的输出结果为 18。

（3）乘法运算符（*）

乘法运算符除了可以对数进行乘法运算之外，也可以对字符串进行运算。对字符串进行运算时，表示的是将该字符串重复多少次。

可以输入如下程序：

```
#"*":两个数相乘
```

```
a=4*7
print(a)
```

此时，乘法运算符连接的是两个数，所以进行数的乘法运算，结果为 4 乘以 7 的结果，即输出 28。

此外，乘法运算符还可以进行字符串重复运算，比如可以输入以下程序：

```
#"*":两个数相乘或者字符串重复
b="hello "*5
print(b)
```

乘法运算符连接的是字符串和数字，数字为 5，表示将字符串重复 5 次。如果要改变重复的次数，只需要改变该数字即可。所以程序的输出结果如下：

```
hello hello hello hello hello
```

可以看到，字符串"hello"重复了 5 次之后组成了一个新的字符串并赋值给了变量 b。

（4）除法运算符（/）

除法运算符可以实现两个数字相除，比如可以输入以下程序：

```
#"/":两个数字相除
a=7/2
print(a)
```

此时，会计算 7÷2 的结果，程序的输出结果为 3.5。

（5）幂运算符（**）

幂运算符可以对数进行幂运算，比如可以输入以下程序：

```
#"**":求幂运算
a=2**3
print(a)
```

此时，相当于计算 2 的 3 次幂，就是计算 2*2*2 的值，最终的结果输出 8。

（6）整除运算符（//）

整除运算相当于先进行除法运算，然后返回其商的整数部分，舍掉余数。

可以输入以下程序：

```
#"//":整除运算
a=10//3
print(a)
```

此时会计算 10 与 3 的整除结果，即 10÷3 后，取商部分，舍掉余数，最终输出的结果是 3。

（7）求余运算符（%）

求余运算相当于先进行除法运算，然后返回其商的余数部分，舍掉商。可以输入以下程序：

```
#"%":求余运算
a=10%3
print(a)
```

此时，会计算 10÷3 的余数，最终的输出结果为 1。

那么，如果一个除法运算，可以整除，没有余数，那么进行求余运算会得到什么结果呢？若除法运算可以整除，没有余数，此时进行求余运算，得到的结果会为 0。

可以输入以下程序：

```
#没有余数的时候返回什么
b=10%1
print(b)
```

此时，10÷1 的结果是 10，没有余数，输出的结果为 0。

2．比较运算符

比较运算符主要有 6 种：大于运算符、大于等于运算符、小于运算符、小于等于运算符、等于运算符和不等于运算符。

可以输入以下程序：

```
#"<"：小于符号，返回一个bool值
a=3<7
print(a)#返回True，因为3确实比7小
b=3<3
print(b)#返回False，因为3不比3小
#">"：大于符号，返回一个bool值
c=3>7
print(c)#返回False，因为3不比7大
d=3>1
print(d)#返回True，因为3确实比1大
```

在程序段 a=3<7 中，由于赋值运算的优先级非常低，所以先运算 3<7 部分，再将比较的结果赋值给 a。其他程序段中也类似，赋值运算的优先级一般是最低的。

比较运算中会判断该比较的结果是否正确。若结果正确，则值为 True；若结果不正确，则值为 False。所以以上程序最终的输出结果为：

```
True
False
False
True
```

（1）等于运算符（==）

在 Python 中，等于运算符为两个等号；若是一个等号，则表示赋值运算。

可以输入以下程序：

```
#"=="：比较两个对象是否相等
a=12==13
print(a)
b="hello"=="hello"
print(b)
```

等于运算符一般可以判断两个对象是否相等，若相等则返回 True，若不相等则返回 False，所以以上程序的执行结果为：

```
False
True
```

（2）不等于运算符（!=）

不等于运算符一般用来判断两个对象是否不相等，若不相等返回 True，若相等则返回 False，比如可以输入以下程序：

```
#"!="：不等于符号，同样返回一个bool值
a=2!=3
print(a)#注释1
b=2!=2
print(b)#注释2
```

由于 2 确实不等于 3，所以，上面的程序注释 1 处输出的结果为 True，而注释 2 处输出的结果为

False，最终的输出结果如下：

```
True
False
```

（3）大于等于运算符（>=）与小于等于运算符（<=）

大于等于的意思是只要满足大于或者等于的任何一个条件，则返回 True，否则返回 False。同样，类似的，小于等于代表的是小于或者等于。

可以输入如下程序：

```
#"<=":小于等于符号，比较运算，小于或等于，返回一个bool值
a=3<=3
print(a)#返回True，因为满足等于
b=4<=3
print(b)#返回False
#">=":大于等于符号
a=1>=3
print(a)#返回False
b=4>=3
print(b)#返回True，满足大于
```

关键部分已给出注释，所以，程序最终的输出结果为：

```
True
False
False
True
```

3. 逻辑运算

逻辑运算主要包括逻辑与、逻辑或、逻辑非运算。

（1）逻辑非运算符（not）

逻辑非运算指的是若原来的值为 True，进行了非运算之后则变为 False，若原来的值为 False，则进行非运算之后变为 True。

可以输入以下程序：

```
#not:逻辑非
a=True
b=not a#注释1
print(b)
c=False
print(not c)#注释2
```

上面的程序中，注释 1 处通过 not a 对 a 进行了逻辑非运算，原来 a 的值为 True，所以运算之后 a 的值就成了 False。在注释 2 处，对 c 进行了逻辑非运算，c 原来的值为 False，运算之后输出 True。所以上面程序最终的输出结果为：

```
False
True
```

（2）逻辑与运算符（and）

关于逻辑与运算，大家只需要记住以下规律即可。

- True and True 等于 True。
- True and False 等于 False。
- False and True 等于 False。

比如，输入程序：

```
print(True and True)
```

执行的结果为 True

（3）逻辑或运算符（or）

关于逻辑或运算符，大家需要记住以下规律即可。

- True or True 等于 True。
- True or False 等于 True。
- False or False 等于 False。

比如可以输入程序：

```
print(True or False)
```

此时进行的是逻辑或运算，输出结果为 True。

4．按位运算

按位运算主要有 4 种：按位与运算（&）、按位或运算（|）、按位异或运算（^）和按位翻转运算（~）。

（1）按位与运算（&）

按位与的过程如下。

- 首先将该数据转换为二进制。
- 然后将这些二进制的数按位进行与运算。
- 将得到的二进制数再转换为十进制数显示。

比如，可以进行一个非常有趣的实验，输入以下程序：

```
a=7&18
print(a)
```

执行之后，会发现输出的结果为 2，那么，为什么 7 跟 18 与会得到 2 呢？

首先需要将 7 和 18 都转换为二进制数。如果大家没有学过二进制数的转换，可以通过计算器将十进制数转换为二进制数。若不懂操作，可以结合本课时对应的视频观看相关操作演示。

首先打开计算器，然后将 7 转换为二进制，得到 7 的二进制值是 111，自动补全为 8 位，即 00000111。

然后将 18 转换为二进制，得到 18 的二进制值是 10010，同样补全为 8 位，即 00010010。

接着，将 00000111 与 00010010 按位进行与运算，如下所示。

数据 1： 00000111

数据 2： 00010010

按位与： 00000010

可以看到，得到的结果是 00000010。最后将 00000010 转换为十进制数，得到数字 2，所以 7 与 18 按位与的结果是二进制的 10，即十进制的 2。

（2）按位或运算（|）

同样，要将数字转换为二进制之后按位进行或运算。

比如，可以输入以下程序：

```
#"|":按位或运算
a=7|18
print(a)
```

此时计算的是 7 和 18 按位或之后的结果，结果会输出 23。读者可以思考一下为何会出现该结果。同样，7 的二进制形式是 00000111，18 的二进制形式是 00010010。

将 00000111 跟 00010010 按位进行或运算，如下所示。

数据 1：00000111

数据 2：00010010

按位或：00010111

可以看到，按位或运算的结果为 00010111，将该二进制数转为十进制数，即得到结果 23。

（3）按位异或运算（^）

按位异或指的是位上的数不同则为 1，相同则为 0。

同样可以输入以下程序：

```
#"^"按位异或
a=7^18
print(a)
```

此时计算 7 与 18 按位异或的结果 21，分析一下为何会出现该结果。

同样，7 的二进制形式是 00000111，18 的二进制形式是 00010010。将 00000111 跟 00010010 按位进行异或运算，如下所示。

数据 1：　　　　00000111

数据 2：　　　　00010010

按位异或：　　　00010101

可以看到，此时计算出来的结果为 00010101，只要将二进制数 00010101 转换为十进制数即可得到最终输出结果 21。

（4）按位翻转运算（~）

按位翻转运算的公式为~x=-（x+1），比如~20 的计算公式是-（20+1），所以~20 的结果为-21。

比如，可以输入以下程序：

```
#"~":按位翻转~x=-（x+1）
a=~18    #~18=-（18+1）=-19
print(a)
```

按照按位翻转计算公式，可以手动计算一下最终结果，得到-19。

执行该程序，可以得到结果为-19，运算正确。

5. 左移运算（<<）与右移运算（>>）

左移运算（<<）与右移运算（>>）同样是需要将原来的数字转换为二进制的形式之后再进行移位。

比如，可以输入以下程序：

```
#"<<":左移
a=18<<1
print(a)
b=3<<3
print(b)
```

接下来，将分析一下以上程序。18 左移就是将它的二进制形式 00010010 左移，即移后成为 00100100，即成为 36，左移一个单位相当于乘 2，左移两个单位相当于乘 4，左移 3 个单位相当于乘 8，左移 n 个单位相当于乘 2 的 n 次幂。所以 18 左移一个单位，相当于 18*2，结果为 36，3 左移 3 个单位，相当于 3*2**3，即 3*8，结果为 24。所以，程序的最终输出结果为：

```
36
24
```

右移是左移的逆运算，即将对应的二进制数向右移动，右移一个单位相当于除以 2，右移两个单位相当于除以 4，右移 3 个单位相当于除以 8，右移 n 个单位相当于除以 2 的 n 次幂。

可以输入以下程序：

```
#">>"：右移
a=18>>1
```

```
print(a)
b=18>>2
print(b)
```

此时，若 18 右移一个单位，相当于 18 除以 2，右移两个单位，相当于 18 除以 4，所以程序的最终执行结果为：

```
9
4
```

本节介绍了 Python 常见的运算符，内容比较多，可以看表 3-1 直接复习。

3.2 优先级

3.2.1 优先级的概念

Python 优先级简介

Python 中的程序或运算符的执行是有先后顺序的，比如 A 跟 B 同时出现，如果 A 可以优先于 B 执行，那么就说明 A 的优先级比 B 的优先级高，B 的优先级比 A 的优先级低。

其中，A 跟 B 可以是运算符，也可以是程序。

就是说，Python 中的优先级分为以下两种。

1）程序之间的优先级。

2）运算符之间的优先级。

这里主要讨论 Python 运算符之间的优先级。

3.2.2 优先级规则及应用实例

在 Python 里面，不同的运算符有不同的优先级，那么到底哪些运算符的优先级高，哪些运算符的优先级低呢？

运算符优先级的基本规律与特点

这里将介绍常见的优先级使用规则。

由于运算符非常多，所以有必要进行一些规律的总结，不然记忆就很容易混淆。

优先级的使用有以下两个最明显的规律。

1）一般情况下是左结合的。

2）出现赋值的时候一般是右结合。

比如可以输入以下 Python 程序：

```
print(4+6+5*6+6)
```

此时没有出现赋值运算，所以按照左结合的方式进行。所谓的左结合，指的是在分析程序的时候，可以从左往右去分析。

由于乘法运算比加法的运算优先级要高，所以上面的程序执行结果为 46，整体运行上从左往右运行。

可以再输入一个程序：

```
a=8+91
print(a)
```

该程序的 a=8+91 中，由于出现了赋值运算，所以赋值运算的部分是右结合的，而加法运算的部分仍然是左结合，所以首先计算 8+91，然后将结果赋值给左边的 a，所以最终输出 a 的值为 99。

这两个规律可以让读者从总体上把握程序的大体执行顺序，但要更详细地了解各个运算符的优先级情况，必须要记住常用运算符的优先级顺序。

可以按照优先级的优先顺序对各种运算符进行一个简单的排名，排名情况如下。

1）优先级排行榜第 1 名——函数调用、寻址、下标。

2）优先级排行榜第 2 名——幂运算**。

示例：

```
a=4*2**3
print(a)
```

可以看到，首先会执行幂运算部分，然后执行乘法运算部分，所以输出结果为 32。

3）优先级排行榜第 3 名——翻转运算~。

4）优先级排行榜第 4 名——正负号。

示例：

```
print(2+4*-2)
```

可以看到，正负号的使用方法是紧挨着操作数的，否则会出错，这就说明正负号优先于加、减、乘、除运算，运算结果为-6。

5）优先级排行榜第 5 名——*、/、%。

示例：

```
print(2+4*2/4)
```

先进行乘除运算，再进行加减运算，所以先计算 4*2/4 部分，再计算+2 部分，最终结果为 4.0。

6）优先级排行榜第 6 名——+、-。

示例：

```
print(3<<2+1)
```

由于+运算优先于移位运算，所以会先计算 2+1 部分，然后计算 3<<3，所以最终结果为 24。

7）优先级排行榜第 7 名——<<、>>。

8）优先级排行榜第 8 名——按位&、^、|。其实这 3 个运算符也是有优先级顺序的，但是它们处于同一级别，故而这里不做详细介绍。

9）优先级排行榜第 9 名——比较运算符。

示例：

```
a=2*3+5<=5+1*2
print(a)
```

由于优先级关系，此时会先进行乘法运算，然后进行加法运算，接着进行比较运算（<=），所以最终的结果为 False。

10）优先级排行榜第 10 名——逻辑 not、and、or。

11）优先级排行榜第 11 名——lambda 表达式。

以上的这些排名情况最好记住，记住这些常见的排名规律之后，后续在使用运算符的时候会方便很多。

如果有时候实在想不起来 Python 的优先级了，其实可以运用加括号的技巧来调整优先级。

小括号可以强行改变优先级顺序，在 Python 中运算的时候，会优先计算最里层小括号里面的内容，然后逐次往外计算。

比如，可以输入以下程序：

```
a=2+3*7
b=(2+3)*7
print(a)
print(b)
```

比如，在 b=(2+3)*7 中，虽然乘法符号的优先级比加法运算符的优先级要高，但由于添加了小括号，那么就会先计算小括号里面的内容。程序输出的结果为：

```
23
35
```

本小节重点介绍了优先级的规律，只有将常用运算符的优先级顺序理清楚，在写程序的时候才不容易出错。

3.3 表达式

Python 表达式简介

3.3.1 表达式的概念

在 Python 中编程的时候，值、变量和运算符共同组成的整体称为表达式。

比如"ok"、a=5、a="hello my girl"这些都是表达式。

3.3.2 Python 表达式应用实例

在 Python 中，表达式的使用有一些特点，下面分别针对表达式在单行命令行中的使用与表达式在源程序中的使用两个方面用实例进行介绍。

表达式在单行命令行中（Python Shell）的使用分别通过值表达式、变量表达式、计算表达式、字符串表达式等几种类型的表达式来介绍。

可以在 Python Shell 中输入相关的表达式，按回车键后即可执行对应的表达式，在 Python Shell 中自动输出对应表达式的值。

首先为大家介绍值表达式。

单个值可以独立作为一个表达式，比如可以输入以下程序：

```
>>> 9
9
```

可以看到，9 可以直接在 Python Shell 中执行，执行的结果即为该值本身。

接下来为大家介绍变量表达式，所谓变量表达式，指的是变量可以单独作为一个表达式，比如可以输入以下程序：

```
>>> a=9
>>> a
9
```

可以看到，输入对应的变量表达式之后，执行结果为该变量具体表示的值。

此外，某个计算式也可以作为表达式，比如可以输入以下程序：

```
>>> 9*2+6*1
24
```

可以看到，"9*2+6*1"此时作为一个表达式，在执行该表达式之后，得到的结果为该式的最终计算结果。

同样，字符串也可以独立作为一个表达式，称为字符串表达式，输入如下所示的程序：

```
>>> "mypy"
'mypy'
```

可以看到，对应的字符串作为一个表达式使用，执行之后的结果为该字符串本身。

上面为大家介绍了表达式在 Python Shell 中的运用。在 Python Shell 中，表达式会自动直接执行，然后计算出该表达式的最终结果并展示。

在 Python 程序文件（源程序）中，也可以使用表达式。但是在程序文件中使用表达式，表达式不会自动输出自己对应的值，如下所示，可以在 Python 文件中输入下面的程序：

```
6
"mypy"
a=8+91
```

此时如果运行该程序，不会得到任何输出。所以，在程序文件中使用表达式，表达式不会自动输出自己对应的值。如果想在源程序中输出表达式对应的值，可以通过 print()函数主动输出。

比如可以编写如下程序：

```
6
"mypy"
a=8+91
print("mypy")
```

执行之后的输出结果为：

```
mypy
```

值得注意的是，在源程序中执行后输出的结果是不含引号的，而在上面的 Python Shell 中执行字符串表达式的时候，结果为'mypy'，是含有引号的，这些都是不同点，需要略微注意一下。

3.4 小结与练习

小结：

（1）左移一个单位相当于乘 2，左移两个单位相当于乘 4，左移 3 个单位相当于乘 8，左移 n 个单位相当于乘 2 的 n 次幂。

（2）小括号可以强行改变优先级顺序，在 Python 中运算的时候，会优先计算最里层小括号里面的内容，然后逐次往外计算。

（3）可以在 Python Shell 中输入相关的表达式，按回车键后即可执行对应的表达式，此时会在 Python Shell 中自动输出对应表达式的值。

习题：分析并计算以下程序的执行结果，并给出分析过程。

```
a=10//3
b=10%3
c=3*a+b
print(c)
```

参考答案：输出结果为 10。分析过程如下：首先运算"a=10//3"，此时 a 为商的部分，然后运算"b=10%3"，b 为余数的部分，然后运算"c=3*a+b"的部分，此时"3*商+余数"即可恢复为原来的数据 10。

第4章

Python控制流

■ 在生活中，做一件事情通常会需要一个过程，或者按顺序去做，或者在某个地方需要进行选择，或者从众多的路径中选择一条，当然，有的时候也会重复地去做某件事情。

在 Python 中，程序的执行同样需要有自己的流程。一般来说，可以分为 3 种基本流程，即顺序、选择与循环，称为 3 种基本控制流。

4.1 3种控制流

认识Python控制流

4.1.1 Python 控制流分类

Python 中程序代码的执行是有顺序的，有的程序代码会从上到下按顺序执行，有的程序代码会跳转着执行，有的程序代码会选择不同的分支去执行，有的程序代码会循环地执行。

那么到底什么样的程序应该自上而下执行，什么样的程序应该选择分支执行，什么样的程序应该循环着执行呢？

在 Python 中是有相应的控制语句进行标识的，控制语句能控制某些代码段的执行方式，这些不同功能的控制语句称为控制流。

在 Python 中，通常情况下，程序是从上往下执行的，而某些时候为了改变程序的执行顺序，故而使用控制流语句控制程序的执行。

而在 Python 中，有以下 3 种控制流类型。

（1）顺序结构，就是指按顺序执行的结构。

（2）分支结构。

（3）循环结构。

4.1.2 控制流应用场景

上一小节中，为大家介绍了 Python 中的 3 种基本的控制流结构。下面分别通过一些实例应用场景认识这些控制结构。

应用场景 1：重复执行 3 段同样的程序。

比如，现在需要重复执行 3 次以下程序：

```
i=0
print(i)
i=i+1
print(i)
```

按照之前学的知识，可以按以下方式实现。

方式 1（通过顺序结构实现，即直接将该程序复制 3 次）：

```
i=0
print(i)
i=i+1
print(i)

i=0
print(i)
i=i+1
print(i)

i=0
print(i)
i=i+1
print(i)
```

这种方式虽然可以实现上述要求，但是比较麻烦，尤其是重复多次的时候更是如此。

此时，可以选用另一种方式实现，比如可以通过控制结构中的循环结构实现。

方式 2（通过循环结构实现）：

```
for k in range(0,3):
    i=0
    print(i)
    i=i+1
    print(i)
```

方式 1 和方式 2 都能实现相应的功能，但是方式 2 比方式 1 更简单灵活，这就是学习控制结构的好处，灵活地掌握各种控制流，可以大大简化程序的编写。

上面的方式 1 和方式 2 都输出如下结果：

```
0
1
0
1
0
1
```

应用场景 2：需要实现"如果小明吃了饭，输出'小明很乖'；如果小明没吃饭，输出'小明不乖'"的功能。

若按照之前学过的平常的方法，按顺序执行的话，无法实现这样的功能。可以用控制流中的分支结构去实现该功能。

比如，可以输入以下程序：

```
xiaoming="eat"
if xiaoming=="eat":
    print("小明很乖")
else:
    print("小明不乖")
```

通过 if 条件分支语句做了判断，实现了应用场景 2 中要求的功能，在程序中设定小明已经吃饭了，最终的输出结果为：

```
小明很乖
```

以上通过一些简单的案例让大家初步认识了灵活掌握各种控制结构的好处，接下来会为大家系统地介绍各种控制流及使用。

4.2　控制流之 if

4.2.1　分支结构

认识分支结构 if

所谓"分支结构"，也叫作选择结构，是程序执行时，通过判断某个条件是否成立来决定选择执行哪些不同程序块的一种程序控制结构。

比如，一个班举行了一次考试，成绩出来之后，老师需要把学生的成绩由原来的百分制转换为等级制，这里定义 0～59 分为不及格，60～79 分为中，80～89 分为良，90～100 分为优。

如果人工进行转换分类的话，会略显麻烦，此时可以通过程序实现，在程序中需要判断学生的成绩满足哪个条件，然后选择满足条件的分支执行。比如，学生成绩为 67 分，此时需要判断 67 分属于上述分支中的哪一个分支，显然，67 分属于 60～79 分这一个分支，所以可以将学生的成绩定为中。

这只是分支结构的一个应用，在此希望大家能够通过这个例子理解分支结构的含义。

4.2.2 if 语句

If 语句是一种分支结构语句，如果要实现分支结构，可以选择使用 if 语句实现。

Python 中的 if 语句是用来判断选择执行哪个语句块的，下面通过实例认识 if 语句。

首先，在使用 if 语句之前，需要先知道 if 语句的使用格式。if 语句的使用格式如下。

```
if 是这样:
    执行该部分语句
    执行该部分语句
    执行该部分语句
    执行该部分语句
    执行该部分语句
elif 或者是这样:
    执行elif部分语句
    执行elif部分语句
    执行elif部分语句
    执行elif部分语句
    执行elif部分语句
else 或者以上情况都不是:
    执行该部分语句
    执行该部分语句
```

在此需要注意的是，if 语句中的某个语句块的内容需要相对 if 主体语句进行缩进，因为 if 主体语句与 if 语句下面的语句块属于上下层级关系。

If 语句按照分支数目不同，可以分为单分支语句、双分支语句与多分支语句。接下来将分别为大家介绍。

4.2.3 if 语句应用实例

顾名思义，单分支语句是只有一种分支的语句，比如，当变量等于 7 时，需要提示是星期日，而当变量等于其他数字时，不做任何提示，那么该程序可以写成如下形式：

```
a=7
if a==7:
    print("星期日")
```

显然，在这一个分支语句中，分支只有一种，该分支条件是要么发生，要么不发生。若该条件不发生，则不执行对应分支的语句；若该条件发生，则执行对应分支的语句。在上面的程序中，对应的分支条件发生，即 a==7 为 True，所以会输出以下结果：

```
星期日
```

双分支语句指的是有两种分支的语句，满足哪个分支的条件，就执行哪个分支对应的语句块。

比如，现在有很多用户的性别数据，但是这些性别数据是通过数字 0、1 表示的。若数字为 0，代表该用户的性别为男，若数字为 1，代表该用户的性别为女。此时可以使用以下双分支语句实现相关功能：

```
a=1
if a==0:
    print("Girl")
else:
    print("Boy")
```

在程序中，该客户的性别数据为 1，所以在上述程序的分支条件中，会选择 else 片段对应的程序执行，输出的结果为：

```
Boy
```

此时，程序已经成功判断了该用户的性别为男。

多分支语句是分支条件有多种情况的语句。比如学生的成绩刚好为 60 分，则输出"刚好及格"；若学生的成绩大于 90 分，则输出"优秀"；若学生的成绩处于 61～90 分之间，则输出"过线了"；若学生的成绩小于 60 分，则输出不及格。

可以输入以下程序实现：

```
a=92
if a==60:
    print("刚好及格")
elif a>90:
    print("优秀")
elif a>60:
    print("过线了")
else:
    print("不及格")
```

可以看到，这里的程序为多重分支结构，当前学生的分数为 92，所以满足 a>90 这个分支，所以会输出"优秀"。有的读者可能已经注意到，此时的成绩也满足 a>60 这个条件，为什么不输出"过线了"呢？

因为 a>90 这个条件在 a>60 这个条件之前，所以一旦选择了前面的条件，后面的条件就不考虑了。如果没有选择前面的条件，才会逐步考虑后面的条件。

If 语句的使用有一个要点，即各分支尽量不重复，并且尽量包含全部可能性。

比如回到本节开始时所提到的例子，要按成绩高低分为优、良、中、不及格，划分的条件为 0～59 分为不及格，60～79 分为中，80～89 分为良，90～100 分为优。

如果写成 if 语句，条件按以下这种方式划分是合理的：

0<=成绩<60---->不及格

60<=成绩<80--->中

80<=成绩<90--->良

90<=成绩<=100--->优

而以下这种条件划分方式是不合理的：

0<成绩<60---->不及格

60<成绩<80--->中

80<成绩<90--->良

90<成绩<100--->优

如果一位学生的成绩是 0 分、100 分、80 分、90 分这种临界条件，按照刚才不合理的划分方式就没办法判断执行哪部分的语句了，所以，if 语句的使用，一定要注意各分支尽量不重复，并且尽量包含全部可能性。

比如，上面将成绩转换为等级制的需求可以通过如下程序体现：

```
a=80
if 90<=a<=100:
    print("优")
elif 80<=a<90:
```

```
    print("良")
elif 60<=a<80:
    print("中")
else:
    print("不及格")
```

这时可以看到，目前学生的分数为 80 分，按照该判断系统；将该学生的成绩划分为良这一个档次，所以最终的输出结果如下：

```
良
```

在 Python 中还可以使用 if 分支去实现很多功能，只要涉及选择，一般就可以使用这种语句进行解决。

认识循环结构-while

4.3 控制流之 while

4.3.1 循环结构

上面已经介绍完了 if 分支条件语句，下面进入循环语句的介绍。在 Python 中，循环语句主要有两种：while、for。首先为大家介绍 while 语句。

4.3.2 while 语句

Python 中的 while 语句主要是用来控制一段语句重复执行的。

while 语句的基本使用格式如下：

```
while 条件为真：
    循环"执行该部分语句
    执行该部分语句
    执行该部分语句"
else：
    如果条件为假，执行该部分语句
```

其中，else 子句部分如果不需要，可以省略。

4.3.3 while 语句应用实例

while 语句的使用是非常方便的。

比如，希望一直重复地输出"I like Python!"等内容，可以通过以下程序实现：

```
a=True
while a:
    print("I like Python!")
```

当然，这个程序是死循环程序。所谓的死循环，指该循环不会终止，会一直运行下去，这种死循环的程序，一般是不建议出现的，此处仅做演示使用。

可以看到，执行该程序后会重复不断地输出以下内容：

```
I like Python!
I like Python!
I like Python!
I like Python!
...
```

此时，读者已经学会编写简单的、没有 else 子句的 while 循环语句了。

如果不进入 while 循环体，则会输出"没有进入 while 循环"等字样，可以通过以下程序实现：

```
a=False
while a:
    print("I like Python!")
else:
    print("没有进入while循环")
```

在该程序中，由于条件为假，所以会进入 else 子句部分执行相应的内容，程序输出的结果为：

```
没有进入while循环
```

在 Python 中，可以在 while 语句下面使用 if 语句，也可以在 if 语句下面使用 while 语句，像这种在某种语句下面使用当前的语句或者使用其他语句的方式，称为嵌套使用。

比如，希望某一个程序循环 10 次，前 5 次输出"head"，后 5 次输出"foot"，那么可以这样写：

```
a=0
while a<10:
    if a<5:
        print("head")
    else:
        print("foot")
    a=a+1
```

此时，if 语句在 while 语句下面，该 if 语句主要判断是前 5 次输出还是后 5 次输出，而变量 a 主要用于控制循环次数。

当前程序的输出结果为：

```
head
head
head
head
head
foot
foot
foot
foot
foot
```

可以看到，已经成功实现了需要的功能。

4.4 控制流之 for

4.4.1 for 语句

认识循环结构-for

Python 中的 for 语句是另外的一种循环语句，用得也非常多。

for 语句的执行格式如下：

```
for i in 集合：
    执行该部分
```

可以看到，Python 中的 for 语句主要是通过依次遍历集合里面的元素实现的，这里所说的集合并非是集合这种数据类型，而是由多个元素组成的一个对象，可以是列表，也可以是文件对象，或者是一些其他拥有多个元素的对象。

4.4.2 for 语句应用实例

如果需要将一个列表中的所有元素依次输出，可以使用 for 循环很方便地实现。

比如，需要将列表 a =["Python","PHP","Android","机器学习","Hadoop"]下面的各个元素依次输出，可以通过如下代码实现：

```
a =["Python","PHP","Android","机器学习","Hadoop"]
for i in a:
    print(i)
```

在该代码中，首先定义了列表 a，然后，通过 for 语句循环依次遍历该列表中的各个元素，程序中的 i 即相当于一个变量，每次循环该变量均可以得到列表里面的当前循环所取的元素。i 只是一个变量名称，也可以换成其他的名称，比如 j、k 等。

该程序的执行结果如下：

```
Python
PHP
Android
机器学习
Hadoop
```

可以看到，已经成功将列表里面的各元素依次取出。

for 语句经常与 range()函数搭配使用,range(a,b)函数可以生成从数字 a 到数字 b 的一串序列数据，所以可以很好地控制循环次数和循环时的 i 值。

比如，希望输出数字 1~10，可以通过以下程序实现：

```
for i in range(0,10):
    print(i+1)
```

在该程序中，通过 range(0,10)生成了 0~9，每次循环变量 i 都会自加 1，由于该循环中 i 的取值是 0~9，而希望输出的数据是 1~10，所以只需要在输出的时候直接输出 i+1 即可。

可以看到，通过 range()函数生成的数据是按顺序生成的，如果希望生成的数据中间间隔不为 1，而为 3、5、-1 等其他数字，只需要设置 range()的步长即可。一般来说，步长在 range()的第三个参数中指定。

例如，可以输入以下程序：

```
for i in range(1,10,3):
    print(i)
```

此时的输出结果为：

```
1
4
7
```

可以看到数据之间的间隔就是所设置的步长 3。

接下来给大家看一个带有嵌套的 for 语句。

比如，需要依次判断 1~10 的各个数字是偶数还是奇数，并且将判断结果输出，那么可以通过以下程序实现：

```
for i in range(1,11):
    if i%2==0:
        print(str(i)+"为偶数")
```

```
else:
    print(str(i)+"为奇数")
```

程序通过求余运算来判断这个数是否能被 2 整除，若能整除，则代表该数为偶数，否则为奇数。
程序最终的输出结果如下：

```
1为奇数
2为偶数
3为奇数
4为偶数
5为奇数
6为偶数
7为奇数
8为偶数
9为奇数
10为偶数
```

可以看到，已经能够实现相关的功能。

4.5　break 语句

Break 语句

4.5.1　中断机制

在程序的执行过程中，比如在循环结构里面，希望满足某个条件或程序执行到
某个地方的时候，让该循环或该程序中断执行，即不执行循环体后面的程序或对应程序块后面的程序，
可以使用程序执行的中断机制来实现对应的功能。

一般来说，循环体中常常会运用中断机制，以便能够更好地实现循环的退出与使用。循环体中的
中断机制一般分为两种结构：break 语句结构与 continue 语句结构。这两种中断语句的应用情境是不
一样的，接下来会分别介绍。

4.5.2　break 语句

break 语句可强制停止循环执行。break 语句用在循环语句中，若出现 break，则将直接停止该循
环的执行。

break 语句的功能正如其名字一样，是用来打破（break）程序执行的。break 语句常用于循环结
构中。在循环结构中出现 break 语句的时候，能将该循环强制停止，然后退出该循环。

4.5.3　break 语句应用实例

接下来为大家介绍一下 break 语句运用的实例。

1. break 语句用在 while 循环中

如果在 while 循环中出现 break 语句，那么会在出现的时候退出该 while 循环，继续执行下面的
内容。

比如，希望使用 while 循环依次输出数字 1~9，可以这么写：

```
a=1
while a:
    print(a)
    a=a+1
```

```
    if a==10:
        break
```

可以看到，如果没有上面程序中的 if 语句，则程序会永远执行下去，不会停止，即出现死循环的情况。加上 if 语句，然后在 if 语句中使用 break 语句，其含义是，若满足 if 语句中的条件，则执行 break 语句，执行 break 语句后，就会退出该 while 循环的执行。

在上面的程序中，每一次循环，a 都会自加 1，当 a 自加到值为 10 的时候，上方的输出刚好为 9，也就是说，下一次就不需要再循环了，可以退出该循环的执行，所以最终程序输出如下：

```
1
2
3
4
5
6
7
8
9
```

2. break 语句用在 for 循环中

除了可以在 while 循环中使用 break 进行中断外，也可以在 for 循环中使用 break 语句实现中断。在 for 循环中，可以使用以下语句很轻松地输出数字 5～8。

```
for i in range(5,9):
    print(i)
```

如果希望在不改变上面程序的情况下输出数字 5～7，可以添加以下的 break 语句进行中断控制：

```
for i in range(5,9):
    print(i)
    if i>6:
        break
```

在上述的程序中，当循环中的 i 执行到 7，在输出 7 之后，需要中断该循环的执行，所以通过 if i>6 判断当前 i 是否执行到 7。若该条件满足，说明此时 i 已经执行到了 7，通过 break 语句中断该循环即可。

上述程序最终的输出结果如下：

```
5
6
7
```

3. break 语句用在双层循环语句中

同样，在双层循环中（即循环里面有下一层循环），也可以使用 break 语句进行中断。使用一个 break 语句进行中断，只能够中断该 break 语句对应的一层循环，而不能中断多层循环。

比如，可以输入以下程序：

```
a=10
while a<12:
    a=a+1
    for i in range(1,4):
        print(i)
```

外层循环为 while 循环，里层循环为 for 循环。外层循环按照条件会循环两次（a=10 及 a=11 的时候），里层循环按照条件会循环 3 次（即 i 分别取 1、2、3 时），所以，该程序最终的输出结果如下：

```
1
2
3
1
2
3
```

可以看到，此时，外层循环控制总体的循环次数，即重复了两遍输出 1、2、3，而里层循环则会依次输出 1、2、3。

如果希望重复输出两遍 1、2，也就是里层不输出最后的数字 3，那么可以对里层循环使用中断结构，修改后的程序如下所示：

```
a=10
while a<12:
    a=a+1
    for i in range(1,4):
        print(i)
        if i==2:
            break
```

里层循环下面使用了 if 语句判断，若此时 i 执行到了 2，可以不再执行该里层循环，可以使用 break 语句进行中断，程序最终的输出结果如下：

```
1
2
1
2
```

可以看到，该 break 语句属于里层循环下的 break，故而只能中断里层循环，而不能中断外层循环。

如果希望输出一遍 1、2，也就是说，不仅里层循环需要中断控制，外层循环也需要进行中断控制，可以将程序修改为如下形式：

```
a=10
while a<12:
    a=a+1
    for i in range(1,4):
        print(i)
        if i==2:
            break
    if a==11:
        break
```

这时，程序的输出结果如下：

```
1
2
```

可以看到，已经实现了需求的功能。这里需要注意的是，上面程序中的 "if a==11" 语句希望控制外层循环，所以应该相对于外层循环缩进，且与里层 for 循环属于同一个层级，这样 "if a==11" 下面的 break 才能控制外层循环的中断。因为若 "if a==11" 语句也放在 for 循环里面，则起不到控制外层循环的效果，所以在这里，上方程序的缩进值得注意。

Continue 语句

4.6 continue 语句

4.6.1 continue 语句

continue 语句是另一种中断结构语句，其功能是强制停止循环中的这一次执行，直接跳到下一次执行，这与 break 语句的作用是不一样的。

4.6.2 continue 语句应用实例

continue 语句是放在循环语句中用来结束本次循环的语句。

首先应知道循环是分很多次的，而 continue 语句是终止该次循环，而不是终止该循环。

同样，接下来为大家举一些 continue 语句应用实例进行介绍。

（1）continue 语句用在 while 循环中

首先写一个比较简单的 while 语句，如下所示：

```
a=0
while a<4:
    a=a+1
    print(a)
```

该循环会输出以下结果：

```
1
2
3
4
```

此时，假如不希望输出 3，其他的正常输出，可以通过 continue 中断语句实现。实现的思路为，在执行该 while 循环的时候，在里面判断 a 的值，若 a 的值等于 3，中断该次循环，继续下一次循环。

可以将程序进行如下修改：

```
a=0
while a<4:
    a=a+1
    if a==3:
        continue
    print(a)
```

可以看到，上面的程序中，在 while 循环下通过 if 语句判断当前 a 的值是否为 3，若为 3，则终止该次循环，进入下一次循环。所以程序可以实现对应的功能，输出结果如下：

```
1
2
4
```

（2）continue 语句用在 for 循环中

同样，在 for 循环中，也可以使用 continue 语句实现中断某次循环的功能。

比如，可以使用 for 语句结合 continue 语句实现（1）中程序的相关功能，即输出 1、2、4，不输出 3。

可以输入如下程序：

```
for i in range(0,4):
    if(i==2):
        continue
    print(i+1)
```

此时，该 for 循环会依次遍历 0、1、2、3，如果要输出 1~4，只需要输出 i+1 即可，如上面程序所示。但如果不想输出 3，也就是说，当 i 为 2 的时候不希望输出，而其他各次循环希望正常输出，可以判断，若 i 等于 2，使用 continue 语句进行中断。

程序的最终输出结果如下：

```
1
2
4
```

（3）continue 语句用在多层循环语句中

同样，在多层循环中也可以使用 continue 语句进行中断。值得注意的是，此时一个 continue 语句仍然只能控制其对应层循环的中断，而不能控制所有层循环的中断。

比如，可以输入以下程序：

```
for k in range(0,3):
    for i in range(0,4):
        if(i==2):
            continue
        print(i+1)
```

此时输出的结果为：

```
1
2
4
1
2
4
1
2
4
```

可以看到，该程序的外层循环并没有受 continue 语句的影响，仍然从总体上控制了输出 3 次，continue 只对里层的 for 循环起作用。

（4）continue 语句与 break 语句的区别

continue 语句指的是结束执行本次循环中剩余的语句，然后继续下一轮的循环，而 break 语句指的是直接结束这个循环，包括结束执行该循环剩余的所有次循环。

比如，可以输入以下的 for 循环程序：

```
for i in range(13,17):
    if i==15:
        continue
    print(i)
```

该程序是一个比较简单的 for 循环程序，程序的输出结果为：

```
13
14
```

```
16
```

可以看到，此时只有 i 等于 15 的时候不输出，但可以执行及输出下一次循环的内容。

如果将上述程序的 continue 语句换成 break 语句，可以对比并分析一下，修改后的程序如下所示：

```
for i in range(13,17):
    if i==15:
        break
    print(i)
```

程序的输出结果为：

```
13
14
```

可以看到，i 等于 15 及之后的循环都不执行了。对比一下这两个程序，就会发现 break 语句与 continue 语句的不同之处了。

4.7 小结与练习

小结：

（1）在 Python 中有 3 种控制流类型：顺序结构、分支结构、循环结构。

（2）所谓"分支结构"，也叫作选择结构，是程序执行时，通过判断某个条件是否成立来决定选择执行哪些不同程序块的一种程序控制结构。

（3）Python 中的 for 语句主要是通过依次遍历集合里面的元素实现的，这里所说的集合并非是集合这种数据类型，而是由多个元素组成的一个对象，可以是列表，也可以是文件对象，或者是一些其他拥有多个元素的对象。

（4）continue 语句指的是结束执行本次循环中剩余的语句，然后继续下一轮的循环，而 break 语句指的是直接结束这个循环，包括结束执行该循环剩余的所有次循环。

习题： 在本章中出现了一个程序，该程序如下所示：

```
a=92
if a==60:
    print("刚好及格")
elif a>90:
    print("优秀")
elif a>60:
    print("过线了")
else:
    print("不及格")
```

该程序可以判断学生成绩的等级，如果 a>90 与 a>60 这两个条件换一下位置，是否可行？即修改为如下形式：

```
a=92
if a==60:
    print("刚好及格")
elif a>60:
    print("过线了")
elif a>90:
```

```
        print("优秀")
else:
        print("不及格")
```

请给出判断结果并分析原因。

参考答案：不可行。此时会出现条件重复的情况，比如当学生成绩为优秀时，无法判断出来。例如，分数 a 等于 92，按理来说应该为优秀，但是其判断的结果为"过线了"，因为 a>60 与 a>90 条件中有重叠部分，应把小范围的条件放于前面，而把大范围的条件放于后面，这样才不会出现选择覆盖的情况。

第5章

Python函数

■ 函数（function）即功能的意思。在 Python 中，可以使用函数来实现某些功能。例如，可以用一个函数实现阶乘计算的功能，也可以用一个函数实现文件处理的功能等。Python 中的函数分为系统函数和自定义函数两类。系统函数是系统预先定义好的函数，不需要用户自己编写，直接调用对应函数就可以实现一些特定的功能。例如，可以直接调用系统函数 len() 来实现取字符串长度的功能。自定义函数需要用户自己编写函数内容来实现用户所需要的某些特定的功能。

使用函数，可以将代码按功能封装，在使用的时候直接调用对应函数即可实现对应功能，可以大大提高程序的重用性，提高软件开发效率。

5.1 函数的概念

认识函数

要想利用 Python 函数编写出高质量代码，首先需要了解函数的概念，并且掌握函数的定义及简单应用。

5.1.1 Python 函数

函数是组织好并且可以重复使用的，用来实现单一或某些相关联功能的代码片段。

函数的核心就是功能，不同的函数可以实现不同的功能。可以利用系统自带的函数实现特定的功能，优点是非常方便，不用自己去写实现功能的代码，但系统自带的函数功能是系统已经写好的，所以比较死板，自由度低。例如，len()这个函数的功能是取字符串的长度，那么它的功能就仅仅是取字符串长度，不能变成其他的功能。读者可以使用自己定义的函数实现指定的功能，程序可以自由改写，所以其灵活度很高。

下面通过一些实例来说明函数的功能。

例如，可以使用系统函数 len()来实现取某个字符串长度的功能。

```
#实现取字符串长度的功能
a="HelloMyPython"
print(len(a))
```

程序的输出结果如下：

```
13
```

以上程序中，首先定义了一个字符串"HelloMyPython"并赋给变量 a，然后使用 len(a)函数实现了取该字符串长度的功能，并将该字符串长度打印出来。

除此之外，还可以利用 Python 的系统函数实现字符串切割的功能。

```
#实现字符串的切割
a="student"
b=a.split("u")
print(b)
```

上面程序的输出结果是：

```
['st', 'dent']
```

在上面的实例中，使用了 Python 中的 split()系统函数实现了切割字符串 a 的功能，其中 split()函数中的参数为切割点，即从何处切割。此时，从字符串"student"中的"u"位置切割，即将该字符串切割成了"st"与"dent"两部分，并打印了出来。

除了以上两个实例中所提到的系统函数之外，Python 还有很多系统函数，利用这些系统函数可以轻松实现各种各样的功能。并且这些系统函数是由 Python 官方定义好的，不需要额外地去定义，在需要的时候，直接调用即可。

除了使用 Python 的系统函数来实现某些功能以外，还可以使用自定义函数来实现某些功能，自定义函数的代码片段由自己编写，所以相对来说自由度更高。

5.1.2 Python 函数的基本应用实例

首先，通过一个实例来简单地了解一下自定义函数的使用。

```
#自定义的函数
def a():
    print("hello");print("Python")
```

```
    print("abc")
a()
```

上面这个实例中，输出结果如下：

```
hello
Python
abc
```

为什么会如此输出呢？以上的实例中，定义了一个名为 a() 的函数，该函数可以实现输出 "hello" "Python" "abc" 等字符串的功能。随后，使用 a() 调用了一下该函数，即触发了该函数的执行，故而最终输出了如上结果。

要想使用自定义函数，首先需要定义该函数，在 Python 中，定义函数可以使用 def 进行，格式如下：

```
def    函数名([参数1,参数2,…,参数n]):
    函数体
```

其中，[] 里面的内容代表可有可无，即自定义函数中可以有参数，也可以没有参数，具体有没有参数，要多少个参数，可以根据具体的编程要求决定，相关内容将在 5.2 节中讲述。

例如，可以定义一个名为 function1() 的无参数自定义函数，如下所示。

```
#函数的定义
def function1():
    a=8
    print(a)
```

定义好该函数之后，可以试着执行一下，发现不输出任何结果，为什么呢？

因为在定义好函数之后，函数的代码片段是不执行的，只有调用了该函数之后，对应函数的代码片段才会执行。

Python 中函数调用的格式如下：

```
函数名([参数1，参数2，…，参数n])
```

所以，如果想让该函数的代码片段执行，还需要调用一下该函数，如下所示：

```
#函数的定义
def function1():
    a=8
    print(a)
function1()
```

运行结果如下：

```
8
```

此时，相信读者已经能完全理解本节开始时给出的那个实例了。可以思考一下下面这段程序将会输出什么结果？为什么？

```
#函数的定义与调用
def a():
    print("hello");print("Python")
    print("abc")
def function1():
    a=8
    print(a)
function1()
a()
```

该程序段输出的结果是：

```
8
hello
Python
abc
```

在程序中，先定义了函数 a()，再定义函数 function1()，为什么结果却先输出了函数 function1()的内容，再输出函数 a()的内容呢？

刚才已经提到过，函数未调用的情况下，是不会执行对应的代码片段的，所以，函数的执行顺序跟函数的调用顺序有关，跟函数的定义顺序无关。上面的这段程序中，先调用 function1()，再调用 a()，故而会出现以上结果。

5.2 形参与实参

形参与实参

在 Python 的函数中，无参数函数虽然能实现一定的功能，但是不能在调用函数的时候与函数体进行数据交互，所以其功能是非常有限的。在实际开发中，经常是具体问题具体分析，故而，在调用函数的时候，经常要与函数体进行数据交互，传递不同的数据，可以得到不同的结果，那么此时就需要用到函数的参数。函数的参数分为形参和实参，形参一般在函数定义的时候出现，而实参一般在函数调用的时候出现，接下来将进行具体讲解。

5.2.1 形参

上节中已经知道，Python 中的函数是一项或多项功能的实现。例如，上节提到的系统函数 len()，可以实现取字符串长度的功能，但如果其没有参数，是没有实际意义的，因为这样的话就不知道要取哪个字符串的长度。如果要让其有实际意义，就必须将某个字符串放进这个函数里面。例如，要取字符串 "abcde" 的长度，就要将 "abcde" 放进 len()这个函数里面，变成 len("abcdm")，那么这样的 len()函数才有实际意义。括号里面的"abcde"即为函数的参数。那么可以发现，参数其实就是函数在执行功能时所要用到的数据交互。

函数的参数有两种，一种是实参，一种是形参。

什么是形参呢？形参一般发生在函数定义的过程中，一般是指参数的名称，而不代表参数具体的值，仅仅是形式上的函数，仅仅标明一个函数里面哪个位置有哪个参数而已。

接下来看一下下面这个实例。

```
#什么是形参
def function1(a,b):
    if a>b:
        print(a)
    else:
        print(b)
```

该实例中定义了一个名为 function1()的函数，并在函数里面给出了两个参数 a 和 b，这两个参数就是形参。此时，它不代表参数具体的值，结合函数体来看，其只是表示如果第一个位置的参数的值大于第二个位置的参数的值，那么将输出第一个参数，否则将输出第二个参数。

5.2.2 实参

上面已经知道，形参一般在函数定义的时候出现，那么什么是函数的实参呢？实参跟形参刚好互相弥补，一般在函数调用时出现，指的是参数具体的值，即实际参数。

下面通过实例理解一下什么是函数的实参。

```
#什么是实参
def function1(a,b):
    if a>b:
        print(a)
    else:
        print(b)
function1(1,3)
```

上面程序中，函数调用时所给的具体参数 1 和 3 就是函数的实参。函数的实参将函数在执行时需要具体处理的数据传递给函数体去执行处理。

上面实例的执行结果如下：

```
3
```

上面的实例执行时，比较了数字 1 和 3 的大小，并打印较大的数字。

那么形参和实参是怎么进行数据交互的呢？要了解这个过程，就必须知道参数传递的知识。

如上一个实例中，就是参数传递中最简单的一种传递方式。其传递过程如下，首先从调用的地方开始，此时实参为（1,3），随后将第一个参数和第二个参数分别传递给函数定义中的第一个位置和第二个位置，即 function1（a,b）中的 a 和 b，此时 1 传递给 a，3 传递给 b，然后在函数体中，凡是出现参数 a 的位置用 1 代替，凡是出现参数 b 的位置用 3 代替，所以，函数体中的 "if a>b:" 在实际执行时会变成 "if 1>3:" 的形式去执行。替换后，接下来按函数体中的程序进行相应的运算。

除了这种传递方式之外，还有一种比较常见的传递方式，即赋值传递。

如下面这一段程序中，使用的就是赋值传递的方式。

```
#第二种，赋值传递
def function(a,b=8):
    print(a)
    print(b)
function(1)
function(1,2)
```

程序的执行结果如下：

```
1
8
1
2
```

可以观察到，该程序中，在函数定义的时候，给第二个参数进行了赋值，在第一次调用函数的时候，只给该函数传递了一个参数，而在第二次调用的时候，给该函数传递了两个参数。

可以将函数定义时赋值的部分去掉，并且在调用函数的时候，只传递一个参数，试一试结果。将程序改写为如下程序段并执行。

```
def function(a,b):
    print(a)
    print(b)
function(1)
```

发现程序会出现如下错误：

```
Traceback (most recent call last):
  File "D:/Python35/5.py", line 4, in <module>
```

```
    function(1)
TypeError: function() missing 1 required positional argument: 'b'
```

可以发现调用是失败的，因为参数不对应，那么为什么在函数定义时给参数赋值，就可以在函数调用时省去对应参数，其执行原理又是怎样的呢？

在函数定义的时候给某些参数赋值，这种方式叫作赋值传递。如果在函数调用的时候给对应位置指定了实参，那么会将原先的赋值替换掉，以指定的实参为准；如果在函数调用的时候，没有给有赋值位置的参数指定实参，那么对应参数的值直接由定义时的赋值操作决定。

在赋值传递的实例中，由于在定义的时候给第二个参数 b 进行了赋值，所以在调用的时候第二个参数可有可无。如果省略第二个参数，则第二个参数的值直接由定义时的赋值决定，所以第一次调用 function(1)时，第二个参数 b 的值默认为 8，而在第二次调用 function(1,2)时，第二个参数 b 的值由调用时的实参决定，即为 2，所以程序最终输出的结果是 1、8、1、2。

在 Python 中，一个函数出现多个参数的时候，可以通过参数的名字直接给参数赋值，那么这些参数称为关键参数，下面通过如下实例来分析一下。

```
#关键参数
def function(a=1,b=6,c=7):
    print(a)
    print(b)
    print(c)
function(5)
function(b=7,a=8)
function(5,c=2,b=3)
function(b=4,c=2,a=1)
```

以上程序的执行结果如下：

```
5
6
7
8
7
7
5
3
2
1
4
2
```

第一次调用 function(5)时，会将处于第一个位置的参数 a 的值替换为 5，其他位置的参数的值由赋值传递的方式确定，所以输出的结果为 5、6、7。

第二次调用 function(b=7,a=8)时，通过参数的名字直接给参数 a，b 赋值，a 与 b 为关键参数，a 的值为 8，b 的值为 7，c 的值仍然由赋值传递的方式确定，所以输出结果为 8、7、7。

第三次调用 function(5,c=2,b=3)时，b 与 c 为关键参数，第一个位置的参数由实参 5 传递给形参 a，所以输出的结果为 5、3、2。

第四次调用 function(b=4,c=2,a=1)时，a，b，c 均为关键参数，所以传递给形参时，a 的值为 1，b 的值为 4，c 的值为 2，所以最终输出结果为 1、4、2。

关键参数的使用中，需要注意不能造成参数冲突。例如，上述函数进行如下的调用会出现问题。

```
>>> function(b=2,c=3,2)
```

此时会执行出错，因为这次调用中出现了参数冲突。b和c仍然为关键参数，第三个位置的参数为普通实参，所以调用时会将该实参传递给形参c，参数a没有任何指定，故而最终导致参数冲突问题的出现，执行出错。

5.2.3 形参与实参的区别

接下来将为大家总结一下形参与实参的区别。

（1）形参指的是形式上的参数，而实参指的是实际参数。

（2）形参一般在函数定义的时候出现，实参一般在函数调用的时候出现。

（3）形参的值可以由定义时的赋值传递指定，也可以接受调用时来自实参的传递。

（4）形参和实参的数据传递可以按位置关系进行，也可以通过关键参数指定。若通过关键参数指定，需要注意的是不能造成参数冲突问题。

5.3 全局变量

全局变量与局部变量

变量按作用域的不同可以分为全局变量和局部变量。全局变量的作用范围从变量声明开始，一直到程序结束为止。

5.3.1 全局变量的概念

要了解全局变量的概念，首先需要了解作用域的概念。所谓"作用域"，即作用范围。当声明一个变量之后，该变量是有作用范围的，这个作用范围称为变量的作用域。

以下实例为大家展示了作用域的基本使用。

```
#作用域
def func():
    i=8
#print(i)    #①
#print(j)    #②
j=9
#print(j)    #③
```

在上面的程序中，函数定义了一个变量i，此时i的作用域从变量i定义开始，到该函数定义结束处为止。显然，函数外区域不在变量i的作用域范围内，此时若解除①处代码注释，则无法执行，因为不在变量i作用域范围内，故而相当于未定义该变量，无法打印。

在函数外定义一个变量j，此时该变量的作用范围从变量定义开始，到程序结束为止。所以，②处不在变量j的作用范围内，③处在变量j的作用范围内。解除②处注释不可以打印j的值，而解除③处注释则可以打印变量j的值。

了解了作用域的概念后，就能够很好地理解全局变量的概念了。所谓"全局变量"，即作用域从变量定义开始，一直到程序执行结束为止的变量，上述程序中的变量j即是全局变量。

5.3.2 全局变量应用实例

在5.3.1小节的实例中，变量i的作用域由于在函数里面定义，所以不是全局变量。那么，如果希望一个在函数里定义的变量成为全局变量，应该怎么办呢？可以在定义时使用 global 关键字进行声明。

如下实例中，在函数中定义了一个变量 i，由于该变量使用了 global 关键字进行声明，所以即使该变量在函数中定义，但仍然为全局变量，在函数外部调用函数 func3()之后，即可打印其值。

```
#全局变量
def func3():
    global i
    i=7
func3()
print(i)
```

该实例最终输出的结果为 7。

5.4 局部变量

除了全局变量之外，还有局部变量，局部变量与全局变量的主要区别是作用域不同。

5.4.1 局部变量的概念

局部变量是作用域在某个程序片段而非全程序的变量。例如，在函数中没有使用特殊关键字进行声明而定义的普通变量即为局部变量。

局部变量的作用范围从变量定义开始，一直到该函数体结束为止。此时，如果在函数外部使用该局部变量，则会出现该变量未定义的错误。

值得注意的是，Python 拥有一种变量搜索机制，也叫 Python 变量名解析机制，即 LEGB 法则。通俗地来说，引用一个变量时，按照以下顺序搜索变量名，第一次搜索到即搜索成功：首先从本地作用域中查找（L），接着从任意上层函数作用域中查找（E），然后从全局作用域中查找（G），最后从内置作用域中查找（B）。而且，变量代码被赋值的位置通常决定了其作用域。LEGB 法则将在 5.4.2 小节结合实例进行讲解。

5.4.2 局部变量应用实例

知道了局部变量的定义，接下来看一个关于局部变量的简单实例：

```
#局部变量
def func2():
    i=7
    print(i+1)
i=9
func2()
print(i)
```

以上程序输出的结果为：

```
>>>8
9
```

函数定义了一个变量 i，该变量为局部变量，作用范围从变量定义开始，一直到函数结束为止。同时，在函数外定义了一个变量 i，该变量为全局变量，首先调用 func2()，在函数里面由于出现了局部变量 i 的赋值，所以屏蔽了全局变量 i，局部变量 i 的值为 7，故而执行 print(i+1)，即输出了 8。然后在函数外面执行了 print(i)，此时的 i 为全局变量，故而值为 9，即输出了 9。

接下来将为大家讲解 Python 中一个重要的规则：LEGB 法则。

首先，看一下变量的层次结构，如图 5-1 所示。

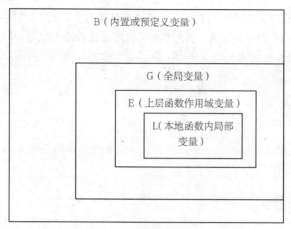

图 5-1　变量的层次结构

搜索变量的时候，将从里层往外层逐层搜索。接下来分析一下如下实例：

```
#LEGB
range=8   # ①
def func1():
    range=9   # ②
    def func2():
        range=6   # ③
        print(range)
    func2()
func1()
```

上面的程序中，输出的结果是 6，为什么呢？程序中多次出现重名变量 range，其实 range 不定义也可以使用，属于 Python 内置变量之一。例如，可以试着用 print(range)打印内置变量 range，得到如下结果：

```
>>> print(range)
<class 'range'>
```

range 变量是系统已经定义好的一个类，属于 LEGB 中的 B 层次，同时其搜索优先级也是最低的，如果在程序中出现同名变量，则可以将其对应的值替换。

在 LEGB 实例程序中，①处的变量 range 属于全局变量，即处于 LEGB 中的 G 层次；②处的变量 range 属于上层函数作用域变量，因为 func1()函数里面还嵌套了一个内层函数 func2()，即②处的变量处于 LEGB 中的 E 层次；③处的变量属于最里层的函数变量，即本地局部变量，也就是处于 LEGB 中的 L 层次，其搜索优先级最高。

在上述实例中引用变量 range 时，会按照③-②-①-内置变量的顺序进行搜索，搜索到即结束，当然要考虑好各变量的作用域。例如，③处的变量是不可能在最外层程序中搜索到的。程序中调用 func1()，然后在 func1()中调用了 func2()，所以最终调用的函数为 func2()。在 func2()函数中，打印了 range 的值，此时，按照 LEGB 法则搜索 range 变量，刚好在 L 层搜索到了该变量，即③处，所以输出的结果为 6。

为了更好地理解 LEGB 法则，请各位分析一下下面这段程序的输出结果及执行过程。

```
#LEGB练习
range=8
def func1():
```

```
        range=9
        def func2():
            range=6
        func2()
    func1()
    print(range)
```

上面程序执行结果是输出 8，为什么呢？

程序中首先调用了 func1()，但是只是执行了 func1()和 func2()的函数体，函数里面的变量 range 的作用范围没有改变，随后执行了 print(range)。此时，首先搜索 L 层次的变量 range，由于 L 层次的变量 range 的作用范围无法到达此处，故而搜索不到，随后搜索 E 层次的变量 range，同理仍然搜索不到，随后搜索 G 层次的变量 range，此时搜索到了在程序开始时就定义的全局变量 range，所以此时停止搜索，并输出结果 8。

5.4.3　全局变量与局部变量的区别

上面已经知道了全局变量和局部变量的使用，接下来将为大家总结一下全局变量与局部变量的主要区别。

（1）全局变量的作用范围从变量定义开始，至程序结束为止，局部变量的作用范围从变量定义开始，至对应函数体结束为止。

（2）局部变量一般在函数内定义，全局变量可以在函数内定义，也可以在函数外定义。如果在函数内定义，需要加上 global 关键字对该变量进行全局声明。

（3）全局变量在函数内使用仍然有效，但是如果在函数内出现同名的局部变量定义，那么同名的局部变量会在函数内暂时屏蔽同名的全局变量。

5.5　函数的使用与返回值

函数的使用与返回值

上面已经学习了函数的定义及函数的简单调用的知识，除此之外，还需要掌握一些稍微复杂的函数调用与返回值的知识。利用函数的返回值功能，可以让函数具有值，方便在实际编程中使用。

5.5.1　函数的使用

除了可以在函数外调用函数之外，还可以在函数里调用其他函数。例如，在如下程序中，在 func2()函数中调用了 func1()函数。

```
#函数间调用
def func1():
    print("hello")
def func2():
    func1()
func2()
```

值得注意的是，通常情况下，在 Python 中调用一个函数，需要在其已经定义好的情况下才能调用，即先定义，后调用。

如下程序会出现错误：

```
#未定义就调用，出错
func1()
```

```
def func1():
    print("hello")
```

因为在调用 func1()时，函数 func1()还未定义，故而出错。如果把 5.5.1 小节开始的那段程序进行相应改写，则会出现错误：

```
#此时违反了先定义后调用的规则，故而出错
def func2():
    func1()
func2()
def func1():
    print("hello")
```

5.5.2 返回值详解

在 Python 中，有的函数是没有返回值的，而有的函数具有返回值。有返回值的函数既可以返回一个值，也可以返回多个值。

有的时候，希望在函数执行后，能够返回一些执行结果为程序所用。此时，可以使用函数的返回值实现，函数的返回值是通过 return 语句来实现的。

首先来看最简单的第一种情况，即只有一个返回值的情形。

```
#一个返回值的情况
def test():
    i=7
    i+=1
    return i
print(test())
```

在上面的程序中，输出结果为 8。来分析一下，程序首先定义了一个函数 test()，并在函数体最后通过 return 语句返回了执行后的结果 i，此时该函数具有返回值，为 return i 中的 i。接下来通过 test()调用了该函数，函数执行后，该函数的值即为 7+1=8，通过 print()打印出来即可看到。

这种情况只有一个函数返回值，如果需要多个函数返回值，则需要使用另一种返回方式。

来看下面的实例：

```
#多个返回值的情况
def funcrtn(i,j):
    k=i*j
    return (i,j,k)
x=funcrtn(4,5) #返回值第一种接收方式
print(x)
a,b,c=funcrtn(7,8) #返回值第二种接收方式
print(a)
print(b)
print(c)
```

以上程序的执行结果是(4，5，20)、7、8、56。

如果要返回多个值，可以使用 return(值 1,值 2,…,值 n)的方式进行返回。返回之后，可以调用函数执行，如果要使用对应的返回值，首先需要获取对应的返回值，此时对返回值进行接收。而接收的方式主要有两种，第一种是集中接收，第二种是分散接收。前者将返回值赋给一个变量，此时该变量以元组的方式集中接收对应的返回值，所以 print(x)输出了元组(4,5,20)，元组里面的 3 个元素分别对应函数中的那 3 个返回值。后者采用分散接收，此时需要将返回值赋给多个变量，有多少个返回值，

就需要多少个变量进行接收,所以 a 接收到第一个返回值,b 接收到第二个返回值,c 接收到第三个返回值,故而分别输出 7、8、56。

以上就是函数返回值的使用方式。

5.6　文档字符串

文档字符串

在 Python 中使用文档字符串(documentation strings)可以大大增强程序的可读性,能够更方便地理解程序。

5.6.1　文档字符串的概念

Python 中可以定义很多的函数、模块或类,而函数、模块或类一多,如果不深入了解程序,理解起来思路会很乱。对于开发人员来说,是一件非常头疼的事情。想知道各个函数、模块或类的功能是做什么的,就得从头分析,很费时间。

针对函数、模块或类过多导致不便理解的这个问题,有两种方式可以解决。

第一种是在开发的时候为每个函数、模块或类写一个文档进行说明。

第二种是利用 Python 中的文档字符串的功能解决,即在每个函数、模块或类开头的地方加上一行说明性文字,这行说明性文字就称为文档字符串。看到一个函数、模块或类的时候,因为有文档字符串进行说明,对程序理解起来会很方便,并且在编写程序的时候就可以直接编写文档字符串,非常便捷。

文档字符串是 Python 的一个特性,又叫 DocStrings。利用文档字符串可以为程序中的函数、模块或类添加说明性文字,并在程序运行的时候使用 Python 自带的标准方法进行输出,让程序更加易读、易懂。

5.6.2　文档字符串实例

接下来以函数为例为大家说明文档字符串如何使用,模块、类中文档字符串的使用方法与此类似。

要为一个函数指定文档字符串,可以在函数的开头通过三引号实现。文档字符串支持在一行中书写,也支持在多行中书写。

```
#文档字符串
def d(i,j):
    '''这个函数实现一个乘法运算。

    函数会返回一个乘法运算的结果。'''
    k=i*j
    return k
```

在上面的程序中,为函数 d() 书写了文档字符串。如果在函数执行的时候要查看该函数的文档字符串,可以用"函数名.__doc__"或"help(函数名)"等格式调出对应函数的文档字符串。

例如,在上面的函数执行的时候,在执行窗口中输入:

```
>>> d.__doc__
```

此时,即调出了 d() 函数的文档字符串,结果如下所示:

```
>>> d.__doc__
'这个函数实现一个乘法运算。\n\n        函数会返回一个乘法运算的结果。'
```

此时,也可以使用如下代码调出文档字符串:

```
>>> help(d)
```

执行后，结果如下：

```
>>> help(d)
Help on function d in module __main__:

d(i, j)
这个函数实现一个乘法运算。

函数会返回一个乘法运算的结果。s
```

可以看到，虽然两种方式都能调出文档字符串，但其展现形式是有区别的。使用"函数名.__doc__"的方式只会展现文档字符串的内容；使用"help(函数名)"的方式不仅会展现文档字符串的内容，还会输出函数的名称与参数等信息，并且文档字符串会原样输出，具体可以根据个人风格或需求选择调用。

5.7　Python 常见内置函数应用实例

在 5.1 节中为大家讲解了第一个系统函数 len()，该函数用来实现取字符串长度的功能。其实，在 Python 中除了这个系统函数之外，还有很多系统函数。学会使用系统函数，可以大大提高编程效率，因为系统函数并不需要编写就能实现很多强大的功能。在本节中，将为大家列出一些常见的系统函数及使用方法实例。

1. max()函数

max()函数可以实现取最大值的功能，如：

```
>>> max([10,2,12,19,51,76,18])
```

输出的结果为 76。

2. min()函数

min()函数可以实现取最小值的功能，如：

```
>>> min([10,2,12,19,51,76,18])
```

输出的结果为 2。

3. abs()函数

abs()函数可以实现取绝对值的功能，例如：

```
>>> abs(-1009)
>>> abs(1008)
```

输出结果分别为 1009、1008。

4. capitalize()函数

capitalize()函数可以将对应字符串的首字母进行大写转换，调用格式为"字符串.capitalize()"，例如：

```
>>> "python".capitalize()
```

输出的结果为 Python。

5. isinstance()函数

isinstance()函数可以判断是否属于某种类型。该函数有两个参数，第一个参数为要判断的内容，第二个参数为要判断的类型，如果是该类型，返回 True，否则返回 False。

例如：

```
>>> isinstance("Python",str)
```

执行结果为 True，再例如：

```
>>> isinstance("Python",int)
```

执行结果为 False。

6. replace()函数

replace()函数可以实现字符串替换的功能。该函数有 3 个参数，前两个参数为必选项，第三个参数为可选项。第一个参数为要替换谁，第二个参数为替换成什么，如果传入第三个参数，则代表最多可以替换的次数。该函数调用的格式为"字符串.replace(参数 1，参数 2[，参数 3])"。

例如，可以将"phpisaniceprograminglanguagehellomyphp"中的"php"替换为"Python"：

```
>>> "phpisaniceprograminglanguagehellomyphp".replace("php","Python")
```

此时，输出结果为：

```
"phpisaniceprograminglanguagehellomyphp".replace("php","Python")
```

还可以加上第三个参数来控制最多替换的次数：

```
>>> "phpisaniceprograminglanguagehellomyphp".replace("php","Python",1)
```

此时的输出结果为：

```
'Pythonisaniceprograminglanguagehellomyphp'
```

可以看到，最多只能替换一次。

7. chr()函数

chr()函数可以实现将一个 ASCII 码转换为对应字符的功能。例如：

```
>>> chr(80)
```

输出结果为 ASCII 码 80 所对应的字符，即'P'。

8. ord()函数

ord()函数的功能与 chr()函数的功能正好相逆，ord()函数可以实现将对应字符转换为 ASCII 码的功能。如：

```
>>> ord("P")
```

输出结果为 P 对应的 ASCII 码：80。

5.8 小结与练习

小结：

（1）在 Python 中，使用函数可以将代码按功能封装，在使用的时候直接调用对应函数即可实现对应功能，可以大大提高程序的重用性，提高软件开发效率。

（2）函数的执行顺序跟函数的调用顺序有关，跟函数的定义顺序无关。

（3）函数的参数分为形参和实参，形参一般在函数定义的时候出现，而实参一般在函数调用的时候出现。

（4）变量按作用域的不同可以分为全局变量和局部变量，全局变量的作用范围从变量声明开始，一直到程序的结束为止。局部变量的作用范围从变量定义开始，一直到该函数体结束为止。

（5）Python 拥有一种变量搜索机制，也叫作 Python 变量名解析机制，即 LEGB 法则。通俗地来说，引用一个变量时，按照以下顺序搜索变量名，第一次搜索到即搜索成功：首先从本地作用域中查找（L），然后从任意上层函数作用域中查找（E），接着从全局作用域中查找（G），最后从内置作用域中查找（B）。而且，变量代码被赋值的位置通常就决定了其作用域。

（6）函数返回值的接收方式主要有两种，第一种是集中接收，第二种是分散接收。前者将返回值赋值给一个变量，后者将返回值赋给多个变量，具体有多少个返回值，就需要多少个变量进行接收。

（7）文档字符串是 Python 的一个特性，又叫 DocStrings。利用文档字符串可以为程序中的函数、模块或类添加说明性文字，并在程序运行的时候使用 Python 自带的标准方法进行输出，让程序更加易读、易懂。

习题 1：请简述 LEGB 法则。

参考答案：略。

习题 2：请判断如下程序的输出结果，并说明原因。

```
j=9
def a(i):
    def b(j):
        '''
        我是函数b的文档字符串。
        '''
        j=j-2
        return j
    b(i)
    print(j)
    b.__doc__
a(j)
```

参考答案：9。原因略。

第6章

Python模块

■ 如果想使用 Python 实现各种各样的功能,可以通过Python模块来实现。学好 Python 模块,掌握 Python 模块基础,能够为将来学习 Python 的各项深入功能做好铺垫。

6.1 模块

6.1.1 模块的概念

上一章学习了函数，函数是可以实现一项或多项功能的一段程序。

模块是函数功能的扩展，模块是可以实现一项或多项功能的程序块。

从其定义可以发现，函数是一段程序，模块是一个程序块。也就是说，函数和模块都是用来实现功能的，但是模块的范围比函数要广。在模块里面，可以使用多个函数及其他 Python 程序。

在 Python 中，按照来源的不同，可以将模块分为以下几种。

（1）自带模块。

（2）第三方模块。

（3）自定义模块。

那么，如何在 Python 中找到模块对应的程序代码呢？

首先，打开 Python 的安装目录，可以发现安装目录下面有一个名为 Lib 的目录，如图 6-1 所示。

| include | 2016/12/31 20:40 | 文件夹 |
| Lib | 2017/3/1 6:03 | 文件夹 |

图 6-1 安装目录下面的 Lib 目录

Lib 目录即为放置模块的目录，可以双击打开该目录，如图 6-2 所示。

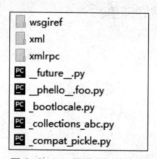

图 6-2 Lib 目录下面的内容

可以发现，该目录下有很多文件夹与文件，这些文件夹和文件都是 Python 的模块。

在该文件夹内，可以发现有一个名为 site-packages 的目录，如图 6-3 所示。

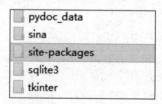

图 6-3 Lib 目录下面的 site-packages 目录

该目录比较特殊，主要用于放置 Python 的第三方模块。可以打开该目录，如果之前安装过第三方模块，就会发现安装的第三方模块在此处出现了。图 6-4 所示为笔者安装的一些第三方模块，在该文件夹下可以找到。

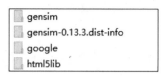

图 6-4　笔者安装的一些第三方模块

　　如果想查看某个模块里面的程序内容,可以先在 Lib 目录下找到该模块对应的程序文件,通过编辑器打开即可看到对应的实现代码。

6.1.2　导入模块的方法

from…import 详解

　　在使用模块之前,必须先导入指定模块。只有导入了该模块,才能使用该模块对应的功能。

　　导入模块的语句常见的有两种。

　　(1)import。

　　(2)from…import。

　　如果要直接导入该模块,可以直接通过"import 模块名"这种格式导入。如果需要导入该模块下面的某个方法或属性,可以通过"from 模块名 import 方法名或属性名"的格式导入。如果需要导入该模块下面的所有方法或属性,可以通过"from 模块名 import *"这种格式实现,其中"*"代表所有的含义。

　　接下来以导入一个模块为例进行具体的介绍。

　　比如,需要导入一个时间模块(time)来实现程序延时执行的功能,可以输入以下程序:

```
>>> import time
```

　　导入了该模块之后,即可以通过"模块名.方法或属性名"的方式来调用该模块下面的具体属性和方法,比如,可以调用该模块下面的 sleep()方法实现程序的延时执行,输入以下程序:

```
>>> time.sleep(5)
```

　　会发现,该程序会延时 5s 执行,sleep()里面的参数即为具体的时间。

　　此时,已经实现了模块的导入。要使用模块下面的方法或属性,则需要使用"模块名.方法或属性名"等方式调用,不能直接输入方法名或属性名来使用对应的方法或属性。

　　可以尝试输入以下程序:

```
>>> sleep(5)
Traceback (most recent call last):
  File "<pyshell#7>", line 1, in <module>
    sleep(5)
NameError: name 'sleep' is not defined
```

　　直接使用 sleep()方法,会提示该方法并没有定义。

　　不妨尝试另外一种程序导入的方式,输入以下程序:

```
>>> from time import sleep
```

　　相当于直接从 time 模块中导入 sleep()方法,然后尝试执行以下语句:

```
>>> sleep(5)
```

　　此时会发现,现在该程序可以正常延时执行。相信到此处读者已经初步明白了 import…与 from…import…这两种导入方式的区别:前者相当于导入该模块,并没有直接导入对应方法或属性,所以要使用对应的方法或属性需要通过该模块调用;后者相当于直接导入对应方法或属性,所以可以直接使用该方法名或属性名来调用对应方法或属性。

　　类似的,还可以通过 from …import *将某个模块下面的所有方法和属性都直接导入。

可以输入以下程序：

```
>>> from time import *
```

执行之后会发现，time 模块下面的所有方法和属性均已直接导入。

6.1.3 sys 模块的使用

sys 模块主要是一个针对系统环境的相关模块，可以以此为例为大家讲解模块的相关使用。

如果要使用该模块，首先可以导入该模块。为了方便使用，直接用 from…import*语句进行导入，如下所示：

```
>>> from sys import *
```

如果想查看对应的版本信息，直接输入"version"属性即可，如下所示：

```
>>> version
'3.5.2 (v3.5.2:4def2a2901a5, Jun 25 2016, 22:18:55) [MSC v.1900 64 bit (AMD64)]'
```

此时可以发现相关信息已经呈现。version 属性是 sys 模块下面的一个属性，所以在使用之前必须导入。

如果想得到 Python 中的解释器可执行文件名，可以通过 sys 下的 executable 属性实现，如下所示：

```
>>> executable
'D:\\Python35\\pythonw.exe'
```

补充知识：字节编译

可以看到，此时已经将对应的可执行文件名的所在路径以字符串的方式返回。

关于 sys 模块，就简单地介绍到这里，在此只需要熟悉如何导入并使用模块里面的功能即可，后续遇到新的属性或方法的时候，执行的方式也是类似的。

6.2 模块的名字

认识 name 属性

6.2.1 模块名字的定义

每个模块都有自己的名字，接下来将为大家一一介绍。

首先认识主模块。

不妨写一个程序文件，命名为 pymd.py 并存储到安装目录下面的 Lib 目录下，该程序文件就成了一个模块。程序代码如下：

```
print(__name__)
```

可以看到，该文件的目的就是输出当前的__name__属性，即名字。

如果在 IDLE 下打开该文件，直接按 F5 键执行，输出结果如下：

```
__main__
```

可以看到，当前的__name__的值为__main__，称为主模块。

然后在 Python 中导入该程序，可以直接通过 import 导入模块，执行结果如下：

```
>>> import pymd
pymd
```

可以看到，__name__属性的值就是当前模块的名称，而不是__main__。

为什么会这样呢？

在 Python 中，若直接执行某个文件，该文件为主模块，其__name__属性值将为__main__。而如果调用该文件后执行，则该文件为非主模块，__name__属性值将为文件名。

而这里的__name__属性，可以称为模块的名字。

6.2.2 模块名字应用实例

Python 中有主模块与非主模块之分，那么如何区分主模块与非主模块呢？

如果一个模块的__name__属性值是__main__，那么就说明这个模块是主模块，反之亦然。

其实可以把__name__看作一个变量，这个变量是系统给出的，功能是判断一个模块是否是主模块。

假如现在需要设计一个程序，该程序如果直接执行，则执行程序块 A 部分；若是被调用执行，则执行程序块 B 部分，那么应该如何判断该程序的执行方式呢？

可以通过判断模块的名字实现，输入以下程序：

```
if __name__=="__main__":
    print("It's main")
else:
    print("It's not main")
```

如果直接执行该程序，会输出：

```
It's main
```

而如果该程序是被调用执行的，比如将其封装为模块后被导入执行，那么执行的结果即为：

```
>>> import pymd
It's not main
```

可以看到，通过模块的名字（__name__）实现了刚才业务场景的应用。

6.3 创建自己的模块

自定义模块

6.3.1 自定义模块的概念

Python 中有很多的模块，有的模块是不需要用户自己去定义和编写的，是 Python 在安装的时候就自带的模块，称为系统自带模块。

还有一些模块与这种模块不同，是需要自己去定义和编写的模块，称为自定义模块。

当然，除此之外，还有第三方模块，即别人写好的模块，直接安装就能够使用。

6.3.2 自定义模块应用实例

自定义模块的简单应用之前为大家介绍过，比如关于常量的自定义模块，6.2 节为大家介绍的 pymd 就是自定义模块。

接下来为大家进一步讲解自定义模块的运用。

有时希望将自己的模块做成一个文件夹，那么可以按以下步骤进行。

（1）首先，在 Lib 目录下的 site-packages 目录下创建一个文件夹，文件夹名即为自定义模块名。比如，可以创建一个 first 文件夹并放在 Lib 目录下的 site-packages 目录下。

（2）然后在模块文件夹下建立一个 Python 文件，名为__init__.py。该文件主要用于模块的初始化处理，当然也可以在该文件里面写上相关的 Python 程序，随后建立一个名为__pycache__的文件夹。该文件夹主要起缓存处理相关的作用。

在__init__.py 文件里面写上如下程序：

```
def add(a,b):
    return a+b
```

该程序定义了一个名为 add()的函数，函数实现了加法的功能。

（3）在模块文件夹下可以创建自己的 Python 文件，例如，可以创建一个名为 abc.py 的文件。在模块文件夹下创建的这些文件即为模块文件。

（4）随后，在模块文件中编写相应的 Python 程序即可。如下所示，在 abc.py 文件中编写了如下程序：

```
def sub(a,b):
    return a–b
```

该文件里定义了一个名为 sub() 的函数，函数里实现了减法的功能。

最后，模块文件结构如图 6-5 所示。

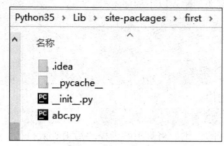

图 6-5　自定义模块文件 first 的结构

其中，.idea 文件夹为自动生成的文件夹，不需要在意。

做好这件事情之后，就可以使用刚才定义的模块了，输入以下程序：

```
>>> import first
>>> first.add(3,5)
8
>>> import first.abc
>>> first.abc.sub(10,5)
5
```

可以看到，如果要使用 add()，直接导入该模块 first 之后，就能够使用，因为 add() 是在初始化文件 __init__.py 中定义的，所以导入模块的时候会自动加载。

而如果要使用 sub()，则需要导入该文件夹 first 下面的文件 abc.py。如果要导入 first 文件夹下的 abc 文件，可以写成：

```
import first.abc
```

随后便可以使用 first.abc 下面的 sub() 实现减法的功能了。

可以看到，上面的程序都可以正常执行。

dir() 函数

6.4　dir() 函数

6.4.1　dir() 函数的定义

Python 中有非常多的模块，但是我们有的时候会忘记一个模块有哪些功能。这个时候，可以用 dir() 函数来查看指定模块的功能列表。

6.4.2　dir() 函数使用实例

比如，可以通过 dir() 函数来查看自定义模块 first 的功能，输入如下程序：

```
>>> import first
```

```
>>> dir(first)
['__builtins__', '__cached__', '__doc__', '__file__', '__loader__', '__name__', '__package__', '__path__',
'__spec__', 'add']
```

在查看某个模块的功能时，首先应当导入该模块，否则会出错。在上面的程序中可以看到，first 模块里有 add 的功能。

dir() 函数不仅能查看模块的功能列表，还能查看任意指定对象的功能列表。

比如，输入以下程序：

```
>>> a=[]
>>> dir(a)
['__add__', '__class__', '__contains__', '__delattr__', '__delitem__', '__dir__', '__doc__', '__eq__',
'__format__', '__ge__', '__getattribute__', '__getitem__', '__gt__', '__hash__', '__iadd__', '__imul__', '__init__',
'__iter__', '__le__', '__len__', '__lt__', '__mul__', '__ne__', '__new__', '__reduce__', '__reduce_ex__', '__repr__',
'__reversed__', '__rmul__', '__setattr__', '__setitem__', '__sizeof__', '__str__', '__subclasshook__', 'append',
'clear', 'copy', 'count', 'extend', 'index', 'insert', 'pop', 'remove', 'reverse', 'sort']
>>> b=()
>>> dir(b)
['__add__', '__class__', '__contains__', '__delattr__', '__dir__', '__doc__', '__eq__', '__format__', '__ge__',
'__getattribute__', '__getitem__', '__getnewargs__', '__gt__', '__hash__', '__init__', '__iter__', '__le__', '__len__',
'__lt__', '__mul__', '__ne__', '__new__', '__reduce__', '__reduce_ex__', '__repr__', '__rmul__', '__setattr__',
'__sizeof__', '__str__', '__subclasshook__', 'count', 'index']
```

可以看到，a 为一个列表对象，可以通过 dir() 函数查看该列表对象具有哪些功能。

上面程序中的 b 为一个元组对象，同样通过 dir(b) 可以查看元组具有哪些功能。

除此之外，dir() 函数还可以查看其他对象所具有的功能，在此就不一一列举了。当大家不知道某个对象的功能时，可以考虑使用 dir() 函数查看。

6.5　小结与练习

小结：

（1）模块是函数功能的扩展，是可以实现一项或多项功能的程序块。

（2）如果要直接导入模块，可以直接通过"import 模块名"这种格式进行。如果需要导入该模块下面的某个方法或属性，可以通过"from 模块名 import 方法名或属性名"的格式进行。如果需要导入该模块下面的所有方法或属性，可以通过"from 模块名 import *"这种格式实现，其中"*"代表所有的含义。

（3）在查看某个模块的功能时，首先应当导入该模块，否则会出错。

习题：假如忘了自定义模块 first 下的 abc 文件有哪些功能，请问应该如何解决？

参考答案：需要注意的是，如果要查看 first 下 abc 文件的功能，应该查看 first.abc 而不是 first，可以通过以下程序实现：

```
>>> import first.abc
>>> dir(first.abc)
['__builtins__', '__cached__', '__doc__', '__file__', '__loader__', '__name__', '__package__', '__spec__',
'sub']
```

第7章

Python数据结构实战

■ 世界上有各种不同的数据，数据与数据之间有不同的组织结构，称为数据结构。了解常用的数据结构，是学习编程进阶的必经过程。本章将会为大家介绍常见的一些数据结构，以及如何通过 Python 代码去实现这些数据结构，让大家对 Python 编程有更深入的了解。

7.1 数据结构通俗速解

数据结构概述

我们知道，一个程序里面必然会有数据。同样的，一个或几个数据要组织起来，可以有不同的组织方式，也就是不同的存储方式。不同的组织方式就是不同的结构，我们把这些数据组织在一起的结构称为数据的结构，也叫作数据结构。

比如，字符串 "abc"，将其重新组织一下，通过 list() 函数将 "abc" 变成 ["a","b","c"]，那么这个时候数据就发生了重组，重组之后的数据结构就变了，变成了 ["a","b","c"]，我们把这种形式的数据结构叫作列表。也就是说，列表是数据结构中的一种。数据结构除了列表之外，还有元组、字典、队列、栈、树等。简单来说，Python 中数据的组织方式就是 Python 的数据结构。

Python 中的数据结构有非常多的类型。

其中，Python 系统自己定义好的，不需要我们自己去定义的数据结构叫作 Python 的内置数据结构，比如列表、元组等；而有些数据组织方式，Python 系统里面没有直接定义，需要我们自己去定义，这些数据组织方式称为 Python 的扩展数据结构，比如栈、队列等。下面通过实例来认识一下 Python 的数据结构。

比如，现在有 3 个物品，分别是 "apple" "orange" "pear"，需要将这 3 个物品存储起来，我们可以使用不同的数据结构（即不同的存储方式），不妨输入如下代码：

```
#存储方式一
a=["apple","orange","pear"]
#存储方式二
a=("apple","orange","pear")
#存储方式三
a={"sam":"apple","Jac":"orange","mating":"pear"}
```

如果按照上面的存储方式一进行存储，这 3 个物品中的每个物品会按照顺序分别存储到一个柜子中，并且这些物品可以取出来，也可以在柜子中放入新物品，替换原有物品，这种存储方式就是我们所熟悉的列表数据结构。

如果按照上面的存储方式二进行存储，这 3 个物品中的每个物品会按照顺序分别存储到一个柜子中，并且这些物品可以取出来，但是不可以在这 3 个柜子中放入新物品，一旦存放好，就不能替换掉原有物品，这种存储方式就是我们所熟悉的元组数据结构。

如果按照上面的存储方式三进行存储，这 3 个物品不仅会按照顺序分别存储到一个柜子中，而且每个柜子还得有一个自己的名称，比如存储 "apple" 的柜子名称是 "sam"，存储 "orange" 的柜子名称是 "Jac" 等，这种存储方式就是我们之前所学习过的字典数据结构。

可以看到，这里分别使用了列表、元组、字典 3 种不同的数据结构对数据进行了存储，这 3 种数据结构都是 Python 的内置数据结构。除此之外，Python 还有很多其他的内置数据结构及扩展数据结构，这些将在以后逐渐地接触到。

另外有一点值得说明，我们会发现数据结构经常会与算法合在一起介绍，这是为什么呢？

实际上，数据结构就是数据的组织方式，就是数据存储的方式，也就是说，数据结构是静态的。算法是指运算方法，通俗地说，算法就是思维。在编写程序的时候，我们需要对静态的数据进行计算，那么如何运算呢？实际上，实现同一个目的，可以采用的运算方法很多，不同的运算方法称为不同的算法。

也就是说，算法是动态的，是指运算的思维方法。当然算法不是凭空出来的，它必须建立在数据的基础上，所以数据结构是算法的基础。但相同的数据结构实现同样的目的，运用不同的算法，会拥有不同的效率。

Python 常见数据
结构-栈

在本节中，我们只需要对数据结构的概念有一个基本的了解即可，在本章的后面几节中，将会为大家介绍一些常见的 Python 扩展数据结构，比如栈、队列、树、链表、bitmap、图等，让大家可以更深入地掌握 Python 数据结构方面的知识。

7.2　栈

栈是一种常见的数据结构，这种数据结构的运算会受到相关规则的限制。本节将为大家介绍如何实现栈相关的知识。

7.2.1　栈的概念

栈是一种运算会受到相关限制的数据结构，简单来说，栈就是一种数据的存储方式。在这种数据的存储方式中进行存入数据或者读取数据的操作时，会受到相关规则的限制。这些相关的规则，在后面会为大家介绍。

栈这种数据结构具有以下一些特点。

首先，栈相当于一端开口一端封闭的容器。

其次，数据可以存储在栈里面，把数据移动到栈里面的过程叫作进栈，也叫作压栈、入栈。数据进入到栈里面之后，就到了栈顶，同时占了栈的其中一个存储空间，当再进入一个新数据的时候，就是将新数据入栈的时候，新的数据就到了栈顶的位置，最开始进入的那个数据的存储位置为栈底位置。

再者，栈只能对其栈顶的数据进行操作，所以先进入的非栈顶的数据就不能被操作，也就是说只能对新数据进行操作，可以将其进行出栈操作等。等新数据出栈后，栈顶位置往下移动，才能对当前栈顶的数据进行操作。

也就是说，栈是一种先进后出的数据结构。

7.2.2　图解栈

接下来结合图来为大家形象地介绍栈的相关内容。

图 7-1 所示是栈的基本结构。

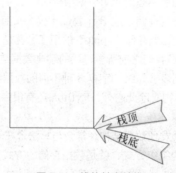

图 7-1　栈的基本结构

可以看到，栈的一端是开口的，一端是封闭的。开口的这一端可以进数据与出数据，闭合的这一端不能进数据，也不能出数据。闭合的这一端的位置称为栈底。在最开始的时候，如果栈里面没有数据，栈顶与栈底是重合的。在进入数据后，栈顶会逐渐往上移动，也就是说，栈顶位置始终对应的是栈里面最新数据所存储的位置，而栈底的位置始终处于闭合端所在的位置。

之前为大家介绍过，栈这种数据结构的运算会受到相关规则的限制，其实，这个限制规则总结为一句话就是，只能在栈顶位置进行数据的操作，比如数据的插入、删除等。

接下来通过图示为大家介绍入栈与出栈的过程。

假如现在有 5 个数据，需要按数据 1～数据 5 的顺序依次入栈。

首先，让数据 1 入栈。图 7-2 所示是栈中进入了一个数据后的存储情况，此时栈底位置不变，但是栈顶位置指向数据 1。

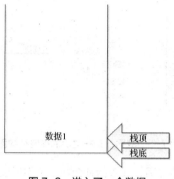

图 7-2　进入了一个数据

随后再将数据 2 入栈，栈的数据存储结构如图 7-3 所示。可见，此时栈顶的位置又向上移动了一个单位，指到了新数据 2 所在的位置。

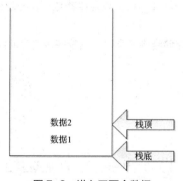

图 7-3　进入了两个数据

按照同样的方式，可以将数据 3、数据 4、数据 5 依次入栈。每个数据入栈后，栈顶的位置都会发生改变。

当数据 1～数据 5 都依次入栈完成之后，栈的存储结构如图 7-4 所示。

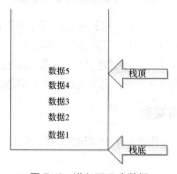

图 7-4　进入了 5 个数据

可见，此时栈底的位置仍然不变化，栈顶的位置指到了最新数据所在的位置，并且如果希望对栈里面的数据进行操作，只能操作栈顶位置的数据，不能对其他位置的数据进行操作。

如果现在希望进行退栈（出栈）操作，假如此时的存储结构如图 7-4 所示，则当前只能对数据 5 进行退栈操作。当数据 5 完成了退栈操作之后，数据的存储结构如图 7-5 所示。

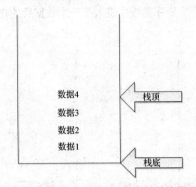

图 7-5　数据 5 退栈之后的存储结构图示

可以看到，当某一个数据退栈之后，栈顶指针会往下（靠近栈底的方向）移动一个单位。比如，上面的数据 5 退栈之后，栈顶指针往下移动一个单位，移动后栈顶指针指向数据 4 所在的位置。

在图 7-5 所示的栈存储结构中，如果希望让栈里面的数据进行退栈操作，只能对数据 4 进行操作。

类似的，如果我们希望对图 7-5 中的数据都进行出栈操作，只能依次按数据 4～数据 1 的顺序进行。

总而言之，只需要把握住一个规律即可，该规律就是，只能对栈顶位置的数据进行操作。栈是一种先进后出的数据存储结构。

上面为大家介绍了栈的基本存储结构，可以尝试着将栈的存储结构抽象一下，形成图 7-6 所示的存储结构图示。

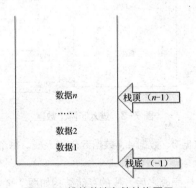

图 7-6　栈的普遍存储结构图示

可以看到，如果把栈底位置的下标标注为-1，那么数据 1 所在的位置下标为 0，数据 2 所在的位置下标为 1，以此类推，数据 n 所在的位置下标为 n-1。实际上，如果大家细心观察会发现，数据 1～数据 n 的存储的最基本形式就是列表，只不过这种列表里面的数据操作是受限制的，只能对列表中的最后一个元素进行操作。在接下来的学习中，会为大家介绍如何通过 Python 实现栈的存储结构。

7.2.3　Python 中栈的应用实例

上面已经通过图示为大家介绍了栈的基本存储形式，接下来为大家介绍如何通过 Python 代码进行栈的基本应用。

前文提到，如果把栈抽象为图 7-6 所示的数据存储结构，可以把栈的基本形态看成列表，只不过需要对这种列表的数据操作进行限制，比如只能在表的一端进行数据的插入和删除等。

我们不妨输入如下代码：

```
class Stack():
    def __init__(self,size):
        self.data=["null" for i in range(0,size)]
        self.size=size
        self.top=-1
```

上面的代码中，首先建立了一个名为 Stack 的类（如果大家对类的内容不熟悉，可以先预习一下本书第 9 章的内容，预习完后，即可看懂相关代码），我们可以用这个类表示栈的存储结构。在类中建立一个初始化方法__init__()，在方法中进行了一些参数的初始化。首先进行 self.data=["null" for i in range(0,size)]操作，该操作生成了指定长度（size）的列表，并且该列表中的各元素数据初始时都是"null"。将该列表赋值给 data，此时 data 即代表栈中的各数据存储情况。随后通过 self.size=size 对栈的大小进行了初始化，最后对栈顶指针 top 进行了初始化。因为最开始的时候栈顶与栈底重合，如图7-6 所示，栈顶下标为-1，所以使用 self.top=-1 实现栈顶位置 top 的初始化。

接下来为大家介绍如何判断栈空以及栈满。

所谓栈空，指的是栈里面已经没有数据元素了，即该栈中的有效数据已空，注意观察图 7-6 及图 7-1，会发现，栈空的时候有一个特点，就是栈顶的位置与栈底的位置重合，而栈底的位置始终不变，下标都是-1，所以当栈顶的下标变为-1 的时候，即表示栈已经空了。栈顶的下标为-1 是栈空的判断依据。

我们不妨在该类下建立一个名为 Empty()的方法，专门用于判断是否为栈空，若栈空则返回 True，栈非空则返回 False，代码如下所示：

```
class Stack():
    def Empty(self):
        if self.top==-1:
            return True
        else:
            return False
```

可以看到，上面的代码中，如果栈顶位置的下标为-1，则返回 True，表示当前栈空，否则返回 False。

接下来分析栈满的判断依据，同样观察图 7-6，不妨形象化地假设一下栈的大小为 10，即最多只能容纳 10 个数据，那么，图 7-6 中的 n 为 10，从图中栈满时 n 与栈顶位置的下标（n-1）的关系可知，栈满时栈顶的下标为 9，即 n-1。所以，如果用 size 表示栈的大小，那么栈满的判断条件为栈顶所在位置的下标是 size-1。

我们可以建立一个名为 Full()的方法以用于判断是否栈满，如果栈满则返回 True，否则返回 False，相关代码如下所示：

```
class Stack():
    def Full(self):
        if self.top==self.size-1:
            return True
        else:
            return False
```

接下来为大家介绍如何通过 Python 代码实现入栈、出栈等操作。

如果需要将新的数据进行入栈操作，首先需要判断当前栈是否已满。若已满，则提示不允许入栈；若未满，则进行具体入栈操作。注意观察图 7-2～图 7-4 的入栈过程，会发现，如果要将新元素进行入栈的操作，首先需要将栈顶的位置往上移动一个单位，然后将新元素放到当前的栈顶位置所指向的存储单元中，至此入栈过程完成。

我们不妨建立一个名为 push()的方法，用于实现入栈的功能。该方法需要带一个参数，该参数表示要入栈的新元素数据，具体的实现代码如下所示：

```python
class Stack():
    def push(self,content):
        if self.Full():
            print("栈已满，不允许入栈！")
        else:
            self.top=self.top+1
            self.data[self.top]=content
```

可以看到，上面的代码模拟了刚才所描述的入栈过程，可以实现将新元素入栈的功能。

接下来为大家介绍如何通过 Python 代码实现出栈的功能。

注意观察图 7-4、图 7-5，会发现，如果要实现出栈的操作，首先需要判断栈是否已空。如果栈已经空了，就没有元素可以出栈了，自然也就无法进行出栈的操作。如果栈未空，则进行后续的具体出栈过程，首先可以输出当前出栈的元素以进行显示，然后对当前的栈顶位置所指向的元素（即要出栈的元素）进行清空，这里可以使用赋一个特定值（如"null"）的方式模拟清空的操作。清空之后，栈顶的位置还需要向下移动一个单位，移动后，出栈的过程即可完成。

可以建立一个名为 out()的方法模拟出栈的过程，具体的代码如下所示：

```python
class Stack():
    def out(self):
        if self.Empty():
            print("栈已空，不允许出栈！")
        else:
            print(self.data[self.top])
            self.data[self.top]="null"
            self.top=self.top-1
```

上面已经将判断栈空、判断栈满、入栈、出栈等功能分别通过 Python 代码实现了一遍，为了让读者可以更好地阅读与使用，笔者将完整代码展示出来，如下所示：

```python
#栈的实现（完整代码）
class Stack():
    def __init__(self,size):
        self.data=["null" for i in range(0,size)]
        self.size=size
        self.top=-1
    def push(self,content):
        if self.Full():
            print("栈已满，不允许入栈！")
        else:
            self.top=self.top+1
            self.data[self.top]=content
    def out(self):
        if self.Empty():
            print("栈已空，不允许出栈！")
```

```
            else:
                print(self.data[self.top])
                self.data[self.top]="null"
                self.top=self.top−1
        def Full(self):
            if self.top==self.size−1:
                return True
            else:
                return False
        def Empty(self):
            if self.top==−1:
                return True
            else:
                return False
```

接下来使用上面实现的栈结构，首先在编辑器中输入上述代码，然后按 F5 键进入 Python Shell 模式。

如果希望创建一个大小为 4 的栈，可以通过下面的代码实现：

```
>>> s=Stack(4)
```

此时，s 即是大小为 4 的栈对象。

如果希望将 "Apple" "Pear" "Peach" "Banana" 几个数据依次进行入栈的操作，可以通过如下代码实现：

```
>>> s.push("Apple")
>>> s.push("Pear")
>>> s.push("Peach")
>>> s.push("Banana")
```

假如现在再将一个数据进行入栈操作，由于此时栈里面已经有了 4 个数据，当前栈的大小为 4，即栈已满，则会出现不能入栈的提示，如下所示：

```
>>> s.push("Hamimelon")
栈已满，不允许入栈！
```

如果要实现出栈的操作，直接调用 out()方法即可，如下所示：

```
>>> s.out()
Banana
>>> s.out()
Peach
>>> s.out()
Pear
>>> s.out()
Apple
>>> s.out()
栈已空，不允许出栈！
```

可以看到，当前出栈的顺序是 "Banana" "Peach" "Pear" "Apple"，也就是满足上面所说的先进后出的规律。

并且，如果有需要，也可以随时使用 Empty()及 Full()方法分别判断是否栈空及栈满，如下所示：

```
>>> s.Empty()
```

```
True
>>> s.Full()
False
```

可以看到，当前的栈已空，未满。

有的读者可能会有这样的疑问：栈这种数据结构在什么时候才能够应用到呢。

事实上，凡是先进后出的业务逻辑执行流程都可以使用到这种数据结构。不妨假定这样的情景：现在有 4 个应用程序 A、B、C、D，系统同时最多只能执行一个应用程序，具体执行哪个应用程序由使用者进行选择，此时希望，如果前一个应用程序已经执行，而使用者又开启了一个新的应用程序，系统优先执行新开启的程序，而原程序进入挂起状态，当新开启的程序执行完毕之后，再依次激活原程序进行执行。也就是说，这里程序的执行方案是，新开启的程序优先于已开启的程序执行。

显然，上面这种情形就满足先进后出的规律，这个时候，如果我们希望在系统中实现这样的执行机制，可以应用栈这种数据结构实现，实现方案举例如下：

```
>>> s=Stack(10)
>>> #使用者执行程序C，程序C入栈
>>> s.push("C")
>>> #使用者执行程序A，程序A入栈，程序C挂起
>>> s.push("A")
>>> #程序A执行完成，程序A出栈，程序C激活重新执行
>>> s.out()
A
>>> #使用者执行程序B，程序B入栈，程序C再次挂起
>>> s.push("B")
>>> #使用者执行程序D，程序D入栈，程序B也被挂起
>>> s.push("D")
>>> #程序D执行完成，程序D出栈，程序B激活重新执行
>>> s.out()
D
>>> #程序B执行完成，程序B出栈，程序C激活重新执行
>>> s.out()
B
>>> #程序C执行完成，程序C出栈，出栈后栈就空了，等待使用者进行后续操作
>>> s.out()
C
```

上面程序的含义是，首先建立一个栈对象，栈的大小可以根据需求情况自行决定，若没有特别要求，这里栈的大小为 10。使用者执行了程序 C，此时，程序 C 正在执行，然后通过 s.push("A")，使用者执行了程序 A，原程序 C 就进入了挂起状态，新程序 A 优先于原程序 C 执行。随后当程序 A 执行完后，执行了 s.out()，程序 A 出栈，程序 C 恢复执行。然而就在此时，使用者又开启了程序 B、D，程序 D 优先于程序 B 执行，程序 D 执行完后，再执行程序 B，程序 B 执行完后再执行程序 C。可以看到，这里通过栈这种数据结构就实现了程序执行规则。除此之外，栈应用的地方还有很多，这里仅是抛砖引玉，让大家对栈这种数据结构的应用有更深的了解。

经过上面的学习，相信大家已经对栈这种数据结构有了基本的了解，并且可以通过 Python 代码实现栈这种数据结构了，希望大家可以通过上面的学习更深入地掌握 Python 编程。

7.3　队列

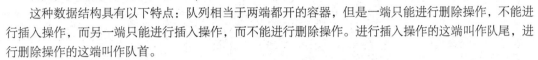

队列也是一种常用的数据结构，本节会介绍队列这种数据结构的基础知识，以及如何通过 Python 代码实现队列数据结构。

Python 常见数据
结构-队列

7.3.1　队列的概念

首先，队列也是一种数据结构。

这种数据结构具有以下特点：队列相当于两端都开的容器，但是一端只能进行删除操作，不能进行插入操作，而另一端只能进行插入操作，而不能进行删除操作。进行插入操作的这端叫作队尾，进行删除操作的这端叫作队首。

所以关于队列这种数据结构，大家要记住一点：就像排队一样，队列中的数据是从队尾进从队首出的。

7.3.2　图解队列

接下来通过图示为大家形象地介绍队列这种数据结构。

首先，队列的初始数据存储结构如图 7-7 所示，图中的箭头表示排队的方向，即箭头指向的方向为队首所在的方向。

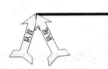

图 7-7　队列的初始数据存储结构

可以看到，就像排队一样，最开始的时候，队首和队尾是指向同一个位置的，可以把这个位置的下标定为 0（当然也可以定为其他数，由于其最基础的形式是列表，而列表下标从 0 开始计算，所以定为 0 比较方便计算一些）。

如果进入一个数据，队尾位置会向后移动一个单位。之前为大家介绍过，队列中，队首位置只能进行数据的删除操作，即只能出队列，队尾位置只能进行数据的插入操作，即入队列。所以，在进入了一个数据之后，队尾的位置需要往后移动一个单位，以供下一个数据在新的队尾位置进行入队列的操作。图 7-8 所示是队列中进入了数据 1 之后的存储结构图示，可以看到此时队尾已经向后移动了一个单位。

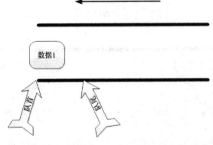

图 7-8　队列中进入了一个数据后的存储结构

同理，如果需要再进入一个数据，会在图 7-8 所示的队尾所指向的位置插入新的数据。插入后，队尾的位置再次往后移动一个单位，如图 7-9 所示。

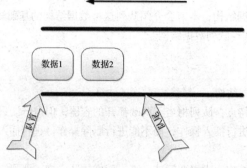

图 7-9　队列中进了两个数据后的存储结构

如果再插入一个数据 3，会按照一样的规律插入，首先在图 7-9 中的队尾所指向的位置中插入数据 3，插入后队尾的位置再次往后移动一个单位，如图 7-10 所示。

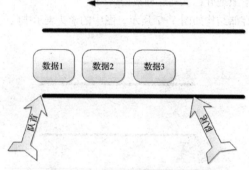

图 7-10　队列中进了 3 个数据后的存储结构

由于出队列的操作只能在队首的位置进行，所以如果希望将图 7-10 中的队列存储情况进行出队列操作，只能让数据 1 出队列。

数据 1 出队列之后，队首的位置需要往后移动一个单位，指向新的数据。就像人们排队一样，先排的人优先办事，办完事后再走出该队伍，随后，轮到下一个人办事，依次进行。

所以，当数据 1 出队列之后，队首的位置会往后移动一个单位，指向数据 2，如图 7-11 所示。

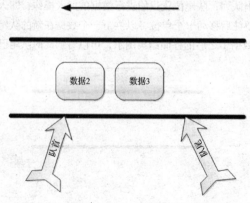

图 7-11　队列中出了一个数据后的存储结构

如果现在还需要执行出队列的操作，按照上面所说的规律进行即可。比如需要对图 7-11 中的数据进行出队列操作，只能将数据 2 进行出队列操作。数据 2 出队列之后，队首的位置往后移动一个单位，指向数据 3，如图 7-12 所示。

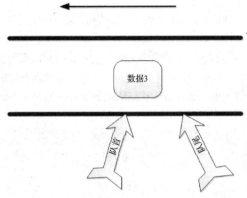

图 7-12   队列中出了两个数据后的存储结构

如果现在又有一个数据需要入队列，同样只能在队尾的位置进入，比如将数据 4 入队列之后，对应的存储结构如图 7-13 所示，与上面所说的规律是一样的。

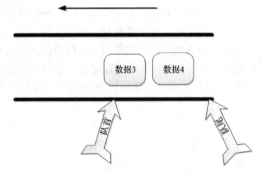

图 7-13   队列中再进入一个数据的存储结构

通过上面的图示演示，相信大家对队列这种数据结构已经有了简单的认识。我们不妨将队列这种数据结构抽象地描述一下，比如有 n 个数据（数据 1～数据 n）依次在队列里面，如果队首最开始的位置（指向数据 1）下标为 0，那么数据 n 所在的位置下标为 $n-1$，而队尾的位置是指向数据 n 的下一个位置的，所以队尾的下标就应该是 $n-1+1$，即队尾位置的下标为 n。队列的普遍存储结构如图 7-14 所示。

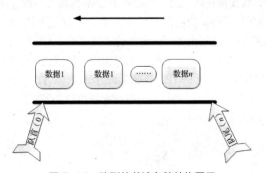

图 7-14   队列的普遍存储结构图示

本节通过图形为大家介绍了队列的基本存储结构，演示了入队列与出队列的过程，希望大家可以对队列有一个形象的认识与了解。

7.3.3　Python 中队列的应用实例

通过上面的学习，我们已经知道了队列的基本存储结构，接下来通过 Python 代码实现队列这种数据结构。

首先，我们可以建立一个名为 Queue 的类表示队列这种数据结构类型，然后建立初始化方法，在初始化方法中进行一些参数的初始化。比如通过 self.data=[]指定数据存储的基本类型为列表，然后通过 self.size=size 初始化队列的大小，随后将队首与队尾的位置初始化为 0，用 head 表示队首，tail 表示队尾，相关代码如下所示：

```
class Queue():
    def __init__(self,size):
        self.data=[]
        self.size=size
        self.head=0
        self.tail=0
```

初始化完成之后，我们需要分析如何判断队空和队满。

不妨仔细观察图 7-7 与图 7-12，会发现，队列里面没有元素的时候会有一个特点，就是队首和队尾的位置会重合。比如图 7-7 中，队首与队尾重合，图 7-12 中，不妨想象一下，如果数据 3 也出队列了，此时队首位置就会向后移动一个单位，也就刚好与队尾位置重合了。按照同样的方法进行观察分析，会发现，如果要判断一个队列是否为空，只需要判断其队尾位置与队首位置是否重合即可。若重合，则表示当前队空；若不重合则表示当前队列中还有元素，处于非空状态。

所以，我们可以建立一个名为 Empty()的方法专门用于判断队列是否为空，具体判断的代码如下所示：

```
class Queue():
    def Empty(self):
        if(self.head==self.tail):
            return True
        else:
            return False
```

可见，上面代码中判断队空的依据就是 self.head==self.tail，即上面所分析的队首的位置与队尾的位置重合。

那么，如何判断队列是否已满了？

可以仔细观察图 7-14，假设现在队列的大小就是 10，显然最多只能存储 10 个数据，所以，如果从数据 1 开始依次存储，最多只能存储到数据 10。实际上，当前队列中实际存储的数据量就是队首与队尾之间的距离。如果此时队首的位置为 0，假设当前刚好存了 10 个数据，刚好队满，此时数据 10 的下标为 9（因为当前队首下标为 0，依次存储），队尾指向的位置正好是数据 10（下标 9）的下一个位置，即当前队尾的下标就是 10（下标 9+1），当前队满的时候，队首与队尾的间距是 10（队尾下标）-0（队首下标）=10，当前的大小（size）为 10。经过分析可以知道，队列满的判断条件就是队首与队尾的间距刚好等于队列的大小。

代码描述如下所示：

```
class Queue():
    def Full(self):
```

```
        if(self.tail-self.head==self.size):
            return True
        else:
            return False
```

可以看到，上面代码中，如果队尾与队首之间的间距 self.tail-self.head 刚好等于队列的大小 self.size，则表示队满，返回 True，否则返回 False。

接下来通过 Python 代码实现入队列与出队列的操作。

请仔细观察图 7-7～图 7-10，会发现，如果需要进行入队列的操作，首先需要判断队列是否已满。若已满则不能再进入新数据；若未满，可以继续入队列流程。具体过程是，队首的位置不用发生改变，首先将新数据放到当前队尾所指向的位置，新数据入队列之后需要将队尾往后移动一个单位，方便后续的元素进行入队列的操作。该过程通过代码来描述如下所示：

```
class Queue():
    def en(self,content):
        if self.Full():
            print("队列已满，不能进入队列！")
        else:
            self.data.append(content)
            self.tail=self.tail+1
```

接下来分析如何通过代码实现出队列的操作。

请仔细观察图 7-10～图 7-12，会发现，出队列的时候需要首先判断队列是否已空。如果空了，就没有元素可以出队列了；如果未空，则可以进入后续的出队列流程。具体的过程为，首先，出队列的时候，只在队首的位置进行操作，队尾的位置不用改动。其次，可以将当前队首位置对应的元素输出出来，出了队列之后，可以将当前的队首位置的数据清空，比如可以使用赋一个特定值的方法模拟清空操作，赋特定值的意思是让当前位置所对应的数据无效。完成了数据的输出与清空之后，需要将队首的位置往后移动一个单位，移动后即完成出队列的过程。

上面出队列的过程通过代码来描述，具体如下所示：

```
class Queue():
    def out(self):
        if(self.Empty()):
            print("队列已空，没有元素出队列！")
        else:
            print(self.data[self.head])
            self.data[self.head]="null"
            self.head=self.head+1
```

为了方便大家对队列进行调试，有的时候我们希望可以随时输出当前队首的下标以及当前队尾的下标。

所以我们不妨建立一个名为 sayhead() 的方法，专门用于输出当前队首的下标。显然，当前队首的下标可以通过调用 self.head 属性得到，所以相关实现的代码如下所示：

```
class Queue():
    def sayhead(self):
        print("当前的队首下标位置是:"+str(self.head))
```

类似的，我们可以建立一个名为 saytail() 的方法专门用于输出当前队尾的下标，当前队尾的下标可以通过调用 self.tail 属性得到，相关实现的代码如下所示：

```
class Queue():
```

```
        def saytail(self):
            print("当前的队尾下标位置是:"+str(self.tail))
```

下面，我们分别为大家介绍如何通过 Python 代码实现队列的构造、判断队列是否为空、判断队列是否已满、入队列、出队列、输出当前队首下标、输出当前队尾下标等功能。

为了让大家可以更清晰地阅读与使用代码，在此将队列这个类的完整代码附上，如下所示：

```
#队列的实现
class Queue():
    def __init__(self,size):
        self.data=[]
        self.size=size
        self.head=0
        self.tail=0
    def Empty(self):
        if(self.head==self.tail):
            return True
        else:
            return False
    def Full(self):
        if(self.tail-self.head==self.size):
            return True
        else:
            return False
    def en(self,content):
        if self.Full():
            print("队列已满，不能进入队列！")
        else:
            self.data.append(content)
            self.tail=self.tail+1
    def out(self):
        if(self.Empty()):
            print("队列已空，没有元素出队列！")
        else:
            print(self.data[self.head])
            self.data[self.head]="null"
            self.head=self.head+1
    def sayhead(self):
        print("当前的队首下标位置是:"+str(self.head))
    def saytail(self):
        print("当前的队尾下标位置是:"+str(self.tail))
```

输入上面的完整代码后，按 F5 键即可运行，运行后可以进入 Python Shell 界面进行相关的操作，相关代码如下所示，仅供参考。

```
>>> #创建一个大小为3，名为myque的队列对象
>>> myque=Queue(3)
>>> #依次将"Apple""Pear"进行入队列的操作
>>> myque.en("Apple")
```

```
>>> myque.en("Pear")
>>> #查看当前的队首下标与队尾下标
>>> myque.sayhead()
当前的队首下标位置是:0
>>> myque.saytail()
当前的队尾下标位置是:2
>>> #出队列,可以看到此时先进去的元素"Apple"先出来了
>>> myque.out()
Apple
>>> #查看当前的队首与队尾位置,发现队尾位置不变,队首位置往后移动一个单位
>>> myque.sayhead()
当前的队首下标位置是:1
>>> myque.saytail()
当前的队尾下标位置是:2
>>> #继续将"Banana""Peach"入队列
>>> myque.en("Banana")
>>> myque.en("Peach")
>>> #由实际情况可知,当前队列里有3个元素,队列大小为3,所以此时队列已满
>>> #尝试再将新元素"Apple"入队列,可以看到此时成功判断队满,不允许再进入
>>> myque.en("Apple")
队列已满,不能进入队列!
>>> #依次进行出队列的操作,可以看到会按先进先出的顺序进行出队列
>>> myque.out()
Pear
>>> myque.out()
Banana
>>> myque.out()
Peach
>>> #由实际情况可知,当前队列中的元素已经出完,即队列已空
>>> #尝试再出队列,可以发现能够成功判断队空,不能再出队列
>>> myque.out()
队列已空,没有元素出队列!
>>> #查看当前队首与队尾的下标
>>> myque.sayhead()
当前的队首下标位置是:4
>>> myque.saytail()
当前的队尾下标位置是:4
>>> #可以发现,下标都是4,即队首与队尾重合,满足队空条件
```

大家可以根据上面的代码自行练习一遍,边练习边进行理解,这样就可以对队列这种数据结构有一个比较好的认识了。

7.4 树

本节会为大家介绍树这种数据结构。

Python 常见数据
结构-树

7.4.1　树的概念

树是一种非线性的数据结构，具有层次性。利用树来存储数据，能够使用公有元素进行存储，能在很大程度上节约存储空间。

树有两个明显的特点。

（1）有且只有一个根结点。

（2）有 N 个不相交子集，每个子集为一棵子树。

接下来通过图示为大家形象地介绍树这种数据结构。

7.4.2　图解树

图 7-15 所示就是一棵普通的树。

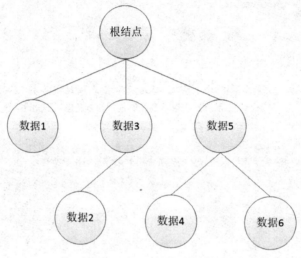

图 7-15　一棵普通的树

图 7-15 所示的这棵树中，有一个根结点，与根结点直接关联的有 3 个结点，除此之外，还有一些间接关联的结点，每个结点中都可以存储一个数据。上面的树中，除了根结点之外，一共有 6 个结点，分别存储了数据 1～数据 6 这 6 个数据。

树这种数据结构中，有一种叫作二叉树类型的树，这种树是一种用得比较多的特殊类型的树。

二叉树是一种特殊的树，二叉树要么为空树，要么由左、右两个不相交的子树组成。

二叉树是有序树，即使只有一个子树，也需要区分该子树是左子树还是右子树。

二叉树每个结点的度不能大于 2，所以二叉树的各结点的度可取的值只有 0、1、2。

二叉树的存储方式有两种：一种是顺序存储，一种是链式存储。顺序存储中，采用一维列表的存储方式；链式存储中，采用链表的存储方式，通常分为 3 部分：数据域、左孩子链域、右孩子链域。

如图 7-16 所示，二叉树按照孩子数的不同，可以分为 4 种类型，并且二叉树是有序树。图 7-16 中，只有左孩子的二叉树与只有右孩子的二叉树虽然都只有一个孩子，但是由于孩子的位置不同，所以是不一样的。

同样，我们也可以将数据存储到二叉树的各个结点中。实际上，树就是一种数据的存储结构，其主要还是用于数据的存储，只不过这种数据存储结构及方式与之前学习的栈和队列有所不同。

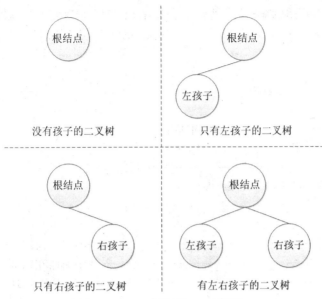

图 7-16　4 种类型的二叉树图示

7.4.3　Python 中树的应用实例

接下来通过 Python 代码实现树这种数据结构，分别从普通树的实现与二叉树的实现来介绍。

首先为大家介绍普通树的实现。

注意观察图 7-15，会发现，实际上，树也可以通过列表表示，只不过这种列表是一种多维列表，而不是一维列表。比如，图 7-15 所示的树可以通过如下列表进行表示：

```
['根结点', ['数据1', ['数据3', ['数据2']], ['数据5', ['数据4', '数据6']]]]
```

这里有一个比较重要的规律，就是树中同一层级的结点处于列表中的同一个维度上，子树处于列表中的下一个维度上，即树中结点的层级关系与列表中的维度关系是相对应的。比如，图 7-15 中数据 1、数据 3、数据 5 处于同一个层次，所以在列表中处于同一个维度上。如果要取出数据 1、数据 3、数据 5，可以通过如下 Python 代码进行实现：

```
>>> tree=['根结点', ['数据1', ['数据3', ['数据2']], ['数据5', ['数据4', '数据6']]]]
>>> tree[1][0]
'数据1'
>>> tree[1][1][0]
'数据3'
>>> tree[1][2][0]
'数据5'
```

可以看到，第一维下标都固定为 1，只需要变化第二维的下标 0、1、2，即可分别取出数据 1、数据 3 与数据 5。

同样，如果要取出数据 4 和数据 6，由于数据 4 和数据 6 处于同一个层次，所以取的时候同样只需要变化对应维度上的下标即可，如下所示：

```
>>> tree[1][2][1][0]
'数据4'
>>> tree[1][2][1][1]
'数据6'
```

为了让大家可以更好地理解树与上述列表之间的存储关系，特列出以下对应关系，大家可以边观察图 7-15 边进行理解，箭头左边请参照图 7-15 中具体的位置，箭头右边为在列表中该结点数据的下标位置。

第一层次：

根结点----------->tree[0]

第二层次：

数据 1------------------->tree[1][0]

数据 3、2 构成的子树------->tree[1][1]

数据 3------------------------->tree[1][1][0]

数据 5、4、6 构成的子树-->tree[1][2]

数据 5-------------------------->tree[1][2][0]

第三层次：

数据 2---------------------------------->tree[1][1][1][0]

数据 4---------------------------------->tree[1][2][1][0]

数据 6---------------------------------->tree[1][2][1][1]

由上面的位置关系可以看到，根结点属于最外层的结点，通过 tree[0]就能得到。接下来，注意观察上面的 tree[1][0]、tree[1][1]、tree[1][2]，这里第一个维度的下标值变为了 1，变化第二个维度的值，就可以一次得到除了根结点以外的所有的数据结点。有一些数据结点有子树，没关系，看成一个整体即可，比如上面的 tree[1][1]表示数据 3、2 构成的这一个整体。再结合图 7-15 来看，就可以轻松发现，tree[1][0]、tree[1][1]、tree[1][2]所描述的数据就是处于同一个层级上的，如果需要取出该层级上的数据 3 与数据 5，只需要从构成的子树中取出第 0 个元素即可，即 tree[1][1][0]、tree[1][2][0]可以分别从数据 3、2 构成的子树和数据 5、4、6 构成的子树中取出。如果需要取出数据 2、数据 4、数据 6，由图 7-15 可以知道，它们是处于同一个层级的，所以现在只需要从子树中通过 tree[1][1][1][0]、tree[1][2][1][0]、tree[1][2][1][1]取出即可。

对于初学者来说，上面的树的结构与多维列表之间的对应关系比较复杂，大家需要自行练习一遍，并且根据上面的提示耐心分析之后即可掌握。

接下来为大家介绍如何通过 Python 代码实现二叉树这种数据结构。

图 7-17 所示是一棵二叉树，接下来的目标就是通过 Python 代码构造出这样一棵二叉树，并且实现二叉树的前序遍历、中序遍历和后序遍历。

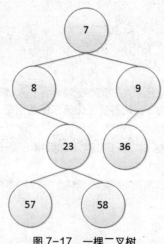

图 7-17　一棵二叉树

我们知道，二叉树是有序的，也就是会分左右孩子的，所以一个结点需要通过 3 个字段去表示，一个字段表示该结点存储的数据，一个字段表示该结点的左孩子，一个字段表示该结点的右孩子。

构建一棵二叉树，关键是要构建好各个结点，我们可以通过如下代码实现构建结点的功能：

```
class Createnode():
    def __init__(self,data,left=0,right=0):
        self.data=data
        self.left=left
        self.right=right
```

可以看到，在这个创建结点的类中，主要有 3 个关键存储字段，data 用于存储当前结点的数据，left 用于存储该结点的左孩子信息，right 用于存储该结点的右孩子信息。

接下来为大家介绍如何实现二叉树的前序、中序、后序遍历。

所谓的"前序遍历"，指的是先遍历根结点，然后遍历左子树，最后遍历右子树，可以通过如下代码进行：

```
class Btree():
    def pre(self,node):
        """前序遍历，NLR，根左右"""
        if node==0:
            return
        print(node.data)
        self.pre(node.left)
        self.pre(node.right)
```

可以看到，代码中首先判断当前结点是否为 0。如果为 0，说明该次不用继续往下遍历，返回即可，继续下一次遍历。如果 node 不为 0，说明当前结点有数据，随后输出当前结点的数据（即根结点），考虑到子树中可能还有子树等问题，所以随后只需要递归调用该方法即可。由于前序遍历的顺序是根左右，所以只需要依次传递参数 node.left、node.right 即可实现前序遍历。

所谓"中序遍历"，其遍历的顺序是先访问左结点，再访问根结点，最后访问右结点，我们可以通过如下代码实现中序遍历：

```
class Btree():
    def inorder(self,node):
        """中序遍历，LNR，左根右"""
        if node==0:
            return
        self.inorder(node.left)
        print(node.data)
        self.inorder(node.right)
```

可以看到，需要首先访问其左孩子，考虑到子树中还有子树的问题，所以递归调用该方法自身，访问完左孩子之后，访问根结点，即输出当前的数据，最后递归调用该方法访问右孩子的信息。

所谓"后序遍历"，其遍历顺序是先访问左结点，再访问右结点，最后访问根结点。我们可以通过如下代码实现后序遍历：

```
class Btree():
    def post(self,node):
        """后序遍历，LRN，左右根"""
        if node==0:
            return
```

```
            self.post(node.left)
            self.post(node.right)
            print(node.data)
```

可以看到，按照类似的处理方法，首先递归调用该方法访问左孩子，然后递归调用该方法访问右孩子，最后访问根结点输出当前结点的数据。

为了方便读者阅读，在此附上二叉树实现的完整代码，如下所示：

```
class Createnode():
    def __init__(self,data,left=0,right=0):
        self.data=data
        self.left=left
        self.right=right
class Btree():
    def pre(self,node):
        """前序遍历，NLR，根左右"""
        if node==0:
            return
        print(node.data)
        self.pre(node.left)
        self.pre(node.right)
    def inorder(self,node):
        """中序遍历，LNR，左根右"""
        if node==0:
            return
        self.inorder(node.left)
        print(node.data)
        self.inorder(node.right)
    def post(self,node):
        """后序遍历，LRN，左右根"""
        if node==0:
            return
        self.post(node.left)
        self.post(node.right)
        print(node.data)
```

在输入了上面的代码之后，我们可以直接按 F5 键执行，随后在 Python Shell 中建立图 7-17 所示的二叉树。

需要注意的是，建立二叉树的时候，要从最后层级的结点开始建立。以图 7-17 为例，如果先建立第一个结点（7），会发现建立该结点的时候需要指定左子树和右子树，而现在显然左子树和右子树还没有建立。从后往前建立，可以避免关系连带不上的情况，因为后面层次的结点的关系网会比前面层次的结点关系网弱。

比如，我们可以按照如下顺序依次建立二叉树的各结点：

```
>>> jd1=Createnode(57)
>>> jd2=Createnode(58)
>>> jd3=Createnode(23,jd1,jd2)
```

```
>>> jd4=Createnode(8,0,jd3)
>>> jd5=Createnode(36)
>>> jd6=Createnode(9,jd1)
>>> base=Createnode(7,jd4,jd6)
```

建立了各结点之后，该二叉树就建成了。

那么，如何使用该二叉树呢？比如，如何对这棵二叉树中的数据进行相关的遍历呢？

如果要实现前序遍历，我们可以通过如下代码实现：

```
>>> btree=Btree()
>>> btree.pre(base)
7
8
23
57
58
9
57
```

可以看到，我们只需要调用 pre()方法，并且将起始结点（base）传进去即可，此时前序遍历的结果就已经成功出现了。

如果要实现中序遍历，我们可以通过如下代码实现：

```
>>> btree.inorder(base)
8
57
23
58
7
57
9
```

可以看到，我们只需要调用 inorder()方法，并且将起始结点（base）传进去即可实现中序遍历，此时中序遍历结果也已经成功出现了。

如果要实现后序遍历，我们可以通过如下代码实现：

```
>>> btree.post(base)
57
58
23
8
57
9
7
```

可以看到，我们只需要调用 post()方法并且将起始结点（base）传进去就可以实现后序遍历了，此时后序遍历结果就成功出现了。

关于二叉树的知识就介绍到这里，希望大家可以通过 Python 代码实现二叉树的构建，并且可以直接实现前序、中序和后序遍历。多多练习，熟能生巧。

7.5 玩转链表

本节会为大家介绍链表这种数据结构的概念，通过图示来形象地解读链表，并通过 Python 代码实现链表这种数据结构。

7.5.1 链表的概念

首先，链表是一种数据结构。

其次，链表是一种非连续、非顺序的存储方式。链表由一系列结点组成。每个结点包括两部分，一部分是数据域，另一部分是指向下一结点的指针域。

再者，链表可以分为单向链表、单向循环链表、双向链表、双向循环链表等类型。这里主要为大家介绍单向链表与单向循环链表。

7.5.2 图解链表

假如我们希望将 67、78、46、19 等数据依次存储到链表中，可以通过图 7-18 所示的形式存储。

图 7-18　通过单向链表存储相应数据图示

可以发现，链表中的数据并不是按照物理空间的顺序进行存储的，数据之间的逻辑顺序通过图 7-18 中的箭头（指针）实现，链表从 Head 结点开始，后面的每个结点都可以分为数据域和指针域。数据域主要存放该结点中的数据，指针域主要用于存储下个数据的信息，并且一个结点中最多只有一个箭头，所以这种链表是一种单向链表。最后指向 End 结点，End 结点的指针域不再有下一个结点的信息，表示至此结束。

除了使用单向链表存储相应的数据之外，也可以使用单向循环链表进行数据的存储。如图 7-19 所示，就是通过单向循环链表去存储上述的数据。

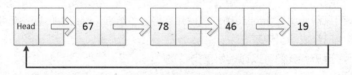

图 7-19　通过单向循环链表存储相应数据图示

单向循环链表与单向链表最大的区别就是，单向循环链表中存储了最后一个数据后，仍然不会结束，而会一直循环下去，又指向头结点。

7.5.3 Python 中链表的应用实例

接下来为大家重点介绍如何通过 Python 代码实现单向链表。

由图 7-18 所示，可以发现链表的基本组成单位是结点，每个结点中都可以存储相应的信息，包括数据信息和指针信息两个方面。

我们不妨建立一个类，专门用于实现创建结点对象的功能，并且在创建结点对象的时候将结点的数据信息存储进去。

具体实现的代码如下所示：

```
class Createnode():
```

```
        def __init__(self,data):
            self.data=data
            self.next=None
```

可以看到，上面代码中的 data 属性就是用于存储数据信息的，next 属性用于存储指针信息。由于创建结点的时候可以先暂时不指定指针信息，所以 next 属性的值初始化为 None。

实现了结点对象的创建之后，接下来需要实现链表中各结点的添加、链表数据的遍历等功能。

不妨先创建一个名为 Linklist 的类，专门用于实现链表的功能。由上面的分析可以知道，链表中最开始的时候有一个头结点，头结点可以不存储具体的数据信息（当然也可以存储，看个人使用偏好而定），所以在创建链表的时候，需要首先对头结点进行初始化，具体实现的代码如下所示：

```
class Linklist():
    def __init__(self):
        head=Createnode("head")
        self.head=head
        self.tail=self.head
```

可见，在 Linklist 类里面，通过 head=Createnode("head") 创建了一个头结点。这里头结点中存储的数据信息为该头结点的名字，默认为 "head"。在链表类中，有两个核心的属性，head 属性代表链表的头结点信息，tail 属性代表链表的尾结点信息，由于最开始的时候只有一个头结点，所以尾结点与头结点是重合的，通过 self.tail=self.head 可以初始化尾结点。

接下来，我们需要通过 Python 代码实现链表中新结点的添加功能。

具体的实现代码如下所示：

```
class Linklist():
    def add(self,data):
        node=Createnode(data)
        self.tail.next=node
        self.tail=self.tail.next
```

可见，如果希望实现链表中新结点的添加功能，首先需要通过 node=Createnode(data) 创建一个新结点对象，然后将新结点对象赋值给当前链表中的尾结点的 next 指针域，即让当前的尾结点的指针域指向新结点，指向后，新添加的这个结点就成了新的尾结点，通过 self.tail=self.tail.next 将新结点设置为尾结点。该过程如图 7-20 所示。

未添加新结点前：

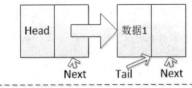

添加新结点后：

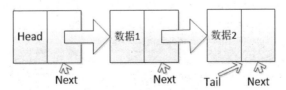

图 7-20　添加新结点过程图示

最后还需要实现链表中各结点数据遍历的功能，具体的实现代码如下所示：

```
class Linklist():
    def view(self):
        node=self.head
        linkstr=""
        while node is not None:
            if node.next is not None:
                linkstr=linkstr+str(node.data)+"-->"
            else:
                linkstr+=str(node.data)
            node=node.next
        print(linkstr)
```

上面代码中，首先将头结点赋值给 node，作为起始结点；随后初始化 linkstr 变量，该变量用于对链表中各结点的数据进行连接；然后循环遍历出各结点的信息，只要当前结点不为空，就可以一直遍历下去；随后需要判断当前结点的 next 属性是否为 None，若不为 None，说明还有后续的结点信息指向，通过 linkstr=linkstr+str(node.data)+"-->"获取到当前的数据，并且最后加上箭头，用于连接后续的结点数据。若当前的结点 next 属性为 None，说明已经到了最后一个结点了，只需要通过 linkstr+=str(node.data)获取当前的数据即可，不需要加上箭头去连接后面的数据了（因为后面已经没有结点）。接着，还需要通过 node=node.next 将当前结点变更为后一个结点，进入下一次循环遍历新结点的信息。最后通过 print(linkstr)输出链表中所有的结点信息。

为了方便读者阅读，在此附上链表实现的完整代码，如下所示：

```
#链表的实现（单向链表）
class Createnode():
    def __init__(self,data):
        self.data=data
        self.next=None
class Linklist():
    def __init__(self):
        head=Createnode("head")
        self.head=head
        self.tail=self.head
    def add(self,data):
        node=Createnode(data)
        self.tail.next=node
        self.tail=self.tail.next
    def view(self):
        node=self.head
        linkstr=""
        while node is not None:
            if node.next is not None:
                linkstr=linkstr+str(node.data)+"-->"
            else:
                linkstr+=str(node.data)
            node=node.next
        print(linkstr)
```

大家在输入上面的代码之后，按 F5 键即可运行该程序，并可以进入 Python Shell 中进行相关的调试使用，如下所示。通过 Python 代码实现了图 7-18 所示的链表这种数据结构。

```
>>> #初始化链表对象
>>> link=Linklist()
>>> #依次添加各结点
>>> link.add(67)
>>> link.add(78)
>>> link.add(46)
>>> link.add(19)
>>> #最后添加尾结点
>>> link.add("End")
>>> #通过view()方法遍历该链表中的各结点的数据
>>> link.view()
head-->67-->78-->46-->19-->End
```

可以看到，最后遍历链表的时候，依次输出了链表中各结点的信息以及结点的指针指向情况。

本节主要为大家介绍了链表这种数据结构的基本概念，并通过 Python 代码实现了链表这种数据结构。希望大家可以多多练习，加强巩固。

7.6 bitmap

7.6.1 bitmap 的概念

Python 常见数据
结构-bitmap

bitmap 也是一种数据结构，bit 指的是位，map 指的是图，bitmap 也叫作
位图。

这种数据结构的存储方式就是把原来的数映射到二进制存储空间来存储，每个位占一个存储
单元。

操作 bitmap 中的数据，也就是相当于操作一个位。bitmap 数据结构的优点是可以很好地实现排
序的功能。

7.6.2 图解 bitmap

正常来说，由于 32 位的 Python 最高位为符号位置，所以存储数据时实际上只有 31 位，所以在
bitmap 中，可以设定每个 bitmap 数组一共有 31 个存储空间，如图 7-21 所示。

最开始的时候，bitmap 存储空间里面各位置都是 0，如图 7-21 中的（1）部分所示。bitmap 中，
如果某一个位置为 0，代表该位置没有数据。假如我们希望通过 bitmap 存储正整数（从 1 开始），那
么这个时候 bitmap 可以存储的最小的真实数据就是 1，我们把最小的真实数据放到 bitmap 的最右边
位置，越往左，数据越大。通过图 7-21 中的（1）部分，可以看到此时真实数据与 bitmap 存储结构的
对应关系，图 7-21 中的（1）部分，bitmap 存储结构中最左边的这个存储单元对应的真实数据是 31，
每一个 bitmap 数组拥有 31 个存储单元。

假如现在希望将真实数据 3 存储到 bitmap 中，如图 7-21 中的（2）部分所示，首先需要计算数
据 3 映射到 bitmap 中的第几个存储单元，随后只需要将 bitmap 中对应的存储单元的值设置为 1 即
可。设置为 1 后，代表该存储单元存储着数据，使用的时候只需要将该存储单元的数据映射为真实
数据即可。

如果此时希望将数字 5 存储到 bitmap 中，如图 7-21 中的（3）部分所示，同样首先需要计算数
字 5 映射到 bitmap 中的第几个存储单元，随后只需要将对应 bitmap 数组中的对应存储单元的值设置

为 1 即可，其他位置的数据可以不用设置。

如果现在希望在上面的基础上将真实数据 34 存储到 bitmap 中，一个 bitmap 数组最多只能存储 31 个数，所以此时只需要加一个 bitmap 数组，然后计算数据 34 在新的 bitmap 数组中对应的存储单元的位置，将该位置设置为 1 即可，如图 7-21 中的（4）部分所示。

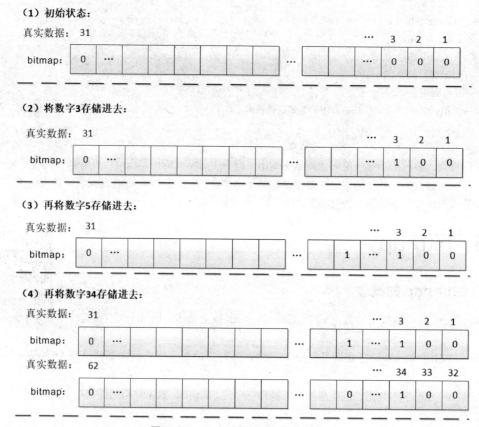

图 7-21　bitmap 的数据存储结构图示

通过上面的分析，相信大家对 bitmap 的基本结构有了一定的了解，接下来为大家介绍如何通过 bitmap 实现排序的功能。

仔细观察图 7-21，会发现，bitmap 中的数据有一个规律：bitmap 中的数据从右往左、从上往下是依次递增的。

根据这一个规律，读者可以对 bitmap 中的数据很轻松地实现排序功能。

比如，如果希望对图 7-21 中第（4）部分的数据进行排序，实现的方案如图 7-22 所示。

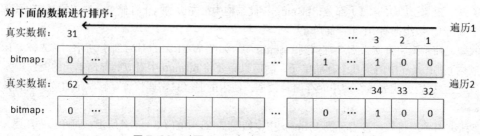

图 7-22　对图 7-21（4）中的数据进行排序

首先，如果希望对 bitmap 里面的数据从小到大进行排序，可以按照从右往左、从上往下的顺序遍历 bitmap 各数组。其次，如果遍历到的存储单元值为 0，不进行处理；如果遍历到的存储单元值为 1，将该存储单元转换为对应的真实数据，并提取出来，然后继续按照上述顺序与方法遍历 bitmap 即可，最终取出来的数据就是按照从小到大的顺序进行排列的。

上面通过图示为大家介绍了 bitmap 的基本存储结构与实现元素排序的方法，希望大家可以对 bitmap 这种数据存储的结构有一个比较形象的了解。

7.6.3　Python 中 bitmap 的应用实例

接下来为大家介绍如何通过 Python 代码实现 bitmap 这种数据结构以及如何实现排序。

首先，可以创建一个名为 Bitmap 的类来表示 bitmap 这种数据存储结构，然后进行初始化，初始化的时候，关键是需要确定一共需要多少个 bitmap 数组进行存储，这与需要存储的最大的数字有关。比如，如果要存储的最大数字为 29，显然，一个 bitmap 数组就可以实现了，如果要存储的最大数字为 35，显然需要两个 bitmap 数组才能够完成数据的存储。

由于每个 bitmap 数组中可以存储 31 个数据，所以，需要的 bitmap 数组数可以通过计算(max+31 − 1)/31 并取整之后得到。在计算需要多少个 bitmap 数组之后，可以使用列表生成式对 bitmap 数组进行初始化，显然，初始化的时候，bitmap 里面每个存储单元的数据默认初始化为 0。

相关实现代码如下所示：

```
class Bitmap():
    def __init__(self, max):
        #size表示需要多少个bitmap数组来存储
        self.size=int((max+31 − 1)/31)
        self.array=[[0 for i in range(0,31)] for i in range(self.size)]
```

随后需要实现将真实数据存储到 bitmap 中的功能。

如果需要将一个真实的数据存储到 bitmap 中，关键是需要计算该数据映射到 bitmap 中的时候在什么位置。计算出位置之后，只需要将当前 bitmap 中对应位置的存储单元的值设置为 1 即可。

假设要存储的数据为 num，如果需要计算 num 在哪个 bitmap 数组中，只需要对(num-1)//31 进行整除运算即可，比如需要将数据 31 存储到 bitmap 中，(31-1)//31=0，显然数据 31 在第 0 个数组中，其他数据按照这种方法计算也同样适用。

确定了数据在哪一个 bitmap 数组中之后，还需要确定数据在该数组中的什么位置，一般来说，通过求余运算可以得到相应的位置关系。比如，将需要存储的数据与 31 进行求余运算，便可以得到一个求余结果，该求余结果必定在 0～30 之间，显然与该数据在 bitmap 数组中的存储单元的位置有关。

为了让大家理清楚真实数据的值、bitmap 中的位置、列表的下标之间的关系，此处绘制了对应的关系图示，如图 7-23 所示。

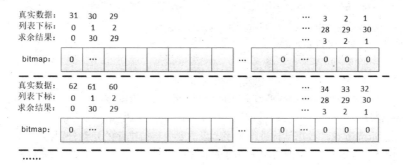

图 7-23　真实数据的值、bitmap 中的位置、列表的下标之间的关系图示

可以看到，图 7-23 中展示了两个 bitmap 数组，总共可以存储 1～62 的真实数据。此时会发现，每个 bitmap 中，列表下标与求余结果之间的关系是一致的。

图 7-23 中，如果求余结果为 0，那么该数据在 bitmap 列表（即上面通过列表生成式构造出来的代表 bitmap 存储结构的列表）中的下标也为 0；如果求余结果不为 0，列表下标与求余结果之间的关系是列表下标=31-求余结果。

知道此关系之后，便可以计算出真实数据在 bitmap 中存储单元的位置了。

如果要将真实的数据存储到 bitmap 中，按照上面的计算方法计算出对应的位置后，将对应的位置的值设置为 1 即可完成数据的插入，具体实现的代码如下所示：

```python
class Bitmap():
    def set(self, num):
        #判断在哪个bitmap数组中，elemIndex为所在数组的位置
        elemIndex=(num-1)//31
        #判断在该数组中的第几位，byteIndex为求余结果，sub为列表的下标
        byteIndex=num%31
        if(byteIndex==0):
            sub=0
        else:
            sub=31-byteIndex
        #将对应存储单元的值设置为1，代表该存储单元有数据
        self.array[elemIndex][sub]=1
```

通过上面的代码便可以完成将真实数据存储到 bitmap 中的功能。

接下来为大家介绍如何判断 bitmap 中的对应存储单元是否有数据，若有数据直接取出。

如果要实现这个判断，关键点还是需要计算当前真实数据映射到 bitmap 中的位置，然后判断该位置的值是 0 还是 1。若是 1 直接返回该真实数据，若是 0，返回 None。

具体的代码实现如下所示：

```python
class Bitmap():
    def judge(self,num):
        #判断在第几个数组
        elemIndex=(num-1)//31
        #判断在第几位
        byteIndex=num%31
        if(byteIndex==0):
            sub=0
        else:
            sub=31-byteIndex
        #判断该位置有没有数据，有数据就取出来
        if self.array[elemIndex][sub]:
            return num
    return None
```

至此，bitmap 这种数据结构已经通过 Python 代码实现了，接下来为大家介绍如何通过 bitmap 这种数据结构进行排序。

如果要通过 bitmap 这种数据结构进行排序，只需要先将待排序的元素分别存储到 bitmap 中，存储好了之后，按顺序遍历 bitmap 即可实现。具体的实现代码如下所示，关键部分已给出注释：

```python
class Bitmap():
```

```
        def sort(self,data,maxnum):
            btmap=Bitmap(maxnum)
            #通过循环将各个数据存储到bitmap中
            for i in data:
                btmap.set(i)
            #遍历bitmap即可完成数据的排序
            result=[]
            for i in range(0,maxnum+1):
                if(btmap.judge(i)!=None):
                    result.append(i)
            #输出相应信息
            print("原数组是:"+str(data))
            print("排序后数组是:"+str(result))
            #返回结果
            return result
```

到这里，我们已经成功通过 Python 代码实现了 bitmap 这种数据结构，并且实现了通过 bitmap 这种数据结构对数据进行排序的功能。

为了方便读者阅读，此处附上完整的 bitmap 这种数据结构实现的代码，如下所示：

```
#bitmap的实现
class Bitmap():
    def __init__(self, maxnum):
        #size表示需要多少个bitmap数组来存储
        self.size=int((maxnum+31 - 1)/31)
        self.array=[[0 for i in range(0,31)] for i in range(self.size)]
    def set(self, num):
        #判断在哪个bitmap数组中，elemIndex为所在数组的位置
        elemIndex=(num-1)//31
        #判断在该数组中的第几位，byteIndex为求余结果，sub为列表的下标
        byteIndex=num%31
        if(byteIndex==0):
            sub=0
        else:
            sub=31-byteIndex
        #将对应存储单元的值设置为1，代表该存储单元有数据
        self.array[elemIndex][sub]=1
    #判断是否有数据，有数据就取出来
    def judge(self,num):
        #判断在第几个数组
        elemIndex=(num-1)//31
        #判断在第几位
        byteIndex=num%31
        if(byteIndex==0):
            sub=0
        else:
            sub=31-byteIndex
```

```
                    #判断该位置有没有数据，有数据就取出来
                    if self.array[elemIndex][sub]:
                        return num
                return None
            #排序
            def sort(self,data,maxnum):
                btmap=Bitmap(maxnum)
                #通过循环将各个数据存储到bitmap中
                for i in data:
                    btmap.set(i)
                #遍历bitmap即可完成数据的排序
                result=[]
                for i in range(0,maxnum+1):
                    if(btmap.judge(i)!=None):
                        result.append(i)
                #输出相应信息
                print("原数组是:"+str(data))
                print("排序后数组是:"+str(result))
                #返回结果
                return result
```

接下来我们来使用程序。首先在编辑器中输入上面的完整代码，然后按 F12 键执行并进入 Python Shell 界面，随后输入后续的程序进行测试。这里输入如下代码，关键部分已给出注释：

```
>>> #创建一个bitmap对象
>>> bt=Bitmap(99)
>>> #插入真实数据3
>>> bt.set(3)
>>> #查看当前的bitmap
>>> bt.array
[[0, 0, 0, 0, 0, 0, 0, 0, 0, 0, 0, 0, 0, 0, 0, 0, 0, 0, 0, 0, 0, 0, 0, 0, 0, 0, 0, 0, 0, 1, 0, 0], [0, 0, 0, 0, 0, 0, 0, 0, 0, 0, 0, 0,
0, 0, 0, 0, 0, 0, 0, 0, 0, 0, 0, 0, 0, 0, 0, 0, 0, 0, 0, 0], [0, 0, 0, 0, 0, 0, 0, 0, 0, 0, 0, 0, 0, 0, 0, 0, 0, 0, 0, 0, 0, 0, 0, 0, 0,
0, 0, 0, 0, 0, 0, 0], [0, 0, 0, 0, 0, 0, 0, 0, 0, 0, 0, 0, 0, 0, 0, 0, 0, 0, 0, 0, 0, 0, 0, 0, 0, 0, 0, 0, 0, 0, 0, 0]]
>>> #可以看到，真实数据映射到的对应位置已经设置成了1
>>> #继续插入真实数据31
>>> bt.set(31)
>>> #查看当前的bitmap
>>> bt.array
[[1, 0, 0, 0, 0, 0, 0, 0, 0, 0, 0, 0, 0, 0, 0, 0, 0, 0, 0, 0, 0, 0, 0, 0, 0, 0, 0, 0, 0, 1, 0, 0], [0, 0, 0, 0, 0, 0, 0, 0, 0, 0, 0, 0,
0, 0, 0, 0, 0, 0, 0, 0, 0, 0, 0, 0, 0, 0, 0, 0, 0, 0, 0, 0], [0, 0, 0, 0, 0, 0, 0, 0, 0, 0, 0, 0, 0, 0, 0, 0, 0, 0, 0, 0, 0, 0, 0, 0, 0,
0, 0, 0, 0, 0, 0, 0], [0, 0, 0, 0, 0, 0, 0, 0, 0, 0, 0, 0, 0, 0, 0, 0, 0, 0, 0, 0, 0, 0, 0, 0, 0, 0, 0, 0, 0, 0, 0, 0]]
>>> #判断真实数据3是否在bitmap里面，可以看到存在
>>> bt.judge(3)
3
>>> #判断真实数据21是否在bitmap里面，由于没有插入，所以可以看到不在
```

```
>>> bt.judge(21)
>>> #由于上面返回None，所以不进行任何输出
>>> #接下来实现对[32,1,23,7,8,12,68,69]数据进行排序
>>> alldata=[32,1,23,7,8,12,68,69]
>>> maxnum=69
>>> result=bt.sort(alldata,maxnum)
原数组是:[32, 1, 23, 7, 8, 12, 68, 69]
排序后数组是:[1, 7, 8, 12, 23, 32, 68, 69]
>>> print(result)
[1, 7, 8, 12, 23, 32, 68, 69]
>>> #接下来实现对coledraw单词的字母从a～z进行排序
>>> alldata1='coledraw'
>>> #将单词转换为数字
>>> alldata2=[ord(i) for i in alldata1]
>>> #查看转换结果
>>> print(alldata2)
[99, 111, 108, 101, 100, 114, 97, 119]
>>> #接下来调用sort()方法进行排序
>>> maxnum=ord("z")
>>> result=bt.sort(alldata2,maxnum)
原数组是:[99, 111, 108, 101, 100, 114, 97, 119]
排序后数组是:[97, 99, 100, 101, 108, 111, 114, 119]
>>> #将数字转换为英文，得到最终排序结果
>>> result=[chr(i) for i in result]
>>> print("原来的英文单词是："+str(alldata1))
原来的英文单词是：coledraw
>>> print("排序后的英文单词列表是："+str(result))
排序后的英文单词列表是：['a', 'c', 'd', 'e', 'l', 'o', 'r', 'w']
```

通过上面的学习，相信大家已经对 bitmap 这种数据结构有了基本的了解，并且也能够使用 bitmap 这种数据结构对一些数据实现快速排序了。

7.7 图

Python 常见数据
结构-图

本节会为大家介绍图这种数据结构。

7.7.1 图的概念

图是一种数据结构。

图可以简单地理解为一个关系网络，该网络中有 N 个结点，每个结点上存储着一个数据，数据之间的关联可以用线把关联的结点连起来的方式表示。

其中，有的数据关系是有方向的。比如数据 A-->数据 B，其关系只能从 A 到 B，不能从 B 到 A。如果数据之间的关系是有方向的。这个数据关系用弧线表示。

有的数据关系是没有方向的，A--B 表示既可以 A 到 B 关联，也可以 B 到 A 关联。这种没有方向的关系用线段表示。

7.7.2　图解图结构

接下来为大家介绍如何通过图形来了解图这种数据结构。

图 7-24 所示就是一种图结构，该图中有 4 个结点，每个结点都可以存储一个数据，结点与结点之间的关系通过线段表示。

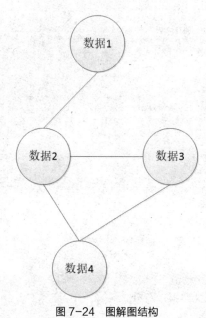

图 7-24　图解图结构

该图结构中，关联的数据如下。

数据 1————数据 2

数据 2————数据 3

数据 2————数据 4

数据 3————数据 4

并且，这些数据的关联是没有方向的。

结点到结点之间连通的线段叫作结点的路径，比如图 7-24 中，数据 1 到数据 4 的路径可以表示如下：

数据 1————数据 2————数据 4

数据 1————数据 2————数据 3————数据 4

7.7.3　Python 中图的应用实例

接下来通过 Python 代码实现图这种数据结构。

其实，我们可以通过字典来表示图这种数据结构，对应的格式如下：

{结点A:[与结点A关联的结点列表],结点B:[与结点B关联的结点列表],…,结点N:[与结点N关联的结点列表]}

比如，我们可以通过如下的字典来表示图 7-24 所示的图结构。

{"数据1":["数据2"],"数据2":["数据1","数据3","数据4"],"数据3":["数据2","数据4"],"数据4":["数据2","数据3"]}

接下来为大家介绍如何通过程序实现自动寻找图的结点之间的路径，相关实现代码如下所示，关键部分已给出注释：

```
#图的实现
chart={"数据1":["数据2"],"数据2":["数据1","数据3","数据4"],"数据3":["数据2","数据4"],"数据4":["数据2","数据3"]}
```

```
def path(chart,x,y,pathd=[]):
    #将当前结点添加到pathd中
    pathd=pathd+[x]
    #如果有直接路径或者已经连通了，返回pathd
    if x==y:
        return pathd
    #如果当前结点不在图中，则直接返回无路径
    if not (x in chart):
        return None
    #遍历当前结点的关联结点，尝试从关联结点中找到间接路径
    for node in chart[x]:
        #如果当前结点已经在pathd中了，就不再遍历了，否则遍历
        if node not in pathd:
            #递归调用path()函数，不断寻找路径
            newnode=path(chart,node,y,pathd)
            #找到路径就返回
            if newnode:
                return newnode
```

比如，我们希望通过程序寻找结点"数据 1"与结点"数据 4"之间的路径，可以运行上述代码，并且在 Python Shell 中继续输入如下程序实现：

```
>>> path(chart,"数据1","数据4")
['数据1', '数据2', '数据3', '数据4']
```

可以看到，相关的路径已经找出来了。同样的，如果希望自动寻找其他结点之间的路径，只需要更换上面 path()函数中的参数即可。

在这里，我们为大家介绍了图这种数据结构的相关知识，大家需要重点掌握如何实现图的结点之间路径的自动寻找。

7.8 小结与练习

小结：

（1）一个程序里面必然会有数据存在，同样的，一个或几个数据要组织起来，可以有不同的组织方式，也就是不同的存储方式。不同的组织方式就是不同的结构，我们把这些数据组织在一起的结构称为数据的结构，也叫作数据结构。

（2）栈是一种运算会受到相关限制的数据结构，简单来说，栈就是一种数据的存储方式。但是在这种数据的存储方式中进行存入数据或者读取数据的操作时，会受到相关规则的限制。栈只能对其栈顶的数据进行操作，所以先进入的非栈顶的数据就不能被操作，此时只能对新数据进行操作，可以将其进行出栈操作等。等新数据出栈后，栈顶位置往下移动，才能对当前栈顶的数据进行操作，也就是说，栈是一种先进后出的数据结构。

（3）队列相当于两端都开的容器，但是一端只能进行删除操作，不能进行插入操作，而另一端只能进行插入操作，而不能进行删除操作。进行插入操作的这端叫作队尾，进行删除操作的这端叫作队首。所以关于队列这种数据结构，大家要记住一点：就像排队一样，队列中的数据是从队尾进，从队首出的。

（4）树是一种非线性的数据结构，具有层次性。利用树来存储数据，能够使用公有元素进行存储，能在很大程度上节约存储空间。二叉树是一种特殊的树，二叉树要么为空树，要么由左、右两个不相

交的子树组成。

（5）链表是一种非连续、非顺序的存储方式。链表由一系列结点组成，每个结点包括两部分，一部分是数据域，另一部分是指向下一结点的指针域。链表可以分为单向链表、单向循环链表、双向链表、双向循环链表等类型。本章主要为大家介绍了单向链表与单向循环链表。

（6）bitmap 也是一种数据结构，bit 指的是位，map 指的是图，bitmap 也叫作位图。这种数据结构的存储方式就是把原来的数映射到二进制存储空间来存储，每个位占一个存储单元。

（7）图可以简单地理解为一个关系网络，该网络中有 N 个结点，每个结点上存储着一个数据，数据之间的关联可以用线把关联的结点连起来的方式表示。

习题：小明借了小红两块钱，小明拿着这两块钱去张老板的商店买了一瓶饮料。小明喝了饮料之后感觉不舒服，同学小军送小明去了医院。医生张主任治疗了小明，张主任发现饮料质量有问题，便告诉了小明情况。然后，小明告诉了好友小军，随后小军便报警。王警官接警。假如不考虑所发生的具体事项，请将小明、小红、张老板、小军、张主任、王警官等数据存储到图这种数据结构中，要求：

（1）画出对应的图结构图示。

（2）将对应的图结构通过 Python 代码表示出来。

（3）使用 Python 代码自动查找出以下实体之间的关联性（即实现查询简单关系图谱搜索）：

小红————王警官

小军————张老板

张老板————张主任

参考答案：

（1）图结构图示如图 7-25 所示。

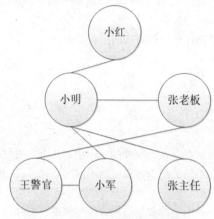

图 7-25　该案例中的对应的图结构图示

（2）参考代码如下所示。

```
chart={"小红":["小明"],"小明":["小红","张老板","小军","张主任"],"张老板":["小明","王警官"],"王警官":["小军","张老板"],"小军":["小明","王警官"],"张主任":["小明"]}
```

（3）参考代码如下所示，关键部分已给出注释。

```
chart={"小红":["小明"],"小明":["小红","张老板","小军","张主任"],"张老板":["小明","王警官"],"王警官":["小军","张老板"],"小军":["小明","王警官"],"张主任":["小明"]}
def path(chart,x,y,pathd=[]):
    #将当前结点添加到pathd中
    pathd=pathd+[x]
```

```
        #如果有直接路径或者已经连通了，返回pathd
        if x==y:
            return pathd
        #如果当前结点不在图中，则直接返回无路径
        if not (x in chart):
            return None
        #遍历当前结点的关联结点，尝试从关联结点中找到间接路径
        for node in chart[x]:
            #如果当前结点已经在pathd中了，就不再遍历了，否则遍历
            if node not in pathd:
                #递归调用path()函数，不断寻找路径
                newnode=path(chart,node,y,pathd)
                #找到路径就返回
                if newnode:
                    return newnode
#查找小红与王警官之间的关系
pathd=path(chart,"小红","王警官")
print("小红与王警官之间的关系："+str(pathd))
#查找小军与张老板之间的关系
pathd=path(chart,"小军","张老板")
print("小军与张老板之间的关系："+str(pathd))
#查找张老板与张主任之间的关系
pathd=path(chart,"张老板","张主任")
print("张老板与张主任之间的关系："+str(pathd))
```

输出结果如下所示：

```
小红与王警官之间的关系：['小红', '小明', '张老板', '王警官']
小军与张老板之间的关系：['小军', '小明', '张老板']
张老板与张主任之间的关系：['张老板', '小明', '张主任']
```

可见，使用 Python 代码通过图这种数据结构可以很方便地找出对应实体之间的关联，当然这里只是找出简单的关联，并且只找出所有路径中的一种。大家有时间也可研究一下如何将所有关联都查找出来，这个问题供有精力的同学进一步思考，此处不予过多阐述。

第8章

Python常见算法实例

■ 上一章已经为大家介绍了数据结构相关的知识，数据结构是数据存储的方式，是静态的。本章会介绍算法相关的知识，算法是处理问题的方法，是动态的。

8.1 算法概述

简而言之，算法就是运算方法。

比如，如果要对一组数据进行排序，可以采用冒泡排序这种运算方法来处理，也可以使用选择排序这种运算方法来处理。可见，实现同样的排序功能，有多种运算方法，这种运算处理方法就是算法。

Python 算法概述

再比如，要从一个字符串"according"中搜索"i"这个字符，可以按从左往右搜索的方法去搜索，也可以按从右到左的方法去搜索。

所以，算法是解决问题的方法，是一种策略与思维。

算法是针对问题而出现的，有问题的地方就有算法。

虽然处理每个问题所需要用到的算法有可能不一样，但是把各种问题的处理方法抽象总结出来，就可以得到一些基本的算法思想。

这些算法思想是解决很多问题的时候都会用到的。

常见的算法思想有分治法、贪心法、穷举法、递归法、递推法、回溯法、动态规划法、迭代法、分支界限法。

除了基本算法思想外，本章会结合实际问题带领大家学习一些典型的入门算法。比如，会结合如何对一组无序数据进行排序方面的问题介绍 3 种排序算法，还会结合如何从一个字符串中搜索指定字符的问题介绍一种典型的搜索算法，即二分搜索算法。本章的目的是希望大家学会分析问题，举一反三，从实际中理解算法。

当然，算法不仅仅局限于排序或者搜索，除了本章介绍的算法之外，还有非常多的算法。总之，凡是解决问题的方法，都可以看成是算法。

如果大家后续接触到人工智能领域，会发现还有专门用于处理分类问题的 KNN 算法、朴素贝叶斯算法、逻辑回归算法，以及专门用于处理关联分析问题的 Apriori 算法、FP-Growth 算法等，除此之外还有很多类型的算法。

当然，本章并不需要大家对算法研究得非常深入，只需要掌握几种典型的入门算法即可。千里之行，始于足下，拥有一个良好的开端，会让你的发展之路走得更加顺畅。

8.2 快速排序

本节首先为大家介绍第一种经典的排序算法：快速排序算法。接下来，我们分别从快速排序算法原理与快速排序算法的使用两个方面进行介绍。

Python 常见算法-
快排 1

Python 常见算法-
快排 2

8.2.1 快速排序算法原理

快速排序算法简称快排算法，快排算法是一种排序算法，是一种解决无序数据排序问题的运算方法。

不妨假设这样一个情景：

有[7,91,23,1,6,3,79,2]这样一组数据，现需要对这一组数据按从小到大的顺序进行排序，思考一下有何方案？

其实解决方案有很多，在这里先为大家介绍快速排序算法。

快速排序算法的基本操作思路：首先在这组数据中随意选择一个数字作为基准，然后比该基准数字小的数字放在基准数字的左边，比该基准数字大的数字放在基准数字的右边，这样，第一次排序过后，把数据分为了两部分，一部分是比基准大的数据，一部分是比基准小的数据，然后在分出来的每部分数据中按上述方法进行再排，一直排到分组中的数据只有一个或者没有数据为止。

接下来以上面的情景为例，为大家详细介绍快速排序算法。

首先需要说明的是，完成一组数据的排序，可能需要进行多次快排。每次快排的时候，都需要选择基准数据，一般可以选择第一个数据作为基准数据。如图 8-1 所示，第一个数据是第一次快排的时候选择的基准数据。

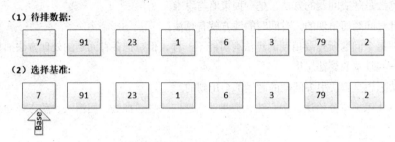

图 8-1　选择基准数据

选择基准数据之后，我们需要依次让待排数据与基准数据进行比较，然后进行相应操作，具体过程为：

（1）用 i 指针指向第一个待排数据，用 j 指针指向最后一个待排数据。

（2）先将 j 指针设置为活动指针。

（3）用活动指针所指向的数据与基准数据进行比较，此时分以下情况进行具体操作。

情况 1：若活动指针为 i 指针，活动指针所指向的数据比基准数据小，活动指针往右移动一个单位；活动指针指向的数据比基准数据大，则将当前活动指针指向的数据移动到当前 j 指针指向的位置，移动数据后将 j 指针再往左移动一个单位，随后将 j 指针变为活动指针。

情况 2：若活动指针为 j 指针，活动指针指向的数据比基准数据大，活动指针往左移动一个单位；活动指针指向的数据比基准数据小，则将当前活动指针指向的数据移动到当前 i 指针指向的位置，移动数据后将 i 指针再往右移动一个单位，随后将 i 指针变为活动指针。

（4）重复上面的过程（3），直到 i、j 指针重合为止。i、j 指针重合的时候，将基准数据移动到 i、j 指针重合的位置。

经过上面的 4 个过程之后，便可以完成一次快排的操作了。

图 8-2、图 8-3、图 8-4 所示（篇幅限制，所以分为多张图展现）是第一次快排的过程图示。各位读者可以根据上面的过程图示自行在稿纸中跟着推演一遍，更便于理解其原理。

由图 8-2～图 8-4 可知，快排的过程实际上是在用活动指针指向的数据与基准数据进行比较的过程，而且，除了重合的时候，i 指针始终在 j 指针的左边。如果要进行排序，自然希望左边的数据比右边的数据小，所以，如果 i 指针的数据比基准数据还小，就不需要将当前 i 指针的数据移动到右边；如果 i 指针的数据比 j 指针的数据还大，显然希望将 i 指针的数据移动到右边，j 指针移动的原理及原因也类似。实际上，基准数据充当的是中间数据的角色，即经过第一次快排之后，基准数据左边的数据都会比基准数据小，基准数据右边的数据都会比基准数据大。

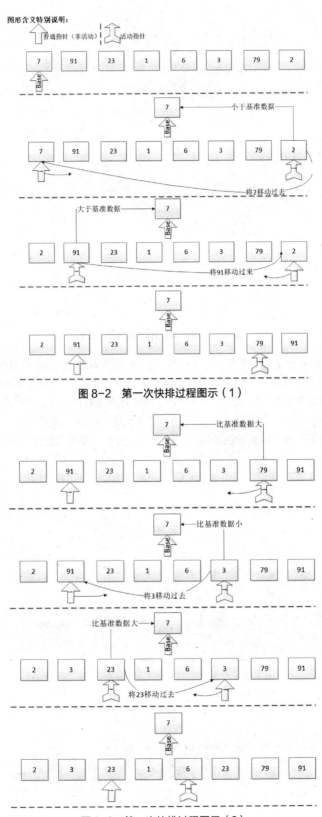

图 8-2　第一次快排过程图示（1）

图 8-3　第一次快排过程图示（2）

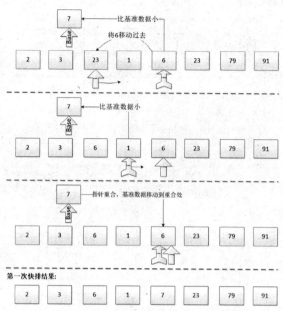

图 8-4 第一次快排过程图示（3）

比如，第一次快排的结果是[2,3,6,1,7,23,79,91]，基准数据为 7，[2,3,6,1]都比 7 小，[23,79,91]都比基准数据大。本次快排之后，数据就分为了两部分，大体上是有序的，但是局部可能无序，比如[2,3,6,1]这部分虽然比 7 都小，但是仍然是无序的，所以还需要对这一部分无序的数据按照同样的快排方法进行排序，最终让每一个子部分都有序，最终全局也会是有序的，达到对所有数据排序的目的。

比如，本例中还需要进行后续的快排操作，图 8-5、图 8-6 是第二次快排的过程图示。

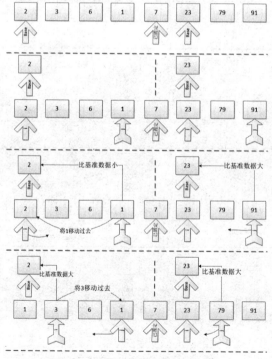

图 8-5 第二次快排过程图示（1）

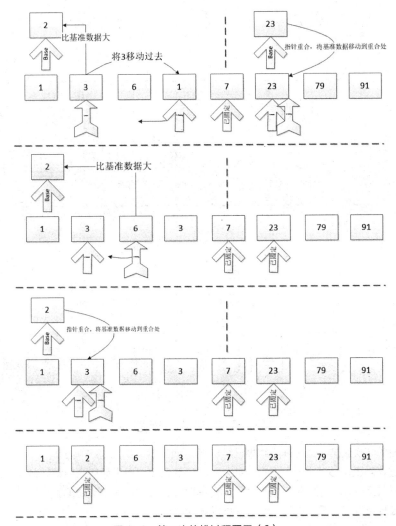

图 8-6　第二次快排过程图示（2）

由图 8-5、图 8-6 可知，经过第一次快排，数据 7 左边的数据都比 7 小，数据 7 右边的数据都比 7 大，所以第二次快排的时候数据 7 的位置是已固定的。

读者可以把这些数据以数据 7 作为界限分为两部分，然后对这两部分同时按照快排算法进行快排操作。两部分的快排操作互不影响，都会有各自的基准数据，各自的 i 指针及各自的 j 指针。

完成第二次快排之后，基准数据一共就有 3 个了，即 2、7、23，这些基准数据的位置可以看成是已固定的，因为各基准数据左边的数据都会比该基准数据小，各基准数据右边的数据都会比该基准数据大。

读者可以把已固定的这 3 个基准数据作为分割点，这样，经过第二次快排，数据就划分为 3 部分了（实际上应该是 4 部分，只不过 7 与 23 相邻，之间没数据，所以这部分可以省略），然后只需要对这 3 部分的数据再次进行排序操作即可。

图 8-7 所示是进行第三次快排的过程图示。

可以看到，经过第三次快排，最终排序结果已经出来了，因为此时已固定的数据有 2、6、7、23、79。对于数据 2 来说，其左边只有一个数据，自然不用再排序，其右边未完成排序的数据也只有一个（即数字 3），所以也不用再进行排序。

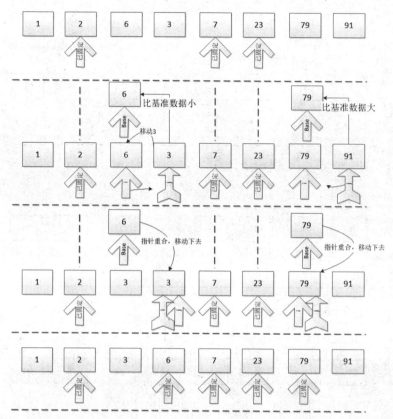

图 8-7　第三次快排过程图示

经过上面的 3 次快排，最终排序结果已经出来，为[1,2,3,6,7,23,79,91]。

快排的过程对于初学者来说虽然有一些复杂，但是只要把握上面所介绍的规律与操作过程原则，再加强练习，就会发现并不算难掌握。建议学习的时候，配合本书本节的配套视频进行理解，并且将书上的图示过程自行在稿纸上推演一遍，便可以掌握。

8.2.2　Python 中快速排序的应用实例

上面为大家介绍了快排算法的理论部分，接下来为大家介绍如何通过 Python 程序去实现快排算法。

经过上面的学习，相信大家会有一个感受，就是活动指针是会变换的，并且变换条件稍微有点复杂，所以，大家可以思考一下，能否让活动指针不发生改变，一直在某一个方向上（比如一直在 j 指针这边），因为这样可以更方便程序的书写。

实际上，如果不希望活动指针的方向变换，也是有方法的，此时涉及交叉变换转换为单向变换的问题。

我们可以将快排的过程优化一下，优化后的具体方案如下。

（1）用 i 指针指向第一个待排数据，用 j 指针指向最后一个待排数据。

（2）将 j 指针设置为活动指针。

（3）用活动指针所指向的数据与基准数据进行比较，如果活动指针指向的数据比基准数据大，活动指针往左移动一个单位；如果活动指针指向的数据比基准数据小，则将当前活动指针指向的数据移动到当前 i 指针指向的位置，移动数据后将 i 指针再往右移动一个单位，随后将当前 i 指针指向的数据移动到当前 j 指针所在的位置。

（4）重复上面的过程（3），直到 i、j 指针重合为止。i、j 指针重合的时候，将基准数据移动到 i、j 指针重合的位置。

可以看到，优化后的过程中不用再分活动指针为 i 或者活动指针为 j 的情况进行操作，因为活动指针一直为 j。

比如我们希望对[3,2,6,5,1]这一组数据进行快排操作，可以按照上面优化后的过程进行，具体如图 8-8、图 8-9 所示。

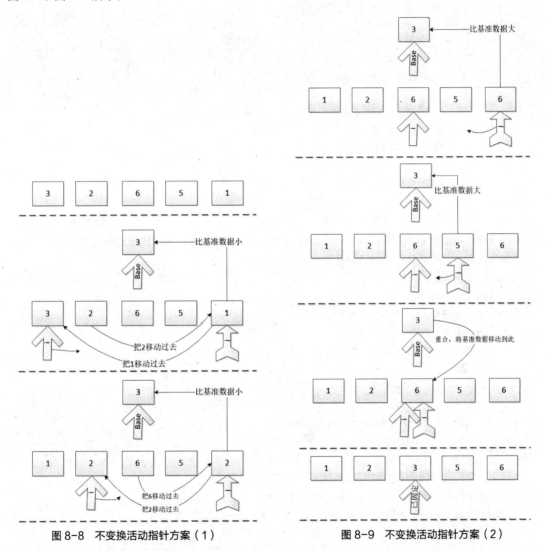

图 8-8　不变换活动指针方案（1）　　　　图 8-9　不变换活动指针方案（2）

可以看到，i 指针往右移动后，我们将 i 指针指向的数据移动到 j 指针所在位置之后，可以不用变换活动指针，也能实现与原来快排操作一样的功能。由于这一种方案复杂性降低了很多，所以接下来我们会按照这一方案编写程序。

首先，我们将具体的快排过程通过 Python 程序表示出来。具体程序如下所示，关键部分已给出详细注释。

```
#快排排序过程
def quick(arr,i,j):
    #选择第一个数据作为基准数据
```

```
        base = arr[i]
        #如果i指针比j指针小，未重合，循环进行快排过程
        while i < j:
                #如果j指针指向的数据大于基准数据，j指针左移一个单位
                if(arr[j] >= base):
                        j -= 1
                #如果j指针指向的数据小于基准数据
                if(arr[j] < base):
                        #先将j指针指向的数据移动到i指针指向的位置
                        arr[i] = arr[j]
                        #i指针右移一个单位
                        i += 1
                        #再将当前i指针指向的数据移动到j指针所在位置
                        arr[j] = arr[i]
        #i、j指针重合，将基准数据移动到重合处
        arr[i] = base
        #返回当前重合位置
        return i
```

　　通过上面的程序，可以实现一次快排，由对快排原理部分的学习可知，要对一组数据通过快排算法进行排序，可能需要进行多次快排，所以还应当编写一个总控程序实现快排过程的多次调用。具体程序如下所示，关键部分已给出详细注释。

```
#快排总调用函数
def quick_all(arr,a,b):
        #a为各部分快排的起始元素位置
        #b为各部分快排的最后元素位置
        #若a小于b，还未完成，继续快排
        if a < b:
                #得到已固定的位置
                fixed = quick(arr,a,b)
                #对各部分分别进行快排，递归调用quick_all()
                quick_all(arr,a,fixed)
                quick_all(arr,fixed+1,b)
```

　　可见，我们通过递归调用的方法实现了进行多次快排的功能。
　　为了便于读者的阅读与理解，此处同样附上完整程序，如下所示。

```
#快排的实现
#快排排序过程
def quick(arr,i,j):
        #选择第一个数据作为基准数据
        base = arr[i]
        #如果i指针比j指针小，未重合，循环进行快排过程
        while i < j:
                #如果j指针指向的数据大于基准数据，j指针左移一个单位
                if(arr[j] >= base):
                        j -= 1
                #如果j指针指向的数据小于基准数据
```

```
            if(arr[j] < base):
                    #先将j指针指向的数据移动到i指针指向的位置
                    arr[i] = arr[j]
                    #i指针右移一个单位
                    i += 1
                    #再将当前i指针指向的数据移动到j指针所在位置
                    arr[j] = arr[i]
            #i、j指针重合，将基准数据移动到重合处
            arr[i] = base
            #返回当前重合位置
            return i
#快排总调用函数
def quick_all(arr,a,b):
            #a为各部分快排的起始元素位置
            #b为各部分快排的最后元素位置
            #若a小于b，还未完成，继续快排
            if a < b:
                    #得到已固定的位置
                    fixed = quick(arr,a,b)
                    #对各部分分别进行快排，递归调用quick_all()
                    quick_all(arr,a,fixed)
                    quick_all(arr,fixed+1,b)
```

比如，如果我们希望通过程序实现对[7,91,23,1,6,3,79,2]这样一组数据的排序，可以输入上面的完整程序，按 F12 键进入 Python Shell 界面后，再输入下面的程序实现。

```
>>> #将这组无序数据存储到列表中
>>> lista=[7,91,23,1,6,3,79,2]
>>> #调用总快排函数对其进行排序
>>> quick_all(lista,0,len(lista)−1)
>>> #输出排序后结果
>>> print(lista)
[1, 2, 3, 6, 7, 23, 79, 91]
```

可以看到，无序的这组数据经过快排排序运算之后，成功实现了排序，最终结果为有序列表[1, 2, 3, 6, 7, 23, 79, 91]。

经过本节的学习，大家应该已经掌握了快排这种算法了。同时，这也是大家完整接触到的一种算法。算法实际上就是解决问题的方法，比如这里的快排这种算法就是用于解决数据排序问题的一种运算方法。

8.3 选择排序

Python 常见算法–
选择排序

除了使用快排这种算法实现排序的功能外，还可以使用很多算法实现排序这种功能，比如在本节中，会为大家介绍如何通过选择排序算法对无序数据进行排序。

8.3.1 选择排序原理

选择排序算法的思想主要是，先从整个序列中选择最小的数放到第一位，然后从第二位到最后一

位中选择出最小的数放到第二位，再从第三位到最后一位中选择最小的数放到第三位，这样一直排下去，直到最后一位，就可形成一个有序数据序列。

比如，同样对[7,91,23,1,6,3,79,2]这一组无序数据进行排序，如果采用选择排序法，其过程如图 8-10 所示。

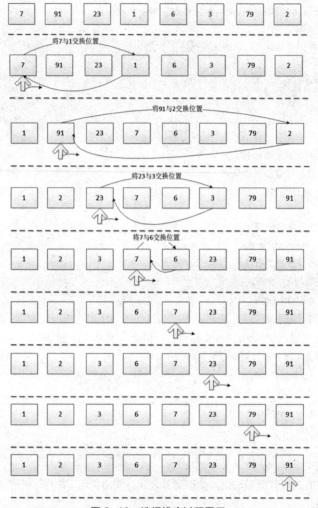

图 8-10　选择排序过程图示

由图 8-10 可以看到，最开始时指针在第一位，指向数字 7，然后进行第一次选择排序。第一次选择排序时，选择其后面数据中最小的一位数据（显然是 1）与之进行比较，由于 1 比 7 小，所以 1 与 7 交换位置。随后指针指向下一位数据 91，进行第二次选择排序，若后面最小的数据比指针所指向的数据小，则交换位置，否则不进行处理，指针依次后移即可。

关键是每一次选择排序时，如何才能选择出后面最小的数据呢？

不妨举例说明，比如当前的选择排序过程进行到图 8-11 所示的位置。显然，指针前面的数据[1,2]已经有序了，而指针及其后面的数据[23,7,6,3,79,91]还是无序的。由图 8-10 可以知道，接下来需要选择出指针及其后数据中最小的数据 3，然后 23 与 3 交换位置，指针移动到下一位，并进行下一次选择排序。但是如何才能选择出最小的数据 3，人为去观察很容易得到结果，但是计算机并不会直接观察，是需要计算的。

图 8-11　选择排序状态

实际上，每一次选择排序的过程具体如下。

（1）将这一次排序的当前指针设置为 i 指针，即将图 8-10 中的指针设置为 i 指针，每完成一次后，i 指针位置自动右移动一位。

（2）增加 j 指针、k 指针。一般情况下，j 指针初始位置位于 i+1 处，k 指针初始位置与 i 指针重合。

（3）j 指针位置的数据与 k 指针位置的数据进行比较。如果 j 指针位置的数据比 k 指针位置的数据小，将 k 指针移动到 j 指针所在位置，随后 j 指针自加 1。如果 j 指针位置的数据比 k 指针位置的数据大或者相等，k 指针不移动，j 指针自加 1。

（4）重复上述过程（3），直到 j 指针已经指向最后一位元素并且已经完成当前这一次处理，无法往后移动。

（5）交换 i 指针与 k 指针所在位置对应的数据，完成当前这一次排序。

（6）i 指针往右移动一位，j、k 指针按照上述过程（2）初始化，进行下一次选择排序。

上面的每一次选择排序执行的具体过程可以如图 8-12 所示。

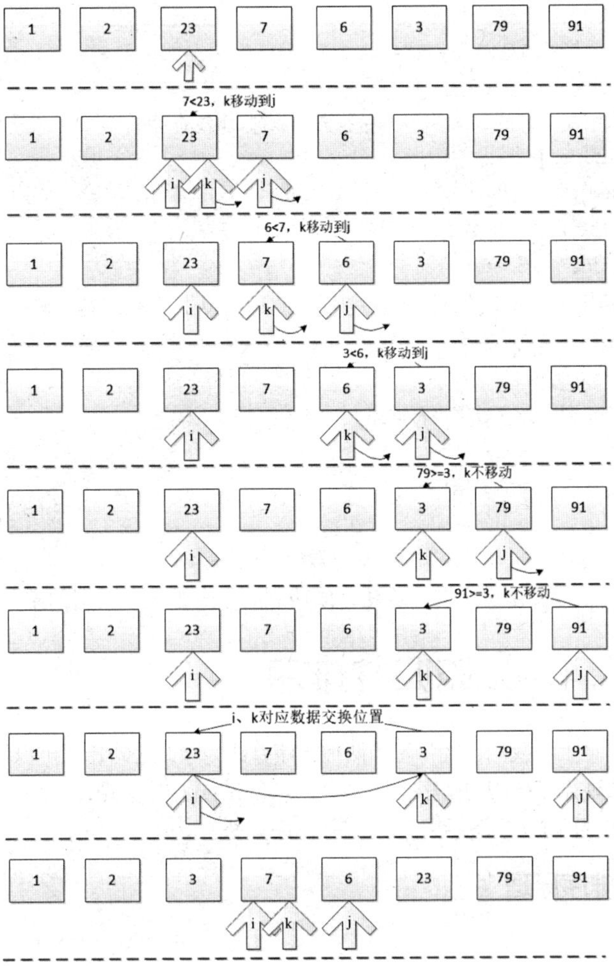

图 8-12　每一次选择排序执行的具体过程图示

可以看到，通过上面的过程，就可以选择出 i 指针后面最小的数据了。选择出最小的数据之后，便可以将最小的数据放到 i 指针所在的位置（交换），然后 i 指针往右移动一位后便可完成此次排序了。

图 8-10 中进行了多次选择排序，而其中每一次选择排序的具体执行方式都是按照图 8-12 所示的方法进行的。图 8-10 是选择排序的总过程（多次），图 8-12 是每一次选择排序执行的具体细化过程（图中以某一次为例）。

经过上面的学习，大家应该已经对选择排序这种算法的原理有了基本的了解。

8.3.2　Python 中选择排序的应用实例

接下来与大家一起通过 Python 程序实现选择排序算法。

从图 8-10 与图 8-12 可知，选择排序的重点在于指针的变化，而每一次选择排序都是通过循环去执行的，只不过每次循环，指针都需要发生变化。

我们可以通过如下的 Python 代码实现选择排序算法，关键位置已给出详细注释。

```
#选择排序的实现
def select(arr):
    #各趟选择排序
    for i in range(0, len (arr)):
        #初始化k指针
        k= i
        #每一趟选择排序的具体细化过程
        for j in range(i + 1, len(arr)):
            #如果j指针指向的数据小于k指针指向的数据，k移动到j
            if arr[j] < arr[k]:
                k= j
        #交换i、k指针所指向的数据位置
        arr[i], arr[k] = arr[k], arr[i]
```

大家可以在编辑器中输入上述代码，然后按 F5 键运行以下程序，测试选择排序效果。

```
>>> #将这组无序数据存储到列表中
>>> lista=[7,91,23,1,6,3,79,2]
>>> #调用选择排序函数对无序数据进行排序
>>> select(lista)
>>> #输出排序后的列表里面的数据
>>> print(lista)
[1, 2, 3, 6, 7, 23, 79, 91]
```

可以看到，上面的程序使用选择排序算法，成功完成了一组无序数据的排序。

Python 常见算法-
二路归并排序 1

8.4　二路归并排序

上面我们已经学习了两种排序算法，除此之外，还可以使用二路归并排序算法实现无序数据的排序。本节同样从二路归并排序原理及二路归并排序算法的 Python 实现两个方面来介绍二路归并排序算法。

8.4.1　二路归并排序原理

二路归并排序法的基本思路是，将数据进行两两分组，每个小组内的数据进行排序，每小组排序完成后，再将这些有序的小组进行合并排序，直到最后合并完成。

具体来说，二路归并排序的过程如下。

（1）将待排数据两两分组。

（2）对各组中的数据进行合并，合并后各组数据中的数据有序。

（3）对各有序小组再依次进行两两组合。

Python 常见算法-
二路归并排序 2

（4）合并后，组合起来的两个有序小组就生成了一个新的有序小组，小组内的数据有序排列。

（5）重复上面的（3）、（4）过程，直到所有的小组都合并完成，生成最终的有序组，该最终的有序组就是排序结果。

比如我们需要对[7,91,23,1,6,3,79,2]这一组数据使用二路归并排序算法对其进行排序，可以按照上述（1）～（5）步骤进行，对应的过程如图 8-13 所示。

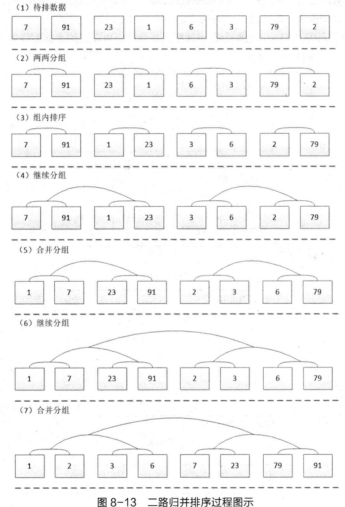

图 8-13　二路归并排序过程图示

可以看到，二路归并排序完成之后，最终结果为[1,2,3,6,7,23,79,91]。

但是有的同学可能已经有了一个疑问，事实上，每次有序的分组进行合并之后，可以得到一个新的有序分组，可是如何对两个有序分组进行合并？具体的过程是怎样的呢？

比如，图 8-13 的（4）和（5）中，我们知道[7,91]与[1,23]都是有序分组，可以对这两个有序分组进行合并，合并之后得到一个新的大的有序分组[1,7,23,91]，但是，具体的合并过程如何实现？换言之，就是如何实现有序分组之间的合并？

实现两个有序分组之间合并的过程如下。

（1）最开始时，用 i 指针指向第一个有序分组的第一个元素，用 j 指针指向第二个有序分组的第一个元素。

（2）对 i 与 j 指针位置的数据进行大小比较，将小的数据取出来。取出后，将对应的指针往右移动一个单位，直到指针移动到最后一个元素不能再移动为止。比如，当前如果 i 指针对应的数据较小，取出 i 指针对应的数据之后，i 指针往右移动一个单位，j 指针不动。如果当前 j 指针对应的数据较小，取出 j 指针对应的数据之后，j 指针往右移动一个单位。

（3）重复上面的步骤（2），当某一个组的指针不能移动的时候，直接将另一个组中剩下的数据依次取出，放到已取出数据的后面。比如，如果 j 指针已经移动到最后，并且当前该分组中最后的一个数据也被取出了，此时直接把 i 指针组中剩下的数据依次取出，放到已取出元素的后面。

完成了上面的 3 个步骤之后，就可以实现两个有序分组之间的合并了。

比如我们需要将[7,91]与[1,23]这两个有序分组进行合并，可以按照上面的步骤（1）～（3）实现，具体的过程如图 8-14、图 8-15 所示。

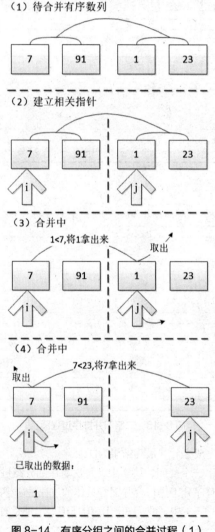

图 8-14　有序分组之间的合并过程（1）

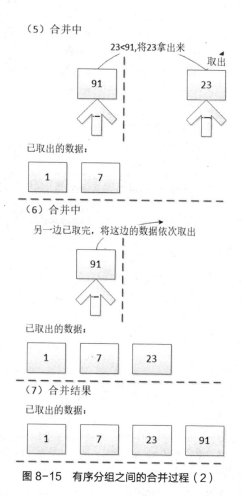

图 8-15　有序分组之间的合并过程（2）

可以看到，最终成功将这两个有序分组合并成了一个新的大的有序分组[1,7,23,91]。

二路归并排序中，按此方法，循环执行下去，可以实现对所有数据进行合并，生成一个大的、最终的有序数据组合。读者可以发现，这种方法是先实现小范围内有序，再依次实现大范围内有序的，所以是一种从局部到整体的解决思想方法，这与最开始所学的快速排序算法的基本思想是有所区别的。

8.4.2　Python 中二路归并排序的应用实例

经过上面的学习，大家应该已经基本掌握了二路归并排序算法的原理。接下来为大家介绍如何通过 Python 代码实现二路归并排序算法。

从上面的二路归并排序算法的原理可以知道，二路归并排序算法基本上有 3 个核心的地方。

（1）第一次两两分组并进行组内排序。

（2）依次对各有序数据组合进行两两合并，直到所有数据都有序，成为一个大的有序组合。

（3）对两个有序数据组合进行合并的具体实现。

为了让代码更具有层次性，接下来我们将会按照上面的核心点的划分来编写 3 个函数（分别对应上面的 3 个核心点），并对各函数进行相关调用以实现最终的功能。

由于在写上面 3 个函数的时候，可能会涉及彼此的调用，所以此处我们先定义好函数名及对应功能，这样，需要用到对应功能的时候直接调用对应名称的函数即可。

函数名及对应功能的关系设置如下。

（1）merge_all(arr)：传进去一个无序列表，调用 merge(arr1,arr2)进行第一次归并排序，随后调用 order_merge(arr_rg)进行后续次数的归并排序，直到所有的数据归并完成，返回最终的有序列表。

（2）order_merge(arr_rg)：传进去一个二维列表，二维列表中存储着多组有序组合，该函数需要对多组有序组合进行两两分组，随后调用 merge(arr1,arr2)合并成为新的有序组合。

（3）merge(arr1,arr2)：将两个有序组合合并为一个新的有序组合。

接下来，先为大家介绍如何编写第一个函数 merge_all(arr)。

该函数的目的主要是对传进去的无序数据组合进行第一次归并排序，并且通过循环调用 order_merge(arr_rg)实现后续的归并排序，最终返回排序后的结果。该函数的具体实现如下所示，关键部分已给出详细的注释。

```python
#第一次归并排序，以及持续调用order_merge()函数进行后续的归并排序
def merge_all(arr):
    #把传进去的数组的元素变为二维列表的形式，因为后续需要使用到
    arr_t=[[arr[0]]]
    k=0
    #如果原数组长度为偶数，那么num的值为均分
    if len(arr)%2==0:
        num=int(len(arr)/2)
    #如果原数组长度为奇数，那么num值为长度的一半再加一位后取整
    else:
        num=int(len(arr)/2)+1
    #生成一个存储数据的列表arr_rg，此列表长度为num
    arr_rg=[0 for i in range(0,num)]
    for i in range(1,len(arr)):
        #因为我们要调用后面的order_merge()函数，该函数数据类型为列表
        #所以需要生成一个新列表，该列表将原列表的元素变为列表，即二维列表
        arr_t=arr_t+[[arr[i]]]
    #进行第一次归并排序(元素个数为偶数的情况)
    if len(arr_t)%2==0:
        #从第0位元素开始，每次增加2
        for i in range(0,len(arr_t),2):
            #第i位与i+1位进行排列
            arr_rg[k]=merge(arr_t[i],arr_t[i+1])
            k+=1
    #进行第一次归并排序(元素个数为奇数的情况)
    else:
        #for循环部分为对偶数位的可组合部分进行排序
        for i in range(0,len(arr_t)-2,2):
            arr_rg[k]=merge(arr_t[i],arr_t[i+1])
            k+=1
        #偶数部分排完后，多出一位奇数位，直接将奇数位移到新数组arr_rg的最后一个位置
        arr_rg[k]=arr_t[len(arr_t)-1]
    n=0
    #第一趟归并完成后，还需要进行后续的归并，后续的归并一直调用order_merge()函数，直到长度为1停止
    while True:
        #长度为1的时候，不需要归并了，此时停止
        if len(arr_rg)==1:
```

```
                    break
        #否则调用order_merge()函数，第一次的参数是上述第一次归并的结果
        #后续次数的参数是上一次order_merge()函数的执行结果
        else:
            arr_rg=order_merge(arr_rg)
    return arr_rg[0]
```

可以看到，在实际编写的时候，我们还需要考虑数据序列里面的元素个数是奇数还是偶数的情况。如果是偶数，显然可以进行两两分组；如果是奇数，两两分组后会多出一位。实际上，如果是奇数的情况，可以两两分组的部分按偶数时的处理方式处理即可，多出来的一位直接放到最后就行。

随后，需要编写 order_merge(arr_rg)函数。该函数主要实现对传进去的二维列表中的各组有序组合再次进行两两分组，分组后通过调用 merge(arr1,arr2)对各有序组合进行合并，最终返回两两合并之后的二维列表，其参数 arr_rg 为二维列表，如[[8,9,13],[3,10,12],[1,11,14]]。该函数的目的就是对数据组合进行两两合并，如[[8,9,13],[3,10,12],[1,11,14]]合并后为[[3, 8, 9, 10, 12, 13], [1, 11, 14]]。

order_merge(arr_rg)函数具体的实现如下所示，关键部分已给出注释。

```
#对有序组合进行两两合并
def order_merge(arr_rg):
    k=0
    #s代表每组多少个元素，len(arr_rg)、num代表一共有多少组
    s=len(arr_rg[0])
    num=len(arr_rg)
    #如果组的个数为偶数
    if len(arr_rg)%2==0:
        for i in range(0,len(arr_rg),2):
            #将两个有序列表arr_rg[i],arr_rg[i+1]
            #用merge()函数合并为一个有序列表
            arr_rg[k]=merge(arr_rg[i],arr_rg[i+1])
            #k为排序后的数组arr_rg的下标
            k+=1
        #因为arr_rg由二合一，会产生多余元素，将多余的元素舍去
        arr_rg=arr_rg[:int(num/2)]
        return arr_rg
    #如果组的个数为奇数
    else:
        for i in range(0,len(arr_rg)-2,2):
            arr_rg[k]=merge(arr_rg[i],arr_rg[i+1])
            k+=1
        #上面用循环合并完之后
        #还需要将最后一个奇数位放到arr_rg列表的最后一位
        arr_rg=arr_rg[:int(num/2)]+[arr_rg[len(arr_rg)-1]]
        return arr_rg
```

可以看到，对有序组合进行两两合并，同样需要考虑有序组合的数量是奇数还是偶数的情况。如果是偶数的情况，可以进行两两组合；如果是奇数的情况，同样会多出一组数据，这个时候将多出来的数据直接放到 arr_rg 列表的最后一位即可。

最后还需要编写 merge(arr1,arr2)函数，该函数的目的是具体实现将两个有序组合合并为一个新的有序组合。实现代码如下所示，关键部分已给出详细的注释。

```python
#两个有序组合进行合并的具体过程
def merge(arr1,arr2):
    #x为有序列表arr1的长度
    x=len(arr1)
    #y为有序列表arr2的长度
    y=len(arr2)
    i=0
    j=0
    k=0
    #生成一个列表
    #列表的长度为arr1与arr2的长度之和，因为合并之后长度加大
    arr_ok=[0 for i in range(0,x+y)]
    #合并中，k是一个计数器，从0开始，一直到遍历完整个长度为止
    while k<=x+y:
        #临界情况：左边的指针(图8-14中i指针)已到头时的处理方案
        if i==x:
            #如果左边的指针(图8-14中i指针)已到头
            #将右边的数据移动到最后即可
            for k in range(j,y):
                arr_ok[k+x]=arr2[k]
            return arr_ok
        #临界情况：右边的指针(图8-14中j指针)已到头时的处理方案
        elif j==y:
            #如果右边的指针(图8-14中j指针)已到头
            #把左边剩下的数据移到最后即可
            for k in range(i,x):
                arr_ok[k+y]=arr1[k]
            return arr_ok
        #具体正常合并过程：如果i指向的数据≤j指向的数据
        #没到头的时候，将较小的数据移到arr_ok中，随后i指针往右移
        #到头时，指针不再移动
        if arr1[i]<=arr2[j]:
            if i==x:
                arr_ok[k]=arr[i]
                k+=1
            else:
                arr_ok[k]=arr1[i]
                i=i+1
                k+=1
        #如果i指针指向的数据>j指针指向的数据的话，过程与上相反
        else:
            if j==y:
                arr_ok[k]=arr[j]
```

```
                    k+=1
            else:
                    arr_ok[k]=arr2[j]
                    j=j+1
                    k+=1
```

可以看到，将两个有序数据组合进行合并，其基本的方法可以通过图 8-14、图 8-15 形象地体现，关键是需要考虑一些特殊的情况，比如 i、j 指针到最后时应该怎么处理等问题。

为了方便读者阅读与进行代码的调试，此处附上完整的二路归并排序算法的实现，如下所示。

```
#二路归并排序
#第一次归并排序，以及持续调用order_merge()函数进行后续的归并排序
def merge_all(arr):
        #把传进去的数组的元素变为二维列表的形式，因为后续需要使用到
        arr_t=[[arr[0]]]
        k=0
        #如果原数组长度为偶数，那么num的值为均分
        if len(arr)%2==0:
            num=int(len(arr)/2)
        #如果原数组长度为奇数，那么num值为长度的一半再加一位后取整
        else:
            num=int(len(arr)/2)+1
        #生成一个存储数据的列表arr_rg，此列表长度为num
        arr_rg=[0 for i in range(0,num)]
        for i in range(1,len(arr)):
                #因为我们要调用后面的order_merge()函数，该函数数据类型为列表
                #所以需要生成一个新列表，该列表将原列表的元素变为列表，即二维列表
                arr_t=arr_t+[[arr[i]]]
        #进行第一次归并排序(元素个数为偶数的情况)
        if len(arr_t)%2==0:
                #从第0位元素开始，每次增加2
                for i in range(0,len(arr_t),2):
                        #第i位与i+1位进行排列
                        arr_rg[k]=merge(arr_t[i],arr_t[i+1])
                        k+=1
        #进行第一次归并排序(元素个数为奇数的情况)
        else:
                #for循环部分为对偶数位可组合部分进行排序
                for i in range(0,len(arr_t)-2,2):
                        arr_rg[k]=merge(arr_t[i],arr_t[i+1])
                        k+=1
                #偶数部分排序完后，多出一位奇数位，直接将奇数位移到新数组arr_rg最后一个位置即可
                arr_rg[k]=arr_t[len(arr_t)-1]
        n=0
        #第一趟归并完成后，还需要进行后续的归并，后续的归并一直调用order_merge()函数，直到长度为1停止
        while True:
                #长度为1的时候，不需要归并了，此时停止
```

```
                if len(arr_rg)==1:
                    break
                #否则调用order_merge()函数，第一次的参数是上述第一次归并的结果
                #后续次数的参数是上一次order_merge()函数的执行结果
                else:
                    arr_rg=order_merge(arr_rg)
        return arr_rg[0]
#对有序组合进行合并
def order_merge(arr_rg):
        k=0
        #s代表每组多少个元素，len(arr_rg)、num代表一共有多少组
        s=len(arr_rg[0])
        num=len(arr_rg)
        #如果组的个数为偶数
        if len(arr_rg)%2==0:
            for i in range(0,len(arr_rg),2):
                    #将两个有序列表arr_rg[i],arr_rg[i+1]
                    #用merge()函数合并为一个有序列表
                    arr_rg[k]=merge(arr_rg[i],arr_rg[i+1])
                    #k为排序后的数组arr_rg的下标
                    k+=1
            #因为arr_rg由二合一，会产生多余元素，将多余的元素舍去
            arr_rg=arr_rg[:int(num/2)]
            return arr_rg
        #如果组的个数为奇数
        else:
            for i in range(0,len(arr_rg)−2,2):
                    arr_rg[k]=merge(arr_rg[i],arr_rg[i+1])
                    k+=1
            #上面用循环合并完之后
            #还需要将最后一个奇数位放到arr_rg数组最后一位
            arr_rg=arr_rg[:int(num/2)]+[arr_rg[len(arr_rg)−1]]
            return arr_rg
#两个有序组合进行合并的具体过程
def merge(arr1,arr2):
        #x为有序列表arr1的长度
        x=len(arr1)
        #y为有序列表arr2的长度
        y=len(arr2)
        i=0
        j=0
        k=0
        #生成一个列表
        #列表的长度为arr1与arr2的长度之和，因为合并之后长度加大
        arr_ok=[0 for i in range(0,x+y)]
        #合并中，k是一个计数器，从0开始，一直到遍历完整个长度为止
```

```
        while k<=x+y:
            #临界情况：左边的指针(图8-14中i指针)已到头时的处理方案
            if i==x:
                #如果左边的指针(图8-14中i指针)已到头
                #将右边的数据移动到最后即可
                for k in range(j,y):
                    arr_ok[k+x]=arr2[k]
                return arr_ok
            #临界情况：右边的指针(图8-14中j指针)已到头时的处理方案
            elif j==y:
                #如果右边的指针(图8-14中j指针)已到头
                #把左边剩下的数据移到最后即可
                for k in range(i,x):
                    arr_ok[k+y]=arr1[k]
                return arr_ok
            #具体正常合并过程：如果i指向的数据≤j指向的数据
            #没到头的时候，将较小的数据移到arr_ok中，随后i指针往右移
            #到头时，指针不再移动
            if arr1[i]<=arr2[j]:
                if i==x:
                    arr_ok[k]=arr[i]
                    k+=1
                else:
                    arr_ok[k]=arr1[i]
                    i=i+1
                    k+=1
            #如果i指针指向的数据>j指针指向的数据的话，过程与上相反
            else:
                if j==y:
                    arr_ok[k]=arr[j]
                    k+=1
                else:
                    arr_ok[k]=arr2[j]
                    j=j+1
                    k+=1
```

　　接下来我们测试一下二路归并排序算法。可以输入上面的完整程序，然后按 F5 键执行，此时进入
到了 Python Shell 中，输入以下程序进行测试与实验。

```
>>> #将这组无序数据存储到列表中
>>> lista=[7,91,23,1,6,3,79,2]
>>> #调用二路归并排序总函数对其进行排序
>>> listb=merge_all(lista)
>>> #输出排序结果
>>> print(listb)
[1, 2, 3, 6, 7, 23, 79, 91]
>>> #已经成功实现排序，上面是元素个数为偶数的情况
```

```
>>> #接下来测试元素个数为奇数的情况
>>> lista=[7,91,23,1,6,3,79,2,100]
>>> listb=merge_all(lista)
>>> print(listb)
[1, 2, 3, 6, 7, 23, 79, 91, 100]
>>> #可以看到，也同样可以完成二路归并排序
```

上面我们已经通过 Python 代码实现了二路归并排序算法。这种算法的原理不难，但是在编写程序的时候，需要考虑的细节问题会稍微有些多，这就需要大家在理解上述代码的基础之上多加练习，这样才能深入地掌握二路归并排序算法，并且逐步提升自己编程时的逻辑思维能力与细节考虑能力。

8.5 搜索算法

Python 常见算法-
搜索算法

我们已经为大家介绍了 3 种算法，这 3 种算法都是实现排序功能的。当然，算法不仅仅局限于处理排序问题，还可以实现很多的功能。本节会为大家介绍一种实现数据搜索功能的算法。

8.5.1 搜索算法原理

搜索算法是解决如何找到某个元素的问题的运算方法。

搜索算法非常多，这里为大家介绍其中的一种——二分查找搜索算法。

比如，要从[1,10,20,23,27,78]列表中查找 27 这个数字的具体位置，可以这样做：

取该列表中最中间的这个数与要查找的数 27 比较，如果中间这个数比 27 小，那么说明 27 在中间这个数的右边，然后把中间到最后这一部分的数进行平分，再取这次平分中间的数与 27 比较，依次循环下去，最终判断出 27 的位置。

二分查找法有一个重要的要求，即待查数据序列中的数据是有序排列的。

图 8-16 所示为二分查找搜索算法实现的具体图示。

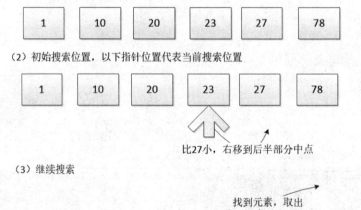

图 8-16　二分查找搜索算法实现过程图示

需要注意的是，如果元素个数为奇数，中点位置很好计算，中点下标=（起始下标+最终下标）/2，因为下标从 0 开始，所以此时可以整除。比如元素一共有 5 个，中点位置就是（0+4）/2=2。如果元素个数有偶数个，中点下标即为（起始下标+最终下标）/2 后向下取整（即舍去小数部分），比如计算结果是 3.5 则取 3。如果当前元素一共有 8 个，此时中点位置就是(0+7)/2 并向下取整，下标为 3。

通过二分查找搜索算法，可以很容易对搜索的元素进行定位和查找；而且，二分查找搜索算法的运算效率也是非常高的。

8.5.2 Python 中二分查找算法的应用实例

接下来为大家介绍如何通过 Python 代码实现二分查找搜索算法。

可以通过如下程序实现二分查找搜索算法，关键部分已给出详细注释。

```python
def bsearch(arr, x):
    #i为划分区间的起始位置下标
    #j为划分区间的结束位置下标
    i= 0
    j= len(arr) – 1
    #循环进行二分查找
    while True:
        if i>j:
            print("没有元素")
            break
        #中间位置为i+j的和除以2
        #如果结果为小数，向下取整
        mid= int((i+j)/2)
        if arr[mid]==x:
            print("搜索的元素位置下标是："+str(mid))
            break
        elif arr[mid]>x:
            j= mid–1
        else:
            i= mid+ 1
```

接下来我们在编辑器中输入上面的程序，然后按 F5 键运行并进入 Python Shell，使用二分查找搜索算法，如下所示。

```
>>> #输入所有元素序列，必须是有序的
>>> arr=[1,10,20,23,27,78]
>>> #查找27的位置
>>> bsearch(arr,27)
搜索的元素位置下标是4
>>> #查找10的位置
>>> bsearch(arr,10)
搜索的元素位置下标是1
>>> #查找78的位置
>>> bsearch(arr,78)
```

搜索的元素位置下标是5
>>> #查找29的位置
>>> bsearch(arr,29)
没有元素

可以看到，已经通过二分搜索算法成功实现了数据搜索的功能。

经过上面的学习，大家应该对算法已经有了初步的认识与掌握，实际上，算法是解决问题的思想方法，但这种思想方法并不是仅仅局限于理论层面的，而是可以通过相应的程序去实现的。除了这里所介绍的 3 种排序算法与一种搜索算法之外，还有很多其他的算法，也可以实现很多其他的功能，比如后续大家在学习数据挖掘或者机器学习相关内容的时候，还会接触到譬如逻辑回归算法、KNN 算法、线性回归算法、SVM 算法等。这里，我们需要对一些基础的算法进行掌握，这样就可以有一个比较好的开端，初步建立起算法的知识印象，为学习更深入的算法打下扎实的基础。

8.6　小结与练习

小结：

（1）常见的算法思想有分治法、贪心法、穷举法、递归法、递推法、回溯法、动态规划法、迭代法、分支界限法。

（2）快速排序算法的基本操作思路：首先在这组数据中随意选择一个数字作为基准，然后将比该基准数字小的数字放在基准数字的左边，将比该基准数字大的数字放在基准数字的右边，这样，第一次排序过后，把数据分为了两部分，一部分是比基准大的数据，一部分是比基准小的数据，然后在分出来的每部分数据中按上述方法进行再排，一直排到分组中的数据只有一个或者没有数据为止。

（3）选择排序算法的思想主要：先从整个序列中选择最小的数放到第一位，然后从第二位到最后一位中选择出最小的数放到第二位，再从第三位到最后一位中选择最小的数放到第三位，这样一直排下去，直到最后一位，就可形成一个有序数据序列。

（4）二路归并排序法的基本思路：将数据进行两两分组，每小组内的数据间进行排序，每小组排序完成后，再将这些有序的小组进行合并排序，直到最后合并完成。

习题：请尝试对[7,4,24,12,87,36,28,91]这一组数据进行快速排序，并完成以下步骤。

（1）在稿纸上画出对这组数据进行快排的具体过程。

（2）使用 Python 代码实现对这一组数据快速排序。

参考答案：

（1）略，参考图 8-2～图 8-7。

（2）具体代码如下所示。

```python
def quick(arr,i,j):
    base = arr[i]
    while i < j:
        if(arr[j] >= base):
            j -= 1
        if(arr[j] < base):
            arr[i] = arr[j]
            i += 1
            arr[j] = arr[i]
```

```
        arr[i] = base
        return i
def quick_all(arr,a,b):
    if a < b:
            fixed = quick(arr,a,b)
            quick_all(arr,a,fixed)
            quick_all(arr,fixed+1,b)
arr=[7,4,24,12,87,36,28,91]
quick_all(arr,0,len(arr)-1)
print("排序后结果是:"+str(arr))
```

执行结果如下所示。

排序后结果是:[4, 7, 12, 24, 28, 36, 87, 91]

可以看到已经成功实现了排序的功能。

第9章

Python面向对象程序设计

■ 面向对象程序设计是一种程序设计思想。通过面向对象程序设计思想开发出来的程序，代码的封装性及代码的可复用性会更好。一般来说，面向对象程序设计思想比面向过程程序设计思想更适合用于开发大型的项目，因为采用面向对象开发出来的程序，逻辑结构、层次结构会更加明朗、清晰。本章会为大家介绍 Python 中的面向对象程序设计。

9.1　面向对象程序设计

什么是面向对象程
序设计

要掌握面向对象程序设计，首先需要了解面向对象程序设计的基本理论与概念，本节会对面向对象程序设计的基本理论与概念进行具体的介绍。

9.1.1　面向对象的生活案例

我们生活的世界中，任何一个具体的事物都可以看成一个对象，每一个对象都可以去处理一些事情，或者拥有一些静态的特征。

比如可以把每一个具体的人都看成一个对象，这个对象可以去处理一些事情，比如吃饭、唱歌、写作等，可以把这个对象实现的一些功能称为该对象的方法。同样，这个对象还有一些静态的特征，比如，有头发、手臂、身体等，可以把这个对象的静态特征称为该对象的属性。

由此可见，方法是动态的，属性是静态的。

如果把小明这个人看成对象 A，将小张这个人看成对象 B，那么小明和小张之间可以进行沟通，并且传递一些消息。在面向对象的思想方法中，对象与对象之间同样可以进行消息的传递与通信，这样，各个对象可以构成一个强大复杂的网络，从而去实现一些复杂的架构与功能。

根据自然界中各个对象之间的共性，可以将对象抽象为类，任何一个对象必然属于某一类。对象是具体的，类是抽象的。

比如，现在有以下对象。

对象 A：小明这个人。

对象 B：小张这个人。

对象 C：一个具体的梨子 1。

对象 D：一个具体的苹果 1。

根据对象 A 与对象 B 之间的共性，可以将对象 A 和对象 B 抽象为人这一种类型，简称人类，根据对象 C 与对象 D 之间的共性，可以将对象 C 和对象 D 抽象为水果类。由此可见，对象 A、B、C、D 都有各自所归属的类。当然，也可以将对象 A、对象 B、对象 C、对象 D 四者之间的共性提取出来，抽象为生物这一个类。

在面向对象的程序设计中，我们可以根据需求将一个复杂的软件划分为各种需要的类，然后编写各类的方法和属性。在具体使用的时候，可以直接根据类实例化为具体的对象，然后进行相关功能的实现。

实际上，实例化的过程就是将抽象的东西转换为具体东西的过程。

实例化后，就可以使用相关的对象实现软件相对复杂的架构与功能了。可见，通过面向对象的思想进行编程，可以让程序的开发更接近现实世界，实现复杂的功能与架构可以更为方便。

9.1.2　面向对象程序设计的概念

通过上面的介绍，相信大家已经对面向对象的基本思想有了一个简单的了解，本小节会为大家具体地介绍如何应用面向对象的方法进行程序设计。

比如，要实现一个很大的项目，可以把这个项目拆分成各个不同的组成部分，把各个不同的组成部分看成各个类，然后分别对这些部分进行编程实现，最后把各部分组装成大项目。这种做法能够从整体上来控制项目，让项目的开发更有效率。

面向对象的编程与面向过程的编程不同。面向过程的编程，是按这个项目实现的具体过程来编写程序的，这种做法适合编写中小程序，而对于较大的项目，可以用面向对象的思想进行处理。如果对于大项目也按照面向过程的编程思想来开发，效率会低一些，而用面向对象的编程思想来开发，只需先将项目划分为各个类（即大项目的各个部分的抽象形式），随后对各类进行开发，再将各类组合起来即可。

需要使用的时候，可以直接根据类创建出具体的对象，随后通过各对象去实现相应的具体功能。

9.2 类与对象

类是面向对象中的一个比较重要的概念，对象也是面向对象中的一个比较重要的概念。类和对象这两个概念通常会在一起提到，本节会为大家具体介绍如何使用Python 实现类和对象。

Python 的类

9.2.1 类的概念

类是某些对象之间共性的抽象。

通俗地来说，类就是很多相同事物的综合。比如，一首好听的歌、一篇书法、一本好看的小说都是对象，大家可以想一想这几种事物的共性，可以用什么来概括？

它们可以用一个叫作"文艺"的类来进行概括，文艺不代表任何具体的事物，它是一种抽象的概念。

总之一句话：类是对象的抽象，对象是类的具体表现形式，也叫作类的实例。

譬如我们刚才介绍的，一首好听的歌、一篇书法、一本好看的小说这几个对象可以抽象出文艺这个类，我们说文艺的时候，必然是抽象的，所以类是对象的抽象。但是，如果要问，文艺具体有什么？那么文艺可以具体表现为一首好听的歌，文艺也可以具体表现为一本好看的小说，除此之外，还可以表现为一篇不错的散文，也就是说，对象是类的具体表现形式。

9.2.2 类的使用

在 Python 中，如果要实现面向对象编程，首先需要划分好相应的类，然后编写实现类的具体代码。

如果希望在 Python 中创建一个类，可以通过如下格式进行：

```
class 类名():
    类的实现部分
```

比如，如果希望建立人这个类，可以通过如下代码实现：

```
class man:
    pass
```

在这里，pass 语句无实际意义，而是为了保证程序的完整性，叫作占位语句。

运行上面的程序后，我们可以进行如下的输入：

```
>>> print(man)
<class '__main__.man'>
```

可以看到，当前对应的输出结果为"class ……"，说明此时 man 是一个类。

9.2.3 对象的应用实例

一般来说，无法直接使用类去实现相关的功能与操作，因为类是抽象的。

这个时候，一般会把对应的类实例化为对应的对象，然后通过对应的对象去实现相关的功能与操作。

在 Python 中，将类实例化为对象的格式如下：

```
对象名=类名(相关参数)
```

可以看到，如果希望将类实例化，只需要在类名后加上括号即可。

比如，将上面定义好的 man 这个类实例化为小明这个对象，可以通过如下代码进行：

```
class man:
    pass
xiaoming=man()
```

可以看到，实例化的时候，只需要按照上面介绍的对应格式进行即可。运行上面的程序，然后进行下面的调试输入：

```
>>> print(xiaoming)
<__main__.man object at 0x000001B29A36FA90>
```

可以发现，输出 xiaoming 的时候结果为"…object…"，这里的 object 表示 xiaoming 是一个对象，而上面的输出结果中的"0x000001B29A36FA90"为小明这个对象的具体存储空间。

值得说明的是，同一个类下面可能会有多个对象，也就是说，基于一个类，可以实例化出多个不同的对象。多个不同的对象之间可能具有一些共有的特征与功能，但是代表着不同的个体。比如人这个类下面，不仅可以实例化出 xiaoming 这个对象，也可以实例化出 xiaojun（小军）、xiaohong（小红）等。虽然 xiaoming、xiaojun、xiaohong 这些对象之间具有一些共有的特征或者方法，比如都具有吃饭的功能，都具有头发、身体等特征（因为他们是基于同一个类实例化出来的），但是这些对象代表的是不同的个体，是不一样的，对 xiaoming 这个对象进行修改，并不会影响到 xiaojun、xiaohong 等其他对象。

我们不妨接着上面运行的程序，输入如下代码进行演示：

```
>>> #创建xiaojun这个对象
>>> xiaojun=man()
>>> #创建xiaohong这个对象
>>> xiaohong=man()
>>> #查看这些对象的信息
>>> print(xiaojun)
<__main__.man object at 0x000001B29A36FC88>
>>> print(xiaohong)
<__main__.man object at 0x000001B29A3D1208>
```

可以看到，xiaojun 与 xiaohong 这两个对象的存储空间是不一样的，xiaojun 的是"0x000001B29A36FC88"，xiaohong 的是"0x000001B29A3D1208"，所以，这两个对象属于不同的个体，这两个对象之间可以进行通信，但是没有必然的影响。

9.3 方法和属性

Python 的方法

在 9.1 节中已经为大家初步介绍过，方法相当于一个对象可以实现的功能，属性相当于一个对象所拥有的静态特征。本节会为大家具体介绍方法和属性的应用。

9.3.1 方法和属性的概念

方法是对象拥有的一些功能，比如可以把具体的一个人看成一个对象，那么具体的人这个对象可以有什么方法呢？可以有吃饭的方法，可以有睡觉的方法，也可以有跑步的方法等。

属性是对象拥有的一些特征，比如同样可以把具体的一个人看成一个对象，这个对象有什么属性呢？有头这个属性，有手这个属性，还有脚这个属性等。

属性代表对象的数据，而方法代表对象可以实现的操作及功能。

9.3.2 方法和属性应用实例

接下来为大家介绍如何在 Python 中编写方法和属性。

一般来说，在 Python 中，如果要为某个对象创建一些方法或属性，会在该对象所属的类中编写对应的方法或属性，格式如下所示：

```
class 类名():
    属性1=值1
    属性2=值2
    def 方法1(参数):
        方法1主体部分
    def 方法2(参数):
        方法2主体部分
```

细心的同学不难发现，实际上属性的本质就是对应的变量。因为属性主要代表着对象的一些特征，表示对象的一些静态数据，而静态数据的存储一般可以直接通过变量作为载体，故而在类中属性的本质实际上就是通过变量来表示的，变量名就是对应的属性名。

同样，方法的本质就是对应的函数。因为方法主要代表着对象的一些可以实现的功能，所以方法是动态的，而函数的本质就是功能的封装与实现，类中方法的本质就是函数，只不过叫法与编写上会有些许的不同。

比如，我们希望创建一个 Man（人）类，并且在该类中编写一些常见的属性和方法，编写姓名、性别、年龄等属性，同时编写吃饭、说出自己的姓名与简介等方法，可以通过如下代码实现：

```
class Man():
    name="姓名1"
    sex="性别1"
    age="年龄"
    def eat(self):
        print("我是实现吃饭功能的方法")
    def say(self):
        print("我的姓名是:"+str(self.name)+",性别:"+str(self.sex)+",年龄是:"+str(self.age))
```

通过上面的代码，就可以定义一个 Man 类，并且该类中已经具有了相应的属性与方法。需要注意的是，一般，类中的方法第一个参数都是 self，代表其本身，通常用于数据的传递。比如在方法中需要使用到方法外面定义好的属性时，需要通过："self.属性名" 等格式对相关的属性进行调用，如果在方法中直接输出外面所定义的属性名（不加 self.），那么程序的执行就会出现问题。

我们可以按 F5 键运行上面的代码，然后在 Python Shell 中基于该类创建一个对象，并进行相应的使用，如下所示：

```
>>> #创建一个名为xiaoming的对象
>>> xiaoming=Man()
>>> #查看xiaoming的姓名
>>> xiaoming.name
'姓名1'
>>> #修改xiaoming的姓名
>>> xiaoming.name="小明"
>>> #调用吃饭的方法
>>> xiaoming.eat()
```

我是实现吃饭功能的方法
```
>>> #调用自我介绍的方法
>>> xiaoming.say()
```
我的姓名是:小明,性别:性别1,年龄是:年龄
```
>>> #创建一个名为xiaojun的对象
>>> xiaojun=Man()
>>> xiaojun.name="小军"
>>> #同时调用xiaoming与xiaojun的自我介绍方法
>>> xiaojun.say()
```
我的姓名是:小军,性别:性别1,年龄是:年龄
```
>>> xiaoming.say()
```
我的姓名是:小明,性别:性别1,年龄是:年龄
```
>>> #可见这两个对象是互不影响的
```

上面已经学习了属性和方法的简单应用,接下来为大家介绍属性和方法的其他应用。

实际上,类里面定义的属性有类属性与对象属性之分。一般来说,在类的全局定义的属性为类属性,在类的方法中定义的并且前面有"self."的属性为对象属性,如下所示:

```
class Man():
    #下面的name、sex、age都是类属性
    name="姓名1"
    sex="性别1"
    age="年龄1"
    def eat(self):
        print("我是实现吃饭功能的方法")
    def say(self):
        #下面的height为对象属性
        self.height="身高1"
        print("我的姓名是:"+str(self.name)+",性别:"+str(self.sex)+",年龄是:"+str(self.age))
```

可以看到,在这里我们定义了 name、sex、age 这 3 个类属性和一个对象属性 self.height。

在 Python 中,如果想要查看某个对象的所有属性,可以通过如下格式进行:

```
对象名.__dict__
```

我们不妨运行上面定义好的这个类,然后在 Python Shell 中输入如下程序进行操作演示:

```
>>> #创建一个对象xiaoming
>>> xiaoming=Man()
>>> #查看xiaoming的所有对象属性
>>> xiaoming.__dict__
{}
>>> #可见,由于当前并未触发say()方法,所以没有触发里面的对象属性height
>>> #所以当前的对象属性的字典为空
>>> #接下来触发say()方法并再次查看所有对象属性
>>> xiaoming.say()
```
我的姓名是:姓名1,性别:性别1,年龄是:年龄1
```
>>> xiaoming.__dict__
{'height': '身高1'}
>>> #可见,当时已经出现了对象属性height及属性对应的值
>>> #接下来,为该对象指定一个姓名,重写name属性值
```

```
>>> xiaoming.name="小明"
>>> #执行后，name也成了xiaoming这个对象的属性，再次查看__dict__
>>> xiaoming.__dict__
{'name': '小明', 'height': '身高1'}
>>> #可见，现在name属性也在所有对象属性字典中了
```

通过上面的学习，大家应该对对象属性有了简单的了解，并且也学会了如何查看当前对象的所有对象属性了，只需要调用对象下面的__dict__属性即可。

接下来为大家介绍如何查看所有的类属性和类方法，读者可以通过如下格式查看某个对象所属的类的所有类属性和类方法：

对象名.__class__.__dict__

实际上，"对象名.__class__"部分即表示通过该对象找到该对象属于哪一个类，即这一部分表示的是该对象所属的类。

我们不妨接着上面的 Python Shell 脚本所调试的内容继续输入如下调试内容：

```
>>> #查看xiaoming对象所在类的所有类属性和类方法
>>> xiaoming.__class__.__dict__
mappingproxy({'name': '姓名1', '__dict__': <attribute '__dict__' of 'Man' objects>, '__module__': '__main__',
'eat': <function Man.eat at 0x000001CF28CD7F28>, '__weakref__': <attribute '__weakref__' of 'Man' objects>,
'say': <function Man.say at 0x000001CF2B27E488>, 'age': '年龄1', '__doc__': None, 'sex': '性别1'})
>>> #可见，刚才即使修改了对象属性name的值，类属性name的值也是不受影响的
>>> #尝试输出xiaoming.__class__
>>> print(xiaoming.__class__)
<class '__main__.Man'>
>>> #可见xiaoming.__class__表示的是xiaoming对象所属的类，其本质是类而不是对象
>>> #尝试创建新的对象
>>> xiaojun=Man()
>>> xiaojun.__dict__
{}
>>> xiaoming.__dict__
{'name': '小明', 'height': '身高1'}
>>> #可见，修改对象属性只是对当前对象有效，对其他对象不影响
>>> #也就是对于对象属性来说，对象与对象之间是互不影响的
>>> #尝试修改类属性
>>> xiaoming.__class__.name="普通人"
>>> #再次查看当前的类属性列表
>>> xiaoming.__class__.__dict__
mappingproxy({'name': '普通人', '__dict__': <attribute '__dict__' of 'Man' objects>, '__module__': '__main__',
'eat': <function Man.eat at 0x000001CF28CD7F28>, '__weakref__': <attribute '__weakref__' of 'Man' objects>,
'say': <function Man.say at 0x000001CF2B27E488>, 'age': '年龄1', '__doc__': None, 'sex': '性别1'})
>>> xiaojun.__class__.__dict__
mappingproxy({'name': '普通人', '__dict__': <attribute '__dict__' of 'Man' objects>, '__module__': '__main__',
'eat': <function Man.eat at 0x000001CF28CD7F28>, '__weakref__': <attribute '__weakref__' of 'Man' objects>,
'say': <function Man.say at 0x000001CF2B27E488>, 'age': '年龄1', '__doc__': None, 'sex': '性别1'})
>>> #可见，当前所有对象所对应的类属性name的值都发生了更改
>>> #所以修改类属性，是会对整个类全局进行影响的
```

通过上面的练习，相信大家已经对对象属性、类属性有了更深入的了解。如果我们希望只对某个对象的属性进行修改而不影响其他对象，可以修改对象属性。如果我们希望对某个对象所在的类的所有对象的属性进行全局的更改，可以修改类属性。

接下来为大家介绍隐藏方法与隐藏属性的使用。

如果我们希望只能在类定义的内部调用对应的方法和属性，在类定义的外部无法调用对应的方法和属性，可以将这些方法和属性设置为隐藏方法及隐藏属性。

要把某一个方法或属性设置为隐藏方法或隐藏属性，只需要在其前面加上两个下划线即可。比如现在不希望别人在外面查看到具体的收入信息，可以建立一个类，类中建立几个__income1(收入 1)、__income2(收入 2)等的隐藏属性和隐藏方法__income_all()，通过如下代码实现：

```python
class Man():
    name="姓名1"
    sex="性别1"
    #建立隐藏属性__income1与__income2,分别表示第一项收入与第二项收入
    __income1="10000"
    __income2="40000"
    #建立隐藏方法__income_all()
    def __income_all(self):
        #在类里面是可以调用隐藏属性的
        return (int(self.__income1)+int(self.__income2))
    #建立一个非隐藏方法，用于外面调用，显示大致收入
    def say_income(self):
        #调用隐藏方法来判断该人的收入是多少
        if(self.__income_all()>45000):
            print("有钱")
        else:
            print("没钱")
```

上面的代码建立了隐藏属性__income1 与__income2,同时还建立了隐藏方法__income_all()以用于计算总收入，其中常规方法 say_income()可以在外部调用，但不会显示对象的具体收入，只会输出是有钱还是没钱。这里的判断依据是，如果收入大于 45000，则归为有钱，否则属于无钱。

使用隐藏属性及隐藏方法可以对数据进行相应的保护，这样，在类的外面，对方就无法获取到我们想隐藏的数据的具体值了，这些隐藏数据只能够在类里面进行相应的处理。

可以按 F5 键执行上面的代码，随后在 Python Shell 中输入以下程序进行调试：

```python
>>> #创建一个对象xiaoming
>>> xiaoming=Man()
>>> #输出xiaoming的大致收入
>>> xiaoming.say_income()
有钱
>>> #可以成功输出xiaoming的大致收入
>>> #尝试获取xiaoming的__income1属性
>>> xiaoming.__income1
Traceback (most recent call last):
  File "<pyshell#49>", line 1, in <module>
    xiaoming.__income1
AttributeError: 'Man' object has no attribute '__income1'
```

```
>>> #可以发现出错，因为隐藏属性在外面无法调用
>>> #尝试调用__income_all()隐藏方法
>>> xiaoming.__income_all()
Traceback (most recent call last):
  File "<pyshell#52>", line 1, in <module>
    xiaoming.__income_all()
AttributeError: 'Man' object has no attribute '__income_all'
>>> #可以看到，隐藏方法同样也无法在外面调用
```

所以，如果你希望某些数据不在类的外面进行显示，可以使用隐藏属性或隐藏方法来解决这个问题，对数据的安全性进行相应的保护。这样，在类里面进行数据处理的时候，隐藏属性或隐藏方法可以正常调用，而在类外面，只能获得由非隐藏属性或非隐藏方法所提供的计算结果，而无法获取到细节信息。

9.3.3 专有方法

专有方法指的是面向对象里面的一项具有特殊意义的方法，本小节会为大家介绍两个用得比较多的专有方法，即构造方法和析构方法。

构造方法指的是在类实例化为对象的时候最开始触发执行的方法。通常构造方法会进行一些初始化操作，比如，将类实例化为对象时的一些初始化参数传入并进行设置，所以，构造方法有时也叫作初始化方法。

在 Python 中，构造方法的名字一般为"__init__(参数)"，建立构造方法的格式如下：

```
class  类名():
    def __init__(参数):
        构造方法主体部分
```

比如，我们希望在 Man 类实例化为对象的时候可以自由地指定对象的姓名、性别、年龄、收入1、收入2等数据，可以通过如下代码实现：

```
class Man():
    #建立构造方法，里面的参数可以接收实例化的时候传来的参数
    def __init__(self,name,sex,age,income1,income2):
        self.name=name
        self.sex=sex
        self.age=age
        #建立隐藏属性__income1与__income2,分别表示第一项收入与第二项收入
        self.__income1=income1
        self.__income2=income2
    #建立隐藏方法__income_all()
    def __income_all(self):
        #在类里面是可以调用隐藏属性的
        return (int(self.__income1)+int(self.__income2))
    #建立一个非隐藏方法，供外面调用，显示大致收入
    def say_income(self):
        #调用隐藏方法来判断该人的收入
        if(self.__income_all()>45000):
            print("有钱")
        else:
```

```
            print("没钱")
    def say(self):
        #下面的height为对象属性
        self.height="身高1"
        print("我的姓名是:"+str(self.name)+",性别:"+str(self.sex)+",年龄是:"+str(self.age))
```

接下来，我们可以运行上面的程序，然后在 Python Shell 中输入下面的程序进行调试，关键部分已给出注释：

```
>>> #创建一个名为xiaoming的对象
>>> #注意，由于构造方法中有参数，所以实例化的时候需要给出对应参数
>>> xiaoming=Man("小明","男","29","5000","15000")
>>> #调用说简介的方法，可以看到，对应的参数已经初始化好了
>>> xiaoming.say()
我的姓名是:小明,性别:男,年龄是:29
>>> #调用说收入的方法
>>> xiaoming.say_income()
没钱
>>> #创建一个新的名为xiaojun的对象
>>> xiaojun=Man("小军","男","35","50000","16000")
>>> xiaojun.say()
我的姓名是:小军,性别:男,年龄是:35
>>> xiaojun.say_income()
有钱
>>> #可以看到，对应的参数在创建对象时可以直接进行初始化
```

使用好的构造方法，可以让对象的创建更加灵活。因为在创建对象的时候，可以直接指定各个对象的具体参数的值，并且这些传过去的值，在构造方法中可以自动处理以进行初始化操作。

接下来为大家介绍析构方法，析构方法与构造方法正好相反。构造方法是进行初始化处理工作的，而析构方法主要是进行善后处理工作的。

一般来说，析构方法会在一个对象的生命周期结束的时候被自动地触发调用，其执行一般会发生在对象要消失的前一刻。

同样，在 Python 中，析构方法也有一个专门的名称__del__()，比如我们需要在类中创建一个析构方法，可以通过如下格式进行：

```
class 类名():
    def __del__(参数):
        析构方法主体部分
```

我们可以输入如下程序，演示如何创建析构方法，关键部分已给出详细注释：

```
class Man():
    #建立构造方法，里面的参数可以接收实例化的时候传过来的参数
    def __init__(self,name,sex,age,income1,income2):
        print("我是构造方法，我此刻被调用了")
        self.name=name
        self.sex=sex
        self.age=age
        #建立隐藏属性__income1与__income2,分别表示第一项收入与第二项收入
        self.__income1=income1
```

```
            self.__income2=income2
        #建立析构方法，对象消失前自动触发
        def __del__(self):
            print("我是析构方法，我此刻被调用了")
            print("对象即将消失，正在对对象进行善后工作的处理")
        #建立隐藏方法__income_all()
        def __income_all(self):
            #在类里面是可以调用隐藏属性的
            return (int(self.__income1)+int(self.__income2))
        #建立一个非隐藏方法，用于供外面调用，显示大致收入
        def say_income(self):
            #调用隐藏方法来判断该人的收入
            if(self.__income_all()>45000):
                print("有钱")
            else:
                print("没钱")
        def say(self):
            #下面的height为对象属性
            self.height="身高1"
            print("我的姓名是:"+str(self.name)+",性别:"+str(self.sex)+",年龄是:"+str(self.age))
```

接下来，可以按 F5 键运行上面的程序，然后进入到 Python Shell 中并输入下面的程序进行调试，关键部分已给出详细注释：

```
>>> #创建对象时，自动触发构造方法
>>> xiaoming=Man("小明","男","29","5000","15000")
我是构造方法，我此刻被调用了
>>> xiaoming.say()
我的姓名是:小明,性别:男,年龄是:29
>>> xiaoming.say_income()
没钱
>>> #如果创建一个新的xiaoming对象，原xiaoming对象消失，消失前会自动触发析构方法
>>> xiaoming=Man("小明","男","30","50000","15000")
我是构造方法，我此刻被调用了
我是析构方法，我此刻被调用了
对象即将消失，正在对对象进行善后工作的处理
>>> #可以看到，在新的xiaoming对象构造方法调用后，原xiaoming对象即将消失，此时触发原xiaoming对象
#的析构方法
```

可以看到，析构方法会在对象消失的前一刻自动触发，在析构方法中可以定义一些用于善后处理工作的代码。值得注意的是，上面在运行 xiaoming=Man("小明","男","30","50000","15000")来创建一个新的 xiaoming 对象时，是先执行了新的 xiaoming 对象的构造方法，再执行了原 xiaoming 对象的析构方法。因为在新的 xiaoming 对象构造方法未执行前，新的 xiaoming 对象并没有建立，即原 xiaoming 对象还尚未消失。当新的 xiaoming 对象的构造方法执行后，新的 xiaoming 对象才会去替换原来的 xiaoming 对象，这个时候，原来的 xiaoming 对象才会消失，在消失前会调用原 xiaoming 对象的析构方法。所以，这里会先调用新对象的构造方法，再调用旧对象的析构方法。

本节为大家介绍了两个专有方法，专有方法实际上具有特殊的含义，比如会在指定的情况下自

动触发等。应用好专有方法，通过专有方法在某些情况发生时的自动触发来进行
相关处理。

Python 的继承

9.4 继承

通过继承，可以更好地实现代码的重用，这样可以让程序的编写更加简洁与清
晰。本节会为大家具体介绍如何在 Python 中实现继承。

9.4.1 继承的概念

假如想让一个新的类 B 拥有另一个类 A 的所有功能，可以采取一个办法：就是用 B 这个类直接继
承另一个类 A。继承之后，B 这个类就默认拥有 A 所有的功能了，然后 B 这个类在继承的基础上，可
以再拥有自己的新的方法（功能）和属性。在此把 B 叫作子类，把 A 叫作父类。

就像一个人如果继承了他父亲的财产，那么就拥有了他父亲的财产，并且还可以赚更多属于自己
的财产一样。

继承可以分为单继承和多继承。

如果一个子类只继承于一个父类，那么叫作单继承。如果一个子类继承了两个或两个以上的父类，
那么叫作多继承。

9.4.2 继承的应用实例

如果希望实现单继承，比如子类 B 继承于父类 A，可以通过如下格式实现：

```
class 父类A():
    类A的主体部分
class 子类B(A):
    类B的主体部分
```

可见，如果希望让一个类继承于另外一个类，只需要在此类的参数列表里加上父类的名称即可。

假如一个父亲有两个儿子，大儿子跟小儿子都遗传了父亲会书法的艺术天分，我们把这种遗传叫
继承，此外，父亲吃饭的量适中，大儿子吃得多，小儿子吃得少，这叫作子类继承以外的发展。

上述情况可以通过如下代码实现：

```
class father():
    def calligraphy(self):
        print("我书法好")
    def eat(self):
        print("我饭量适中")
class sonA(father):
    def eat(self):
        print("我吃得多")
class sonB(father):
    def eat(self):
        print("我吃得少")
```

可以运行上面的代码，然后在 Python Shell 中通过下面的程序进行调试，关键部分已给出注释：

```
>>> #实例化大儿子这个类
>>> a=sonA()
>>> #由于大儿子继承了父类father
>>> #所以即使sonA中没有定义书法这个方法，但是仍然能够使用
```

```
>>> #因为该方法继承于father类
>>> a.calligraphy()
我书法好
>>> #下面的eat()方法不是继承而得的，而是子类sonA自我发展而得的
>>> a.eat()
我吃得多
>>> #可见与父亲的不同，所以不同的部分只需要在子类中重写同名方法或属性即可
>>> #接下来对小儿子这个类进行相应操作演示
>>> b=sonB()
>>> b.eat()
我吃得少
>>> b.calligraphy()
我书法好
```

通过上面的学习，大家应该对简单继承的使用已经有所了解。

上面例子中的大儿子与小儿子只继承了父亲的特点，只有一个父类，所以叫作单继承。

那么，一个子类可以继承多个父类吗？

显然是可以的，如果一个子类继承于多个父类，这种继承情况称为多继承。在 Python 中，多继承可以通过如下格式实现：

```
class 父类A():
        父类A主体部分
class 父类B():
        父类B主体部分
class 子类C(父类A,父类B):
        子类C主体部分
```

比如，一头母牛生了两头小牛，一牛跟二牛都遗传了母牛会吃草的本事。其次，两头小牛还有一个牛父亲，牛父还会奔跑。

然后，一牛还遗传了牛父的本事，很会奔跑，而二牛没有遗传到牛父奔跑的本事。此时，对于一牛来说，既继承了牛母，也继承了牛父，属于多继承。

我们可以通过如下 Python 代码来描述上面的案例：

```
#创建母牛这个类cow
class cow():
    def eat(self):
        print("我会吃草")
#创建公牛这个类bull
class bull():
    def run(self):
        print("我会奔跑")
#创建一牛这个类，多继承于cow与bull
class calf1(cow,bull):
    pass
#创建二牛这个类，单继承于cow
class calf2(cow):
    pass
```

接下来可以运行上述代码，并在 Python Shell 中输入如下程序进行调试，关键部分已给出注释：

```
>>> #实例化一牛这个类
>>> calf1=calf1()
>>> #一牛既有吃草的方法，也有奔跑的方法
>>> calf1.eat()
我会吃草
>>> calf1.run()
我会奔跑
>>> #实例化二牛这个类
>>> calf2=calf2()
>>> #二牛由于只继承了母牛，所以只会吃草，不会奔跑
>>> calf2.eat()
我会吃草
>>> calf2.run()
Traceback (most recent call last):
  File "<pyshell#98>", line 1, in <module>
    calf2.run()
AttributeError: 'calf2' object has no attribute 'run'
>>> #可以看到，无法调用run()方法，说明二牛不会奔跑
```

所以，如果希望某一个子类拥有多个父类的属性或者方法，使用多继承即可实现。

接下来为大家介绍如何解决多继承中的冲突问题。

基于上面的母牛、公牛、一牛、二牛这个例子来介绍，通过上面的介绍已经知道，母牛会吃草，但是如果此时发现公牛其实也会吃草，那么两头小牛到底是继承了公牛吃草的本领，还是继承了母牛吃草的本领呢？

此时可以把公牛吃草的本领也写在类里面，修改后的代码如下所示：

```
#创建母牛这个类cow
class cow():
    def eat(self):
        print("这是来自母牛吃草的本领")
#创建公牛这个类bull
class bull():
    def run(self):
        print("我会奔跑")
    def eat(self):
        print("这是来自公牛吃草的本领")
#创建一牛这个类，多继承于cow与bull
class calf1(cow,bull):
    pass
#创建二牛这个类，单继承于cow
class calf2(cow):
    pass
```

不妨输入上面的代码，按 F5 键运行上面的代码，然后在 Python Shell 中进行如下程序的运行：

```
>>> #实例化一牛这个类
>>> calf1=calf1()
>>> #调用吃草的方法，可以看到，它继承了母牛吃草的本领
>>> calf1.eat()
```

```
这是来自母牛吃草的本领
>>> #调用奔跑的方法，可以看到，它仍然可以继承公牛奔跑的本领
>>> calf1.run()
我会奔跑
>>> #实例化二牛这个类
>>> calf2=calf2()
>>> #调用吃草的方法，可以看到，二牛也继承了母牛吃草的本领
>>> calf2.eat()
这是来自母牛吃草的本领
```

对于一牛来说，它同时继承了公牛与母牛，但是为什么当两个父类有同名方法（冲突）的时候，它优先继承母牛这个父类中的方法呢？父类继承时的优先级又有什么规律呢？

实际上，当多个父类之间有同名方法的时候，即有冲突的时候，子类具体会继承哪个父类中的该重名方法，取决于子类继承父类时的顺序，先继承的父类优先级越高。

比如上面的代码中，一牛是通过"class calf1(cow,bull)"来实现多继承的，显然此时 cow 在 bull 的左边，所以一牛先继承 cow（母牛）这个类，再继承 bull（公牛）这个类，当出现冲突的时候，优先继承 cow（母牛）这个类中对应的方法。所以上面的调试代码中，当吃草这一项本领（方法）出现冲突的时候，优先继承母牛吃草的本领。

如果我们希望一牛同时继承于母牛与公牛，但是当出现冲突的时候优先继承公牛的本领，只需要调整一下继承顺序即可。调整后的代码如下所示：

```
#创建母牛这个类cow
class cow():
    def eat(self):
        print("这是来自母牛吃草的本领")
#创建公牛这个类bull
class bull():
    def run(self):
        print("我会奔跑")
    def eat(self):
        print("这是来自公牛吃草的本领")
#创建一牛这个类，多继承于cow与bull
#注意此时调整了继承顺序
class calf1(bull,cow):
    pass
#创建二牛这个类，单继承于cow
class calf2(cow):
    pass
#实例化一牛
calf1=calf1()
#调用吃草这个方法
calf1.eat()
```

运行上面的程序，执行结果如下所示：

```
这是来自公牛吃草的本领
```

可以看到，当前一牛优先继承了公牛的本领，所以，继承的顺序不同，会导致当父类中的方法或属性出现冲突时的继承结果不同，先继承的父类，优先级更高。

9.5 小结与练习

小结：

（1）我们生活的世界中，任何一个具体的事物都可以看成一个对象，每一个对象都可以去处理一些事情，或者拥有一些静态的特征。

（2）在面向对象程序设计中，我们可以根据需求，将一个复杂的软件划分为各种需要的类，然后编写各类的方法和属性。在具体使用的时候，可以直接根据类实例化为具体的对象，然后进行相关功能的实现。

（3）方法是对象拥有的一些功能，比如可以把具体的一个人看成一个对象，那么具体的人这个对象可以有什么方法呢？可以有吃饭的方法，可以有睡觉的方法，也可以有跑步的方法等。属性是对象拥有的一些特征，比如同样可以把具体的一个人看成一个对象，这个对象有什么属性呢？有头这个属性，还有手这个属性，还有脚这个属性等。属性代表对象的数据，而方法代表对象可以实现的操作及功能。

（4）如果一个子类只继承于一个父类，那么叫作单继承。如果一个子类继承了两个或两个以上的父类，那么叫作多继承。

习题：

现在有水果、雪梨、苹果、红苹果、青苹果等几个类，水果有美容等功能。雪梨除了美容的功能，还有止咳的功能，苹果除了美容的功能，还有被当成礼品赠送的功能。红苹果的颜色是红的，青苹果的颜色是青的，并且青苹果虽然有苹果的功能，但是青苹果一般不用于当礼品。请根据上面的描述与自然界之间的具体关系，做以下事情。

（1）描述上述类之间的继承关系。

（2）通过 Python 代码模拟出上面的事物与案例。

（3）通过 Python 代码判断青苹果的颜色，以及是否有美容的功能、是否有止咳的功能、是否有当礼品的功能等。

参考答案：

（1）略。

（2）参考代码如下所示：

```
class Fruits():
    def cosmetology(self):
        print("我可以美容")
class Pear(Fruits):
    def relieve_a_cough(self):
        print("我可以止咳")
class Apple(Fruits):
    def gifts(self):
        print("我可以被当成礼品赠送")
class Red_apple(Fruits):
    def __init__(self,color="红色"):
        self.color=color
class Green_apple(Fruits):
    def __init__(self,color="青色"):
        self.color=color
    def gifts(self):
```

```
        print("我一般不可以被当成礼品赠送")
```

（3）运行上面的代码后，在 Python Shell 中输入如下代码实现调试：

```
>>> g1=Green_apple()
>>> g1.color
'青色'
>>> g1.cosmetology()
我可以美容
>>> g1.relieve_a_cough()
Traceback (most recent call last):
  File "<pyshell#114>", line 1, in <module>
    g1.relieve_a_cough()
AttributeError: 'Green_apple' object has no attribute 'relieve_a_cough'
>>> g1.gifts()
我一般不可以被当成礼品赠送
```

可以看到，青苹果的颜色为青色，可以美容，不能止咳，一般不用于当礼品。

第10章

Python异常处理

■ 任何事物都不可能十全十美，必然会有一定的瑕疵，编程也一样。实际项目开发中，再厉害的程序员，也不敢保证可以一次性写出无任何 Bug 的完美软件。代码出现问题不要紧，但是要有问题处理机制，比如，可以在可能出现问题的代码段的位置进行相应处理，可以在程序中写明假如这一段代码遇到异常，应该通过什么代码处理等，这就是Python 中的异常处理。所以，掌握Python 的异常处理技术，可以让程序更加完善。

10.1　异常处理的概念

要了解异常处理的概念，首先需要了解 Python 中异常的概念。

简单来说，Python 在无法处理相应的程序时，就会发生异常，所以，异常是一种程序执行时的状态。发生异常后，就会影响正常程序的执行。

一般来说，程序运行的时候引发的错误可以分为语法错误和异常。语法错误指的是程序在编写阶段就发现的错误，异常指的是程序在运行阶段才发现的错误，语法错误与异常主要的区别在于发现的阶段不同。在 Python 中，语法错误通过 SyntaxError 表示，而异常根据异常类型的不同会有比较多的提示种类。

比如，我们尝试使用错误的缩进去执行相应的程序，如下所示：

```
>>>    print("Hello Python!")


SyntaxError: unexpected indent
```

此时引发了一个 SyntaxError 的语法错误，这个语法错误实际上在编写程序的阶段就已经出现了。比如，可以在 IDLE 中输入上面错误缩进的程序，然后按 F5 键执行，发现此时并没有运行就弹出了图 10-1 所示的弹窗提示。可见，语法错误在程序执行前就可以检测出来。

图 10-1　语法错误示例

接下来为大家介绍异常错误，我们可以输入以下程序：

```
a=9
c=a+b
print(c)
```

运行的结果如下所示：

```
Traceback (most recent call last):
    File "D:\我的书籍\Python异常处理与文件操作\yccl.py", line 21, in <module>
        c=a+b
NameError: name 'b' is not defined
```

可以看到，此时发生了 NameError 的异常，具体的原因是 name 'b' is not defined（b 没有定义）。代码的异常出现在"c=a+b"这个地方，因为在这里使用到了 b，而 b 在使用之前并未定义，故而执行的时候出现了 NameError 的异常错误。除了这种类型的错误之外，Python 中还有很多种自定义异常错误，在这里大家需要知道一点，就是异常是在程序执行的时候发现的，因为它没有语法上的明显错误，所以在执行前系统无法发现程序中的异常错误。

10.2 处理 Python 的异常

假如在编程的时候，可以预料到某些语句可能会导致某种异常错误发生，希望在编程的时候就把发生的这种异常错误解决掉，那么可以用 try…except 语句对可能出错的程序部分进行处理，这就是 Python 中的异常处理。

对某一段代码进行异常处理的格式如下：

```
try:
    可能发生异常，需要进行异常处理的代码
except 异常类型1 as 捕获的异常1的别名:
    发生这种异常时的处理代码
except 异常类型2 as 捕获的异常2的别名:
    发生这种异常时的处理代码
...
```

上面的处理格式中，Python 首先会尝试着执行 try 部分的代码。如果该部分的代码发生异常，则捕获对应的异常类型，然后选择对应的 except 语句部分去执行对应的发生该异常时的处理代码。

比如，我们希望对下面的代码进行异常处理：

```
print(i)
```

可以这样来做：

```
try:
    print(i)
except NameError:
    i=6
    print("刚才i没定义，处理了异常之后，i的值为："+str(i))
```

显然，这里对 print(i) 进行了异常处理。遇到异常的时候，会判断该异常是不是 except 语句中指明的这种异常类型 NameError，如果是，则进入该 except 语句进行异常处理。在这里，如果发生了 NameError 这种异常类型，说明很可能是变量 i 没有定义，所以方案就是给 i 指定一个值，i 就定义为变量了，随后输出对应的信息。

输出结果如下所示：

```
刚才i没定义，处理了异常之后，i的值为：6
```

显然，此时已经自动引发了 NameError 异常并且成功进行了相应的处理。

如果 try 部分的代码没有引发异常，则 try 部分的代码正常执行，except 部分的代码不执行，如下所示：

```
i=5
try:
    print(i)
except NameError:
    i=6
    print("刚才i没定义，处理了异常之后，i的值为："+str(i))
```

上面的程序输出结果为：

```
5
```

可见，这里 try 部分的语句没有引发异常，所以不会执行 except 部分的语句。

上面为大家介绍了一种处理异常的情况，接下来为大家介绍如何通过 try…except 语句去处理多种异常。

其实，如果希望使用 try…except 语句去处理多种异常，只需要多添加几个 except 语句进行多种异常的匹配即可。

比如，可以输入如下代码：

```
try:
    print(i+j)
except NameError as err1:
    i=j=0
    print("刚刚i或j没有进行初始化数据，现在我们将其都初始化为0，结果是：")
    print(i+j)
except TypeError as err2:
    print("刚刚i与j类型对应不上，我们转换一下类型即可处理异常，处理后：结果是："+str(i)+str(j))
```

显然上面代码中，进行了两种异常类型的处理。假如引发了 NameError 这种异常，则会执行 except NameError as err1 部分的代码；如果引发了 TypeError 这种异常，则会执行 except TypeError as err2 部分的代码。

代码执行结果如下所示：

```
刚刚i或j没有进行初始化数据，现在我们将其都初始化为0，结果是：
0
```

显然当前 i 与 j 都没有事先定义，所以会自动引发 NameError 这种异常。

我们可以对上面的代码稍加修改，如下所示：

```
i="Hello "
j=889
try:
    print(i+j)
except NameError as err1:
    i=j=0
    print("刚刚i或j没有进行初始化数据，现在我们将其都初始化为0，结果是：")
    print(i+j)
except TypeError as err2:
    print("刚刚i与j类型对应不上，我们转换一下类型即可处理异常，处理后，结果是："+str(i)+str(j))
```

执行结果如下所示：

```
刚刚i与j类型对应不上，我们转换一下类型即可处理异常，处理后，结果是：Hello 889
```

显然，当前自动引发了 TypeError 这种异常，这种异常一般会在类型不匹配的时候被自动引发。上面的代码中，i、j 都进行了初始化，但是变量 i 的值为字符串 "Hello"，j 的值为数字 889。如果要进行 + 运算，需要首先确定 i、j 的类型，如果类型都是字符串，那么进行的运算是字符串连接的运算；如果类型都是数字，那么进行的运算就是加法运算，而此时 i、j 的类型并不一致，所以会导致 TypeError 这种异常的自动引发，最终执行了 except TypeError as err2 部分的语句，强行转换了 i、j 的类型为字符串型，并进行了字符串连接的运算。

如果不能确定引发的异常具体是什么类型，只知道某一段代码有可能会引发异常，并且需要对引发的异常进行相关的处理，那么可以使用通用异常 Exception 进行匹配。

比如，我们输入如下代码：

```
i="Hello "
j=889
try:
```

```
        print(i+j)
except Exception as err:
        print("当前引发的异常是:"+str(err))
        i="Hello "
        j="Python!"
        print("不管引发何种异常，都可以通过Exception捕获，这里i+j处理结果为："+str(i+j))
```

执行结果如下所示：

当前引发的异常是:Can't convert 'int' object to str implicitly
不管引发何种异常，都可以通过Exception捕获，这里i+j处理结果为：Hello Python!

显然当前引发的是 TypeError 的异常，但仍然可以使用 Exception 进行捕获。同样，如果引发的是其他的异常，也能够通过 Exception 进行捕获。使用 Exception，可以在不确定具体异常类型的时候对相应的代码进行通用异常处理。

Exception 与那些具体的异常类型是一种包含与被包含的关系，Exception 比那些具体的异常类型相比，能够处理的范围要大。如果希望同时捕获那些具体的异常类型与 Exception，通常会把 Exception 写在后面的 except 语句中，那些具体的异常类型写在前面的 except 语句中。因为如果有多个 except 语句，其执行的优先顺序是从上到下的。

不妨输入下面的代码直观体验一下：

```
i="Hello "
j=889
try:
        print(i+j)
except Exception as err:
    .print("当前引发的异常是:"+str(err))
        i="Hello "
        j="Python!"
        print("不管引发何种异常，都可以通过Exception捕获，这里i+j处理结果为："+str(i+j))
except TypeError as err2:
        print(err2)
        print("刚刚i与j类型对应不上，我们转换一下类型即可处理异常，处理后：结果是："+str(i)+str(j))
```

上面代码的执行结果如下所示：

当前引发的异常是:Can't convert 'int' object to str implicitly
不管引发何种异常，都可以通过Exception捕获，这里i+j处理结果为：Hello Python!

接下来，再输入一段代码进行比较：

```
i="Hello "
j=889
try:
        print(i+j)
except TypeError as err2:
        print(err2)
        print("刚刚i与j类型对应不上，我们转换一下类型即可处理异常，处理后，结果是："+str(i)+str(j))
except Exception as err:
        print("当前引发的异常是:"+str(err))
        i="Hello "
        j="Python!"
```

```
print("不管引发何种异常，都可以通过Exception捕获，这里i+j处理结果为："+str(i+j))
```

上面的代码执行结果是：

```
Can't convert 'int' object to str implicitly
```

刚刚i与j类型对应不上，我们转换一下类型即可处理异常，处理后，结果是：Hello 889

可以看到，上面两段代码只是 except TypeError as err2 与 except Exception as err 的先后顺序不同，结果却是不一样的。因为上面的代码所引发的异常既可以通过 TypeError 来捕获，也可以通过 Exception 来捕获，而实际情况中，显然希望越精确的处理越优先执行。如果此时已经确定了引发的异常就是某种具体的异常类型，希望优先执行该特定的异常类型，在这些确定的异常类型没有被引发的情况下，才处理有可能引发的其他异常类型。实际情况中，一般先处理小范围的异常，再处理大范围的异常，建议按照上面两段代码中的第二种方案进行编写，即先进行特定的异常处理，最后为了适应所有有可能发生的情况，才进行 Exception 异常处理。

10.3 异常的引发

异常的引发

异常的引发包括自动触发和自定义引发两种情况。上面介绍的主要是自动触发的情况，本节会为大家介绍如何自定义引发（抛出）某个异常，以及如何创建自定义异常。

10.3.1 异常引发的概念

所谓异常的引发，简单来说就是让系统自动触发某种异常类型，让异常发生的过程。

由上面的学习可以知道，当程序执行出现某些错误的时候，会自动地引发相应的异常，当然这些异常类型，以及异常引发的条件都是系统自定义设置好的。其实，除此之外，也可以自己通过代码让某个异常发生（自定义引发），当然该异常类型可以是系统已经定义好的异常类型，也可以是自己定义的异常类型。

10.3.2 异常引发实例

本节会具体为大家介绍如何自定义引发某个异常，如何建立自定义异常类型，如何引发建立的自定义异常类型等知识。

如果希望自定义引发某个异常，可以在希望引发异常的位置使用如下格式进行：

```
raise 异常类型
```

比如可以输入如下程序：

```
print(9)
raise NameError
print(10)
```

显然，上面的程序按照常理来说没有异常错误，但我们执行上面的程序后，发现执行结果如下所示：

```
9
Traceback (most recent call last):
    File "D:\我的书籍\源码\ycyf.py", line 5, in <module>
      raise NameError
NameError
```

可以看到，当前出现了一个异常提示，即引发了一个名为 NameError 的异常类型。引发了异常之后，后面的程序 print(10)就不执行了。

这里的异常引发方式，显然不是由于程序执行的时候代码存在某种错误而自动引起的，而是通过 raise 语句手动（自定义）引发的。

所以，如果想引发某个异常，除了让程序自动引发之外，也可以根据需求使用 raise 语句进行自定义引发。

引发了异常之后，同样可以对引发的异常进行相关处理。可以输入如下所示的代码：

```
try:
    print(9)
    raise NameError
    print(10)
except Exception as err:
    print("成功引发了异常")
    print("这里是发生异常后的相关处理部分程序")
```

上面的代码中，通过 try…except 语句对自定义引发的异常进行了相关处理，程序的输出结果如下所示：

```
9
成功引发了异常
这里是发生异常后的相关处理部分程序
```

可见，如果希望对自定义引发的异常进行相应的处理，同样可以使用 try…except 语句来实现。

上面所引发的异常类型都是系统定义好的，假如现在希望自己定义一个异常类型，即希望编写一个自定义异常类型，那么可以通过如下格式实现：

```
class 自定义异常类型名(Exception):
    自定义异常类主体部分
```

可以看到，自定义异常类型就是一个自定义的异常类。为了方便编写，可以直接让其继承于 Exception，这样，只需要在通用异常类型 Exception 的基础上编写自定义异常类型即可。

比如，编写一个名为 MytestError 的自定义异常类型，可以通过如下代码实现：

```
class MytestError(Exception):
    def __init__(self):
        Exception.__init__(self)
```

可以看到，上面的初始化方法中只需要使用父类 Exception 的初始化方法进行初始化即可，如果有需要，还可以在该类下编写一些其他的方法。

一般来说，按照命名规范，自定义异常类型的名称会按"自定义异常名主体部分+Error"的格式进行命名，比如上面的自定义异常 MytestError，也是按照这种命名格式去命名的。

通过上面的代码，就可以建立一个自定义异常类型了，如果希望引发该自定义异常类型，同样可以在需要引发的地方使用 raise 语句实现。

比如，可以输入下面的代码：

```
class MytestError(Exception):
    def __init__(self):
        Exception.__init__(self)
print(9)
raise MytestError
print(10)
```

执行结果如下所示：

```
9
Traceback (most recent call last):
  File "D:\我的书籍\源码\ycyf.py", line 27, in <module>
    raise MytestError
MytestError
```

可以看到，此时成功引发了 MytestError 这个自定义异常，如果希望进行异常处理，同样只需要使用 try…except 语句即可。

如果希望对上面引发的自定义异常进行异常处理，可以通过如下代码实现：

```
try:
    print(9)
    raise MytestError
    print(10)
except MytestError:
    print("当前引发了自定义异常MytestError")
    print("这里是发生异常后的相关处理部分程序")
```

执行结果如下所示：

```
9
当前引发了自定义异常MytestError
这里是发生异常后的相关处理部分程序
```

可以看到，当前已经成功引发了自定义异常 MytestError 并且进行了相应的异常处理。

本节主要为大家介绍了如何手动地进行异常引发，以及如何创建自定义异常类型等相关的知识。

10.4　finally 的使用

finally 的使用

在异常处理中，有的时候需要用到 finally 语句，本节会具体介绍 finally 的使用。

10.4.1　finally 的概念

当一段程序出现异常的时候，就不会继续执行下去了。但是我们有时希望不管某段程序发没发生异常，都要执行某些操作，这时就可以使用 try…finally 语句实现。

如果程序里有可能发生异常，则先会执行 try 语句里面没有异常的部分。try 语句里面的某一部分一旦发生异常，则会进行异常处理（如果有 except 语句的话，没有则忽略这部分），最后执行 finally 语句部分的内容。

如果程序里面没发生异常，则会先执行 try 语句部分的内容，然后执行 finally 语句部分的内容。

在这里需要重点注意 finally 语句中的程序执行顺序问题。

10.4.2　finally 的应用实例

一般来说，如果不进行异常处理，finally 语句使用的格式如下所示：

```
try:
    有可能发生异常的程序
finally:
    最后需要执行的程序部分
```

如果进行异常的捕获及处理，finally 语句使用的格式如下所示：

```
try:
    有可能发生异常的程序
except 异常类型1 as 异常类型1别名:
    异常处理部分
except 异常类型2 as 异常类型2别名:
    异常处理部分
finally:
    最后需要执行的程序部分
```

接下来为大家分别介绍。

首先为大家介绍不进行异常处理的时候 finally 语句使用的方式，可以输入如下程序：

```
try:
    print("Hello Python!")
    print(i)
    print("Hi")
finally:
    print("不管上面是否异常，我必须输出！")
```

程序的输出结果如下所示：

```
Hello Python!
不管上面是否异常，我必须输出！
Traceback (most recent call last):
  File "D:\我的书籍\源码\finally.py", line 5, in <module>
    print(i)
NameError: name 'i' is not defined
```

上面的程序执行过程是，首先执行 try 语句里面的内容，输出"Hello Python!"，然后执行到 print(i) 的时候，由于 i 事先未定义，所以会引发异常，并在最后执行 finally 语句里面的内容，输出"不管上面是否异常，我必须输出！"，随后触发对应的异常提示"NameError: name 'i' is not defined"。由于异常发生，所以 try 语句里面的 print("Hi") 部分程序将不会执行。

上面是程序出现异常的情况，假如程序的执行不出现异常，在最后同样会执行 finally 语句里面的内容，不妨输入下面的程序：

```
try:
    i=8
    print("Hello Python!")
    print(i)
    print("Hi")
finally:
    print("不管上面是否异常，我必须输出！")
```

程序的输出结果如下所示：

```
Hello Python!
8
Hi
不管上面是否异常，我必须输出！
```

显然，这个时候 try 语句里面的内容没有发生异常，所以正常执行，分别输出"Hello Python!"、i 的值、"Hi"，在执行完 try 语句部分的程序之后，最后执行 finally 中的程序内容，输出"不管上面是否异常，我必须输出！"。

可见，不管 try 里面的程序是否会引发异常，最终都会执行 finally 中的程序内容。

接下来为大家介绍进行异常捕获及处理时 finally 语句的使用，可以输入如下所示的程序：

```
try:
    print("Hello Python!")
    print(i)
    print("Hi")
except Exception as err:
    print("我是发生异常时的处理部分的程序！")
    print("当前异常类型是："+str(err))
finally:
    print("不管上面是否异常，我必须输出！")
```

上面程序的执行结果如下所示：

```
Hello Python!
我是发生异常时的处理部分的程序！
当前异常类型是：name 'i' is not defined
不管上面是否异常，我必须输出！
```

显然，当前使用了 except 语句进行异常处理，所以首先执行 try 里面的内容，输出 "Hello Python!"，然后执行到 print(i)的时候，由于 i 之前没有定义，所以会引发相应的异常，这个时候需要先执行 except 异常处理部分的程序，先输出 "我是发生异常时的处理部分的程序！" "当前异常类型是：name 'i' is not defined"，执行完这部分的内容之后，最后执行 finally 语句部分的内容，输出 "不管上面是否异常，我必须输出！"。

经过上面的练习，大家可以发现，初学者比较容易混淆的部分是 finally 语句部分的程序执行顺序。其实，大家只需要把握一个规则即可：不管 try 中的程序是否引发异常，不管是否进行 except 异常处理，finally 语句里面的内容在最后都必须执行。

比如，大家可以输入下面的程序：

```
try:
    i=9
    i+=1
    print(j)
    i+=3
except Exception as err:
    i+=1
finally:
    i+=1
    print(i)
```

可以先思考一下上面的程序最终的输出结果是什么，以及执行的流程是什么。

上面程序的最终输出结果如下：

```
12
```

执行过程是这样的：首先 i 的值为 9，然后执行 try 中的 i+=1，i 的值为 10，随后在执行 print(j)的时候，程序遇到异常，所以会执行 except 异常处理部分的程序，此时执行 except 语句中的 i+=1，当前 i 的值为 11，然后完成异常处理，之后会执行 finally 语句部分的内容，所以此时执行 finally 中的 i+=1，i 的值为 12 并输出相应的结果。由于发生了异常，所以 try 中的 i+=3 将不会被执行。

经过上面这个程序的分析，相信大家已经可以更深入地理解 finally 语句的执行流程与使用了。

10.5 小结与练习

小结：

（1）一般来说，程序运行的时候引发的错误可以分为语法错误和异常。语法错误指的是程序在编写阶段就发现的错误，异常指的是程序在运行的阶段才发现的错误，语法错误与异常主要的区别在于发现的阶段不同。在 Python 中，语法错误通过 SyntaxError 表示，而异常根据异常类型的不同会有比较多的提示种类。

（2）当程序执行出现某些错误的时候，会自动地引发相应的异常。当然，这些异常类型以及异常引发的条件都是系统自定义好的。其实，除此之外，也可以自己通过代码让某个异常发生（自定义引发），当然该异常类型可以是系统已经定义好的异常类型，也可以是自己定义的异常类型。

（3）如果程序里有可能发生异常，则先会执行 try 语句里面没异常的部分，然后 try 语句里面的某一部分一旦发生异常，则会进行异常处理（如果有 except 语句的话，没有则忽略这部分），最后执行 finally 语句部分的内容。

（4）如果程序里面没发生异常，则会先执行 try 语句部分的内容，然后执行 finally 语句部分的内容。

习题：假如现在有一个程序，需要在程序中重复输出 10 次某个字符串（具体字符串内容没有要求），但是，这个程序在重复输出字符串的时候有可能会发生异常，具体第几次发生异常是随机的。显然，重复输出某个字符串可以通过 for 循环实现，但是现在要求在 try 语句中不直接输出发生异常时的 for 循环里面当前 i 的值，而是通过 try…finally 实现在输出异常信息之前输出当前是第几次发生的异常，请通过 Python 代码模拟实现这个过程。

参考答案：

可以通过如下程序实现，核心部分已给出详细的注释：

```python
#导入随机数
import random
allnum=[i for i in range(0,10)]
try:
    #num表示随机选择一次循环，并通过raise在该次循环中引发异常
    num=random.choice(allnum)
    for i in range(10):
        print("我一共要输出10次，正在输出中，不知道现在是第几次")
        if(i==num):
            raise Exception
finally:
    #在异常信息输出前先输出第几次引发的异常
print("第"+str(i)+"次的时候发生了异常！")
```

比如我们可以运行一下上面的程序，结果如下所示：

```
我一共要输出10次，正在输出中，不知道现在是第几次
我一共要输出10次，正在输出中，不知道现在是第几次
我一共要输出10次，正在输出中，不知道现在是第几次
我一共要输出10次，正在输出中，不知道现在是第几次
我一共要输出10次，正在输出中，不知道现在是第几次
我一共要输出10次，正在输出中，不知道现在是第几次
我一共要输出10次，正在输出中，不知道现在是第几次
```

我一共要输出10次，正在输出中，不知道现在是第几次

我一共要输出10次，正在输出中，不知道现在是第几次

我一共要输出10次，正在输出中，不知道现在是第几次

第9次的时候发生了异常！

Traceback (most recent call last):

  File "D:\我的书籍\源码\finally.py", line 24, in <module>

    raise Exception

Exception

可以看到，第 9 次的时候发生了异常，在输出异常提示信息前执行了 finally 语句的内容，输出了 "第 9 次的时候发生了异常！"，随后输出对应的异常信息。

由于引发异常的次数是随机产生的，所以，在程序执行之前，是无法知道第几次发生异常的。

比如，读者可以再运行一次上面的程序，有可能这一次引发的异常所在的次数发生了改变，如下所示：

我一共要输出10次，正在输出中，不知道现在是第几次

我一共要输出10次，正在输出中，不知道现在是第几次

我一共要输出10次，正在输出中，不知道现在是第几次

我一共要输出10次，正在输出中，不知道现在是第几次

我一共要输出10次，正在输出中，不知道现在是第几次

第4次的时候发生了异常！

第11章

Python文件操作

■ 在实际编程中，常常还需要使用Python 程序去自动进行文件的相关操作，本章会为大家具体介绍 Python 文件操作的相关知识。

11.1 文件操作的概念

在学习文件操作相关的实例之前，首先介绍一下文件操作的概念。

文件的操作

11.1.1 文件操作的方式

大家可以回忆一下之前是如何进行文件操作的。

大家在进行文件的创建、打开、写入、删除等操作的时候，如果没有接触或学习过本节类似的内容，相信都是直接在操作系统中进行相应操作的。如果希望创建一个文件，可以打开对应的目录，然后单击鼠标右键，选择"新建"命令，再选择对应的文件类型进行创建。如果希望删除一个文件，找到对应的文件，并选中它，直接进行删除操作即可。

在操作系统中，直接通过可视化的方式对文件进行相应的操作，是文件操作的方式之一。

实际上，如果希望对系统中的文件进行操作，常常有以下两种方式。

（1）在操作系统中，直接对相应的文件进行可视化操作（当然，如果是在 Linux 操作系统中，会通过 Linux 命令对文件进行直接操作，总之，这种方式指的是直接在操作系统中对文件进行操作）。

（2）通过一些编程语言，编写相应的程序脚本，以实现对相应文件的操作。

比如，可以选择 Python 这种编程语言，编写相应的 Python 脚本对系统中的文件进行相应的操作。

在日常生活中，常常会选择第（1）种方式对文件进行操作；如果在软件项目中需要对文件进行操作，常常会选择第（2）种方式。

11.1.2 Python 文件操作方法概述

如果希望使用 Python 代码去进行相应的文件操作，一般会使用 Python 中关于文件操作的方法。

本小节会为大家总体介绍一下与 Python 文件操作相关的常见方法，这些方法在后面的小节中都会进行具体介绍，在此只需要有一个总体的印象即可。

Python 中关于文件操作的常见方法如表 11-1 所示，表中的 fh 表示通过 open() 打开文件后的文件句柄变量。

表 11-1 Python 中关于文件操作的常见方法

方法	含义	使用格式	说明
open()	打开文件	变量名=open(文件路径,打开方式)	如果需要指定编码类型，通过参数 "encoding=对应编码" 指定
read()	读取文件内容	fh.read([长度])	可以直接读取指定长度的文件内容，不指定长度则读取全部
readline()	读取一行文件内容	fh.readline()	每次读取文件里面的一行内容
readlines()	按行读取全部内容	fh.readlines()	读取全部内容，但是会按行存储，每行内容是列表的一个元素
write()	写入内容到文件里	fh.write(要写入的内容)	写入后需要调用 close() 方法关闭文件，之后才能存储起来
close()	关闭文件	fh.close()	将对应的文件关闭

当然，除了表 11-1 中的方法之外，还有很多关于文件操作的方法，此处只是介绍了一些比较常用的文件操作方法，但是对于初学者来说，基本上已经够用，更多的方法可以在后续需要使用的时候进

行了解。

11.2 文件的创建

如果要进行文件的操作，首先需要打开相应的文件；如果文件并不存在，就需要创建相应的文件。

11.2.1 Python 文件创建的思路

在 Python 中，如果需要打开或者创建文件，可以直接使用 open() 方法进行。关键是需要在打开文件的时候确定文件打开的模式，以及是否指定相应的编码等。

常见的文件打开模式如表 11-2 所示。

表 11-2　常见的文件打开模式

模式	含义
r	以读取的方式打开
r+	以读写的方式打开
w	以写入的方式打开
w+	以读写的方式打开
a	以追加的方式打开
rb	以二进制读取的方式打开
wb	以二进制写入的方式打开
ab	以二进制追加的方式打开
rb+	以二进制读写的方式打开
wb+	以二进制读写的方式打开
ab+	以二进制追加读写的方式打开

一般来说，通过 open() 打开文件或者创建文件之后，会得到一个 TextIOWrapper，可以把其看为文件的句柄，用于代表所打开的文件，方便后续操作。所以一般在打开文件之后，会赋值给相应的变量，该变量就是上面提到的 TextIOWrapper，可以方便后续对打开的文件进行操作。

11.2.2 文件创建应用实例

如果希望以写入的方式打开或者创建一个文件，该文件位于 D 盘的 Python35 目录下，名称为 abc.txt，可以通过如下代码进行：

```
>>> fh=open("D:/Python35/abc.txt","w")
```

如果"D:/Python35/abc.txt"文件已经存在，则会将其打开；如果"D:/Python35/abc.txt"文件不存在，则会新建该文件，并将其打开。例如，上面的代码打开了文件之后，赋值给了变量 fh，fh 就是一个 TextIOWrapper，可以把它看为文件的句柄。

一般来说，在完成了文件的打开之后，就可以进行相应的操作了。在操作完成之后，一般需要关闭对应的文件。

如果需要关闭上面的代码打开的文件，可以通过如下代码实现：

```
>>> fh.close()
```

上面文件的打开与创建没有指定相应的编码，如果我们希望通过 utf-8 这种编码打开对应的文件，可以通过如下代码实现：

```
>>> fh=open("D:/Python35/abc.txt","w",encoding="utf-8")
```

```
>>> fh.close()
```

如果希望以二进制读取的方式打开相应的文件，代码如下所示：

```
>>> fh=open("D:/Python35/abc.txt","rb")
>>> fh.close()
```

需要注意的是，如果以二进制的方式打开文件，就不能再指定响应的编码了，也就是在使用二进制方式打开文件的时候，不能够再加上 encoding 参数。

比如，下面的代码运行时就会出错：

```
>>> fh=open("D:/Python35/abc.txt","wb",encoding="utf-8")
Traceback (most recent call last):
  File "<pyshell#8>", line 1, in <module>
    fh=open("D:/Python35/abc.txt","wb",encoding="utf-8")
ValueError: binary mode doesn't take an encoding argument
```

可以看到，出现了"ValueError: binary mode doesn't take an encoding argument"的相关提示，说明此时使用的是二进制模式，所以没有 encoding 参数，即不能设置相应的编码模式。

总的来说，文件的打开或创建使用代码实现并不难，只不过打开的时候需要确定打开的模式，这些模式其实只要按照自己的需求参照表 11-2 进行选择即可。另外还需要注意，如果使用二进制的模式打开，则不能够设置 encoding 编码方式等。

11.3　文件的移动

所谓文件的移动，指的是将某个文件移动到一个新的地方。在 Python 中，可以直接使用相应的代码实现文件的移动。

11.3.1　Python 文件移动的思路

如果在 Python 中需要使用代码实现文件移动的操作，可以使用 shutil 模块实现。
实现文件移动的相关格式如下所示：

```
import shutil
shutil.move(原文件路径,新文件路径)
```

按照上面的格式执行了相关的代码之后，文件就可以移动到新的地方了。

11.3.2　文件移动应用实例

本小节会为大家介绍文件移动的具体实例。

比如，现在希望将图 11-1 所示的"D:/tmp/test/test1.doc"文件移动到"D:/tmp/test2/"文件夹中，文件名保持不变。

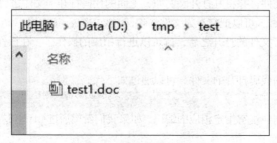

图 11-1　待移动的文件图示

可以通过如下的代码实现：

```
>>> import shutil
>>> shutil.move("D:/tmp/test/test1.doc","D:/tmp/test2/test1.doc")
'D:/tmp/test2/test1.doc'
```

执行上面的代码之后，文件就移动成功了，结果如图 11-2、图 11-3 所示，可以看到，原文件已经不存在，而在新目录中可以看到移动后的文件。

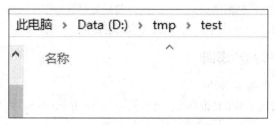

图 11-2　原目录中该文件已经不存在

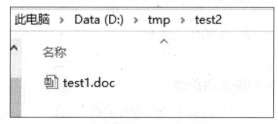

图 11-3　新目录中出现了移动后的文件

需要注意的是，在移动文件的时候，目标文件夹必须先建立好。如果目标文件夹没有建立就移动，则会出现错误提示，无法移动，如下所示：

```
>>> import shutil
>>> shutil.move("D:/tmp/test/test1.doc","D:/tmp/test3/test1.doc")
Traceback (most recent call last):
  File "D:\Python35\lib\shutil.py", line 538, in move
    os.rename(src, real_dst)
FileNotFoundError: [WinError 2] 系统找不到指定的文件。: 'D:/tmp/test/test1.doc' -> 'D:/tmp/test3/test1.doc'

During handling of the above exception, another exception occurred:

Traceback (most recent call last):
  File "<pyshell#12>", line 1, in <module>
    shutil.move("D:/tmp/test/test1.doc","D:/tmp/test3/test1.doc")
  File "D:\Python35\lib\shutil.py", line 552, in move
    copy_function(src, real_dst)
  File "D:\Python35\lib\shutil.py", line 251, in copy2
    copyfile(src, dst, follow_symlinks=follow_symlinks)
  File "D:\Python35\lib\shutil.py", line 114, in copyfile
    with open(src, 'rb') as fsrc:
FileNotFoundError: [Errno 2] No such file or directory: 'D:/tmp/test/test1.doc'
```

上面的目标文件夹 test3 事先没有建立，所以在移动的时候出现了相应的错误，无法执行移动的操作。

所以，在移动文件之前，需要先保证目标文件夹是已经建好的。如果没有建立，需要建立目标文件夹后才能执行文件的移动操作。

11.4 文件的判断

很多时候，需要进行文件判断的相关操作，比如判断文件是否存在、判断是文件夹还是文件等，本节会为大家介绍如何通过 Python 代码进行文件判断的操作。

11.4.1 Python 文件判断思路

文件的判断常常会使用到 os 模块。

如果希望判断文件或者文件夹是否存在，可以使用 os.path.exists()。如果文件或者文件夹存在，则返回 True；如果文件或者文件夹不存在，则返回 False。

如果希望判断所给路径是否是文件，可以使用 os.path.isfile()。如果所给路径是一个文件，则返回 True，否则返回 False。

如果希望判断所给路径是否是文件夹，可以使用 os.path.isdir()。如果所给路径是一个文件夹，则返回 True，否则返回 False。

11.4.2 Python 文件判断应用实例

假如现在需要判断路径"D:/tmp/test2"是否存在，可以通过如下代码实现：

```
>>> import os
>>> os.path.exists('D:/tmp/test2')
True
```

返回 True，说明对应的文件夹是存在的。

实际上，我们经常需要判断一个路径是否存在，比如 11.3 节中进行文件移动操作的时候，如果不确定目标文件夹是否存在，则容易出现问题，所以一般进行文件移动操作的时候，按以下过程进行：首先判断目标文件夹是否存在，如果目标文件夹存在，则直接进行移动的操作；如果目标文件夹不存在，则创建目标文件夹，然后进行文件的移动操作。

比如，如果需要将"D:/tmp/test2/test1.doc"再次移动到"D:/tmp/test/test1.doc"，然后移动到"D:/tmp/test3/test1.doc"，可以通过如下的代码实现：

```
#建立自定义函数实现文件的移动(包括判断文件、文件夹是否存在)
import os
import shutil
import sys
def move(path1,path2):
    if(os.path.exists(path1)):
        print("原文件存在，正在进行下一步操作")
    else:
        print("原文件不存在，结束执行")
        sys.exit(0)
    #通过os.path.split(path2)[0]获取目标文件所在的文件夹
    path2dir=os.path.split(path2)[0]
    if(os.path.exists(path2dir)):
```

```
            print("目标文件存在，正在进行下一步操作")
        else:
            print("目标文件夹不存在，正在创建目标目录")
            os.makedirs(path2dir)
            print("创建成功，继续执行")
        shutil.move(path1,path2)
        print("成功将"+str(path1)+"移动到--->"+str(path2))
        print("--------------------")
#调用自定义函数，将"D:/tmp/test2/test1.doc"移动到"D:/tmp/test/test1.doc"
move("D:/tmp/test2/test1.doc","D:/tmp/test/test1.doc")
#调用自定义函数，将文件再移动到"D:/tmp/test3/test1.doc"
move("D:/tmp/test/test1.doc","D:/tmp/test3/test1.doc")
#尝试调用move()移动一个并不存在的文件
#此时执行了上面的操作，"D:/tmp/test/test1.doc"已经移动了，不存在了
move("D:/tmp/test/test1.doc","D:/tmp/test3/test1.doc")
```

运行了上面的代码之后，执行的结果如下所示：

```
原文件存在，正在进行下一步操作
目标文件存在，正在进行下一步操作
成功将D:/tmp/test2/test1.doc移动到--->D:/tmp/test/test1.doc
--------------------
原文件存在，正在进行下一步操作
目标文件夹不存在，正在创建目标目录
创建成功，继续执行
成功将D:/tmp/test/test1.doc移动到--->D:/tmp/test3/test1.doc
--------------------
原文件不存在，结束执行
```

可以看到，第一次移动的时候，原文件存在，目标文件也存在，所以可以直接移动。第二次移动的时候，原文件存在，但是目标文件所在的文件夹不存在，所以此时先创建了目标文件所在的文件夹，然后进行移动。第三次移动的时候，由于原文件根本不存在，所以直接结束执行。

有的时候，还需要判断对应的路径到底是文件、文件夹还是其他，这个时候，可以使用 os.path.isfile() 或者 os.path.isdir()。

如果需要实现上述判断，可以通过如下代码实现：

```
#建立自定义函数实现文件类型的判断（文件、文件夹还是其他）
import os
def whatpath(path):
    if(os.path.isfile(path)):
        print("传入的路径"+str(path)+"是一个文件")
    elif(os.path.isdir(path)):
        print("传入的路径"+str(path)+"是一个文件夹")
    else:
        print("传入的路径"+str(path)+"既不是文件也不是文件夹")
    print("------------")
whatpath("D:/Python35")
whatpath("D:/Python35/python.exe")
whatpath("abcdefg")
```

执行上面的程序，输出结果如下所示：

传入的路径D:/Python35是一个文件夹

传入的路径D:/Python35/python.exe是一个文件

传入的路径abcdefg既不是文件也不是文件夹

可以看到，第一次传入的路径是一个文件夹，第二次传入的路径是一个文件，第三次传入的路径既不是文件也不是文件夹，通过上面的程序都判断成功了。

掌握好文件的判断，可以让我们在编程的时候更全面地考虑各种情况，并进行相应的处理。

11.5 文件的读取与写入

很多时候都需要用到文件的读取与写入操作，本节会为大家具体介绍如何使用 Python 代码实现对文件进行读取与写入的操作。

11.5.1 Python 文件的读取思路

如果要使用 Python 代码对相应的文件进行读取，首先需要确定是以二进制的模式读取还是以非二进制的模式读取，如果以非二进制的模式读取，还需要确定以什么编码进行读取。如果以默认的编码进行读取，可以不用设置 encoding 参数。除此之外，如果想设置 encoding 参数，常见的编码有 utf-8、gbk、gb2312。这些编码可以根据需要进行选择。

打开了相应的文件之后，接下来可以根据需要使用对应的方法对文件进行相应的读取。如果希望一次性将文件读出，可以使用 read() 方法；如果希望每次只读取一行内容，可以使用 readline() 方法；如果希望一次性将文件读出并且将各行分别存储，可以使用 readlines() 方法。

11.5.2 Python 文件读取应用实例

假如现在有一个文件的路径为 "D:/tmp/test/春行.txt"，文件的内容如图 11-4 所示。

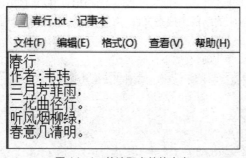

图 11-4 待读取文件的内容

如果希望通过 Python 代码读取这个文件，可以通过如下代码进行，关键部分已给出详细注释：

```
>>> #以非二进制的默认编码的方式打开对应文件
>>> fh=open("D:/tmp/test/春行.txt","r")
>>> #一次读完所有内容
>>> alldata=fh.read()
>>> print(alldata)
```

```
春行
作者:韦玮
三月芳菲雨,
二花曲径行。
听风烟柳绿,
春意几清明。
>>> #读完后,fh中就没有内容了
>>> fh.read()
''
>>> #关闭该文件并重新打开
>>> fh.close()
>>> fh=open("D:/tmp/test/春行.txt","r")
>>> #每次读取一行内容
>>> fh.readline()
'春行\n'
>>> fh.readline()
'作者:韦玮\n'
>>> fh.readline()
'三月芳菲雨, \n'
>>> fh.readline()
'二花曲径行。\n'
>>> fh.readline()
'听风烟柳绿, \n'
>>> fh.readline()
'春意几清明。'
>>> fh.readline()
''
>>> #关闭该文件并重新打开
>>> fh.close()
>>> fh=open("D:/tmp/test/春行.txt","r")
>>> #一次行读完, 但按行存储
>>> alldata=fh.readlines()
>>> print(alldata)
['春行\n', '作者:韦玮\n', '三月芳菲雨, \n', '二花曲径行。\n', '听风烟柳绿, \n', '春意几清明。']
>>> #关闭该文件, 重新以gbk的编码打开
>>> fh.close()
>>> fh=open("D:/tmp/test/春行.txt","r",encoding="gbk")
>>> #一次行读完, 按行存储
>>> alldata=fh.readlines()
>>> print(alldata)
['春行\n', '作者:韦玮\n', '三月芳菲雨, \n', '二花曲径行。\n', '听风烟柳绿, \n', '春意几清明。']
>>> #以二进制的方式打开
>>> fh.close()
>>> fh=open("D:/tmp/test/春行.txt","rb")
>>> #读取文件的内容
>>> fh.read()
```

```
    b'\xb4\xba\xd0\xd0\r\n\xd7\xf7\xd5\xdf:\xce\xa4\xe7\xe2\r\n\xc8\xfd\xd4\xc2\xb7\xbc\xb7\xc6\xd3\xea\xa3
\xac\r\n\xb6\xfe\xbb\xa8\xc7\xfa\xbe\xb6\xd0\xd0\xa1\xa3\r\n\xcc\xfd\xb7\xe7\xd1\xcc\xc1\xf8\xc2\xcc\xa3\xac
\r\n\xb4\xba\xd2\xe2\xbc\xb8\xc7\xe5\xc3\xf7\xa1\xa3'
```

> >> #关闭该文件并重新打开
> >> fh.close()
> >> fh=open("D:/tmp/test/春行.txt","rb")
> >> #一次行读完，按行存储
> >> alldata=fh.readlines()
> >> print(alldata)

```
[b'\xb4\xba\xd0\xd0\r\n', b'\xd7\xf7\xd5\xdf:\xce\xa4\xe7\xe2\r\n', b'\xc8\xfd\xd4\xc2\xb7\xbc\xb7\xc6\xd3\
xea\xa3\xac\r\n', b'\xb6\xfe\xbb\xa8\xc7\xfa\xbe\xb6\xd0\xd0\xa1\xa3\r\n', b'\xcc\xfd\xb7\xe7\xd1\xcc\xc1\xf8
\xc2\xcc\xa3\xac\r\n', b'\xb4\xba\xd2\xe2\xbc\xb8\xc7\xe5\xc3\xf7\xa1\xa3']
```

> >> #可以看到，每一行的内容都是二进制格式
> >> #最后，关闭文件，有始有终
> >> fh.close()

通过上面的练习，大家应该对文件读取的操作有了相应的了解，并且能够进行基本的使用了。

11.5.3　Python 文件写入思路

如果要将相应的内容写入文件中，同样可以使用 Python 代码实现。

首先需要确定以什么模式写入，比如是以非二进制的模式写入还是以二进制的模式写入。如果以非二进制的模式写入，还需要确定以什么编码写入，从 utf-8、gbk、gb2312 等编码中选择一个。当然也可以不设置 encoding，使用默认编码进行写入。

其次还需要确定到底是以追加的方式写入，还是以覆盖的方式写入。追加的方式写入一般使用 a 模式，覆盖的方式写入一般使用 w 模式。以覆盖的方式写入，写入新内容后，如果原来文件里面有内容，原内容会被覆盖掉，消失不见。以追加的方式写入，如果原来的文件里面有内容，则写入新内容后，原内容仍然可以保留。所以，在写入文件的时候，还需要根据需求先确定到底是以追加的方式写入还是以覆盖的方式写入。

最后打开文件，只需要设置好待写入的内容，通过 write()或者 writelines()方法进行写入即可。

11.5.4　Python 文件写入应用实例

如果希望将下面的内容写入"D:/tmp/test/红梅.txt"中：
红梅
作者：韦玮
晓透山微露，
枝红蕴琴音。
棋行车马处，
漫雪覆梅林。
可以使用如下的代码实现，关键部分已给出注释：

> >> #设置待写入内容——全文
> >> data1="红梅\n作者：韦玮\n晓透山微露，\n枝红蕴琴音。\n棋行车马处，\n漫雪覆梅林。"
> >> #设置待写入内容——按行存储
> >> data2=["红梅","作者：韦玮","晓透山微露，","枝红蕴琴音。","棋行车马处，","漫雪覆梅林。"]
> >> #覆盖非二进制常规编码写入的方式——开始
> >> #打开或者创建文件

```
>>> fh=open("D:/tmp/test/红梅.txt","w")
>>> #直接将内容写入
>>> fh.write(data1)
36
>>> #关闭并保存写入文件
>>> fh.close()
>>> #上面的写入结果如图11-5所示
>>> #重新打开相应的文件
>>> fh=open("D:/tmp/test/红梅.txt","w")
>>> #按行将内容写入
>>> fh.writelines(data2)
>>> #关闭并保存写入文件
>>> fh.close()
>>> #写入结果如图11-6所示，可见此时将原内容覆盖掉了
>>> #并且此时没有换行，如果希望换行，只需要在待写入内容每行后加上\n即可
>>> #覆盖非二进制常规编码写入的方式--结束
>>> #接下来尝试追加的方式写入
>>> #以追加的方式打开对应文件
>>> fh=open("D:/tmp/test/红梅.txt","a")
>>> #在原文件的后面写入"枝红蕴琴音。"与"漫雪覆梅林。"这两句
>>> fh.write("\n")
1
>>> fh.write(data2[3]+"\n")
7
>>> fh.write(data2[5]+"\n")
7
>>> #保存并关闭文件
>>> fh.close()
>>> #上面的写入结果如图11-7所示
>>> #可见原内容没有被覆盖掉
>>> #并且新内容写在了原内容的后面
```

通过上面代码的练习，大家应该已经掌握了如何将相应的内容写入文件的方法了。

上面代码的执行结果分别如图 11-5、图 11-6、图 11-7 所示。大家可以参照代码以及图中的结果，更加详细地了解各种写入方法执行的不同效果。

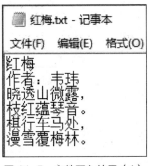

图 11-5　文件写入结果（1）

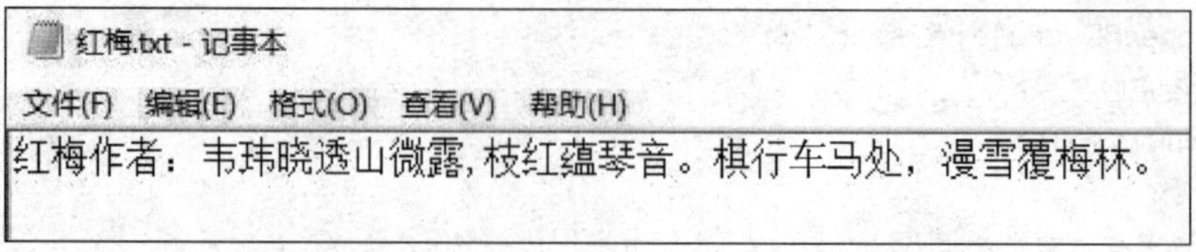

图 11-6　文件写入结果（2）

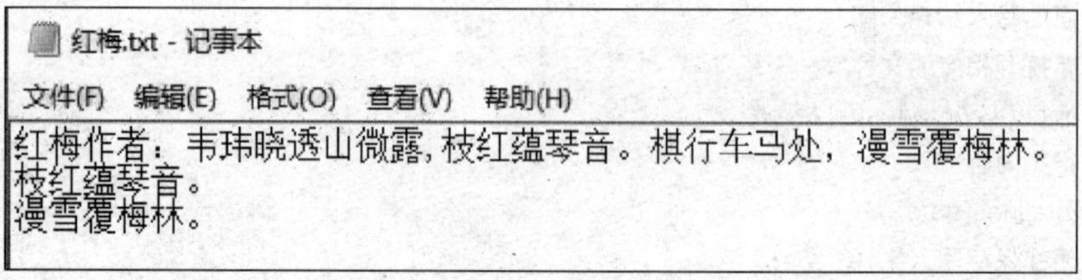

图 11-7　文件写入结果（3）

上面的代码没有介绍二进制写入的方式，实际上，二进制写入的方式无非就是将相应的二进制数据直接写入到文件中。如果想使用二进制的写入方式，只需要在打开文件的时候，在设置模式的参数处加上 b 即可，比如，"wb""ab" 等就是以二进制的模式写入的。而如果我们要直接写入一些常规内容而非二进制内容，那么使用非二进制的写入方式会更为方便。大家在需要用到二进制写入的时候，按照这里介绍的方法处理即可。

11.6　文件的其他操作

接下来为大家介绍一些常见的关于文件的其他操作，比如文件的复制、删除、重命名和目录的删除等。

首先介绍文件的复制操作。

文件的复制与文件的移动是有区别的。文件的复制会将原文件保留，而文件的移动，原文件则会消失。如果希望实现文件的复制操作，可以通过如下代码实现：

```
>>> import shutil
>>> shutil.copyfile("D:/tmp/test/春行.txt","D:/tmp/test2/春行.txt")
'D:/tmp/test2/春行.txt'
```

执行上面的代码后，"D:/tmp/test2/" 出现了 "春行.txt" 文件，而原目录中的该文件并未消失，结果如图 11-8、图 11-9 所示。

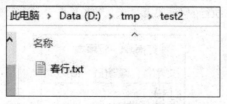

图 11-8　目标目录中已有相应文件，复制成功

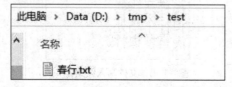

图 11-9　原目录该文件并未消失（复制与移动的区别）

如果想要删除某个文件，可以使用 os.remove()方法进行。比如删除"D:/tmp/test2/春行.txt"，可以通过如下代码实现：

```
>>> import os
>>> os.remove("D:/tmp/test2/春行.txt")
```

删除后，该目录中对应的文件就会消失。

如果希望重命名某个文件，可以通过 os.rename(旧文件路径,新文件路径)实现。如果希望将"D:/tmp/test/春行.txt"路径中的文件重命名为"春行2.txt"，可以通过如下所示的代码实现：

```
>>> import os
>>> os.rename("D:/tmp/test/春行.txt","D:/tmp/test/春行2.txt")
```

执行完上面的代码之后，文件重命名成功。但是需要注意的是，重命名某个文件的时候，不能够被其他程序所占用，否则就会出现"PermissionError: [WinError 32] 另一个程序正在使用此文件，进程无法访问"等提示。在出现这一类提示的时候，需要先将占用该文件的程序关闭，随后方可进行重命名的操作。

如果想删除某一个目录，可以使用 os.rmdir()或者 shutil.rmtree()方法实现。需要注意的是，os.rmdir()只能删除空目录(即该目录下没有任何文件)，而 shutil.rmtree()不管是空目录还是非空目录，都可以删除。

比如删除"D:/tmp/test"这个目录，由于当前该目录下还有文件，所以，可以直接使用 shutil.rmtree()删除该目录，也可以将该目录下的文件全部删除之后，再通过 os.rmdir()删除该目录，相关代码如下所示：

```
>>> import shutil
>>> import os
>>> #在目录非空的情况下，使用os.rmdir()删除，会出错
>>> os.rmdir("D:/tmp/test")
Traceback (most recent call last):
  File "<pyshell#62>", line 1, in <module>
    os.rmdir("D:/tmp/test")
OSError: [WinError 145] 目录不是空的。: 'D:/tmp/test'
>>> #如果想使用os.rmdir()删除，可以先删除该目录下的文件，再执行上面的操作
>>> #但是可以直接使用shutil.rmtree()删除，不管是否非空
>>> shutil.rmtree("D:/tmp/test")
```

执行完上面的操作之后，对应的目录就删除成功了。

本节主要为大家介绍了关于文件操作的一些常见的其他使用，使用代码去操作文件，可以自动实现一些功能，大大方便了日常工作，比如通过 for 循环可以对文件进行批量的重命名操作等。

11.7 小结与练习

小结：

（1）如果希望对系统中的文件进行操作，常常有以下两种方式：第一种方式是在操作系统中直接对相应的文件进行可视化操作(当然，如果是在 Linux 操作系统中，会通过 Linux 命令对文件进行直接操作，总之，这种方式指的是直接在操作系统中对文件进行操作)；第二种方式是通过一些编程语言来写相应的程序脚本，以实现对相应文件的操作。比如，可以选择 Python 这种编程语言，写相应的 Python 脚本对系统中的文件进行相应的操作。

（2）如果在 Python 中需要使用代码实现文件移动的功能，可以使用 shutil 模块。

（3）文件的判断常常会使用到 os 模块。如果希望判断文件或者文件夹是否存在，可以使用 os.path.exists()。如果文件或者文件夹存在，则会返回 True；如果文件或者文件夹不存在，则返回 False。如果希望判断所给的一个路径是否是文件，可以使用 os.path.isfile()。如果所给的路径是一个文件，则返回 True，否则返回 False。如果希望判断所给的路径是否是文件夹，可以使用 os.path.isdir()。如果所给的路径是一个文件夹，则返回 True，否则返回 False。

（4）如果要使用 Python 代码对相应的文件进行读取，首先需要确定是以二进制的模式读取还是以非二进制的模式读取。如果以非二进制的模式读取，还需要确定以什么编码进行读取。如果以默认的编码进行读取，可以不用设置 encoding 参数。除此之外，如果想设置 encoding 参数，常见的编码有 utf-8、gbk、gb2312。这些编码可以根据需要进行选择。打开了相应的文件之后，接下来可以根据需要，使用对应的方法对文件进行相应的读取。如果希望一次性将文件读出，可以使用 read() 方法；如果希望每次只读取一行内容，可以使用 readline() 方法；如果希望一次性将文件读出并且将各行分别存储，可以使用 readlines() 方法。

（5）如果要将相应的内容写入文件中，同样可以使用 Python 代码实现。首先需要确定以什么模式写入，比如是以非二进制的模式写入还是以二进制的模式写入。如果以非二进制的模式写入，还需要确定以什么编码进行写入，从 utf-8、gbk、gb2312 等编码中选择一个。当然，也可以不设置 encoding，使用默认编码进行写入。其次，还需要确定到底是以追加的方式写入，还是以覆盖的方式写入。追加的方式写入一般使用 a 模式，覆盖的方式写入一般使用 w 模式。以覆盖的方式写入，写入新内容后，如果原来的文件里面有内容，原内容会被覆盖掉，消失不见。以追加的方式写入，如果原来的文件里面有内容，则写入新内容后，原内容仍然可以保留。所以，在写入文件的时候，还需要根据需求先确定到底是以追加的方式写入还是以覆盖的方式写入。然后打开文件，只需要设置好待写入的内容，通过 write() 或者 writelines() 方法进行写入即可。

习题： 请将下面的内容按行写入文件"D:/tmp/test/练习.txt"中，并且要求编码模式为 utf-8，同时需要判断文件夹是否存在，不存在先创建文件夹再写入。

春至华夏
作者：玮
暗水踏春来，
舟行巴蜀川。
江陵千里翠，
四海一家圆。
参考答案：

```
import os
#待写入内容
alldata=["春至华夏\n","作者:玮\n","暗水踏春来，\n","舟行巴蜀川。\n","江陵千里翠，\n","四海一家圆。"]
path="D:/tmp/test"
if(os.path.exists(path)):
    print("文件夹存在，进行下一步操作")
    fh=open("D:/tmp/test/练习.txt","w",encoding="utf-8")
    fh.writelines(alldata)
    fh.close()
    print("写入成功")
else:
    print("文件夹不存在，先创建文件夹")
```

```
        os.makedirs(path)
        print("文件夹创建成功")
        fh=open("D:/tmp/test/练习.txt","w",encoding="utf-8")
        fh.writelines(alldata)
        fh.close()
print("写入成功")
```

执行结果如下所示，并且相应的内容也已经成功写入对应的文件中：

```
文件夹不存在，先创建文件夹
文件夹创建成功
写入成功
```

第12章

Python标准库及其他应用

■ 通过前面章节的学习，大家应该已经掌握了 Python 语言基础方面的大部分内容了。本章主要为大家介绍 Python 语言一些其他的基础知识。

12.1 标准库

标准库

12.1.1 标准库的概念

所谓标准库，就是指在我们安装 Python 时系统自带的库。

使用这些库可以实现很多的功能，熟悉标准库将会大大方便编程。

Python 有非常多的标准库，在此主要给大家介绍其中两个，仅作为引导，让大家可以入门。第一个要介绍的是 sys 模块，第二个是 os 模块，其他的标准库模块后续在使用到的时候再详细了解。

在此，大家只需要知道标准库是安装 Python 的时候系统自动安装的，可以实现很多的功能即可。

12.1.2 标准库应用实例

首先为大家介绍 sys 模块。

sys 是一种常用的 Python 标准库，使用 sys 库主要可以查询 Python 运行环境的相关信息，或者实现与运行环境相关的操作。

比如查看当前系统的版本，可以通过如下代码实现：

```
import sys
#查看版本
print(sys.version)
```

程序的输出结果如下所示：

```
3.5.2 (v3.5.2:4def2a2901a5, Jun 25 2016, 22:18:55) [MSC v.1900 64 bit (AMD64)]
```

可以看到，成功将当前运行环境对应的版本信息进行了输出显示。

如果希望在程序运行到某个地方的时候退出程序的执行，可以使用 sys.exit(0)实现，代码如下：

```
import sys
print(1)
#退出
sys.exit(0)
print(2)
```

程序的执行结果如下所示：

```
1
```

可见，上面的程序在执行了 sys.exit(0)之后，就退出了程序的执行，之后的程序就不执行了，所以这里没有输出数字 2。

如果希望获取当前的系统平台相关信息，可以通过 sys.platform 实现，比如可以在 Python Shell 中输入下面的代码：

```
>>> import sys
>>> thisplatform=sys.platform
>>> print("当前的系统平台是:"+str(thisplatform))
当前的系统平台是:win32
```

可以看到，此时直接获取到了当前的系统平台的信息，具体信息是"win32"。

有时候，希望获得当前正在运行的程序的路径，那么可以使用 sys.argv[0]进行获取，比如输入下面的程序：

```
import sys
thispath=sys.argv[0]
```

```
print("当前程序的路径是:"+str(thispath))
```

执行了上面的代码之后，结果如下所示：

```
当前程序的路径是:D:\我的书籍\源码\systest.py
```

如果希望在程序运行的时候，可以从程序外部向程序内部传递一些参数，同样可以使用 sys.argv 实现。由上面的程序可以知道，sys.argv[0]是正在运行的程序的路径，实际上，sys.argv[1]、sys.argv[2]、sys.argv[3]等可以用于依次接收从程序外部传进来的第 1、2、3 个等参数。

比如可以输入下面的程序：

```
import sys
thispath=sys.argv[0]
print("当前程序的路径是:"+str(thispath))
para=sys.argv
for i in range(1,len(para)):
    print("第"+str(i)+"个参数是:"+str(para[i]))
```

上面程序的意思是，首先通过 sys.argv[0]获取程序所在的路径，然后输出，随后通过 para=sys.argv 将运行时从程序外部传入的参数接收，接收后，通过 for 循环依次输出运行时从程序外部传入的参数。这么做可以让程序与外部的交互更加灵活，可以在运行时自由地指定相关的参数。

比如，可以打开 CMD，然后通过"python 程序所在路径"格式的指令运行上面的程序。上面的程序在笔者的计算机上存储在"D:\我的书籍\源码\systest.py"，所以可以通过下面的 CMD 指令运行，结果如下：

```
D:\>python "我的书籍\源码\systest.py"
当前程序的路径是:我的书籍\源码\systest.py
```

可以看到，当前只是运行了该程序，并没有在运行的时候传入相关的参数，所以此时 sys.argv[0] 路径信息正常输出，而 for 循环部分没有遍历到相应的参数。

如果需要在程序运行的时候传入相应的参数到程序里面，可以通过如下格式的 CMD 指令运行程序：

```
python 程序所在路径 参数1 参数2 参数3 …
```

如果希望运行上面程序的时候附上 3 个参数，可以通过如下的 CMD 指令运行程序：

```
D:\>python "我的书籍\源码\systest.py" "hello" "hi" "6789"
当前程序的路径是:我的书籍\源码\systest.py
第1个参数是:hello
第2个参数是:hi
第3个参数是:6789
```

可见，此时程序里面通过 sys 标准库中的 argv 接收到了从外部传进来的参数，并且通过 for 循环依次遍历输出。

上面只是列举了 sys 标准库中的一些应用，除此之外，sys 标准库还可以获取很多其他的信息，总之，通过 sys 标准库可以获取到很多与当前运行环境有关的数据。

接下来为大家介绍 os 标准库。

实际上，os 标准库在文件操作这一章中已经给大家初步介绍过。os 标准库主要实现与文件夹有关的操作功能，为尽量避免重复，此处主要补充一些其他的关于 os 标准库的常见应用。

如果希望获取当前操作系统平台的名称，可以通过 os.name 得到，比如可以在 Python Shell 中输入下面的代码：

```
>>> #导入os
>>> import os
```

```
>>> #获取操作系统平台
>>> print(os.name)
nt
```

可以看到，通过上面的代码获取到了当前的操作系统平台为 Win NT 平台。

如果希望获取当前的工作目录，可以通过 os.getcwd()实现，比如可以在 Python Shell 中输入下面的代码：

```
>>> import os
>>> #获取当前工作目录
>>> print(os.getcwd())
D:\我的书籍\源码
```

可以看到，通过上面的程序获取到当前的工作目录为 "D:\我的书籍\源码"。

如果希望通过 Python 代码运行一个 Shell 命令，可以通过 os.system(具体命令)实现。

比如通过 Python 代码直接打开计算机上的计算器，可以通过如下程序实现：

```
>>> import os
>>> #打开计算器，运行calc命令
>>> os.system("calc")
0
```

执行上面的程序后，就可以直接打开计算器了，如图 12-1 所示。

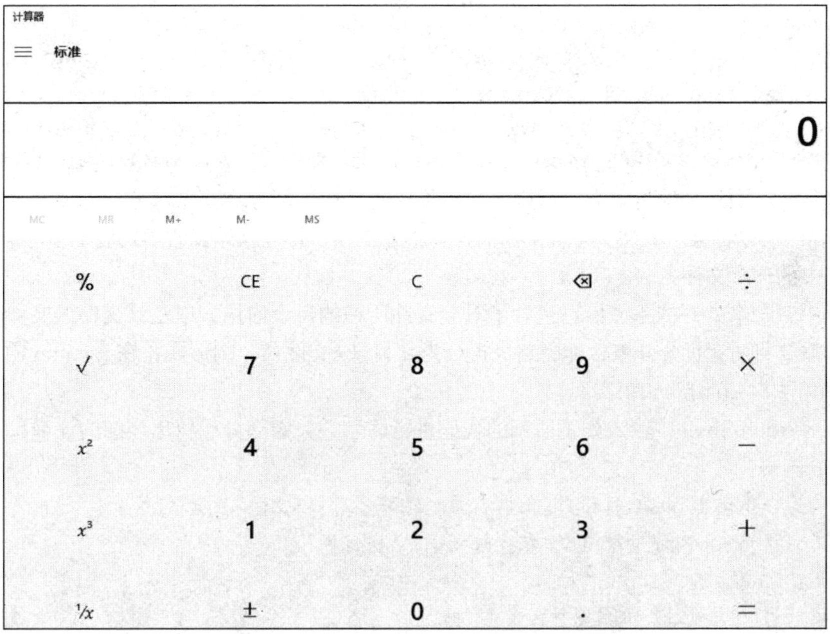

图 12-1　通过 Python 代码打开计算器

再比如，通过 Python 代码调用 shell 命令来测试 baidu.com 是否联通，可以通过如下代码实现：

```
>>> import os
>>> #通过shell命令ping baidu.com，测试baidu.com是否联通
>>> os.system("ping baidu.com")
0
```

执行上面的代码之后，会自动调用 Shell 命令进行测试，结果如图 12-2 所示。

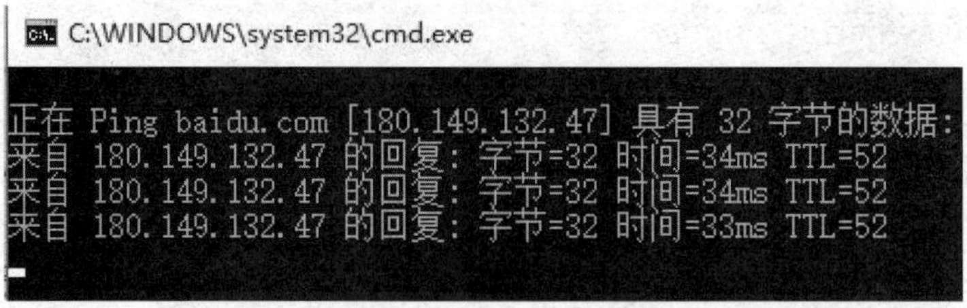

图 12-2　通过 Python 代码测试 baidu.com 是否联通的运行结果

如果希望获取某个目录下的所有文件名，同样可以使用 os 标准库实现，具体可以使用 os.listdir()进行。

比如现在希望获取"D:/Python35"的所有文件名，可以通过如下代码实现：

```
import os
#获取某个目录下的所有文件名
print("D:/python35下所有文件名如下：")
print(os.listdir("D:/python35"))
```

运行上面的程序，结果如下所示：

```
D:/python35下所有文件名如下：
['1.html', '1.pk1', '12306-login.py', '12306.py', '1234.jpg', '12345.txt', '170214-141011.gif',
'170214-141013.gif', '170215-112612.png', '170215-112622.png', '170215-114214.mp3',
'170215-114256.mp3', …, 'weak.py', 'wechat-win32-x64', 'weibo.html', 'weibo.py', 'weipay.py', 'wenben1.py',
'wenben2.py', 'wenshu.py', 'wxBot-master.zip', 'x1.xlsx', 'x2.xlsx', 'xlrd-1.0.0-py2.py3-none-any.whl',
'xlwt-1.1.2-py2.py3-none-any.whl', 'xtoutf8.py', 'ydhuakuai.py', 'yw.py', 'yw1.py', 'yw2.xlsx', 'yw21.py',
'yw3.py', 'yw4.py', 'yw42.py', 'zh.py', 'zidingyidiedaiqi.py', 'zilianjie.py', '__pycache__', '决策树算法与贝叶斯算法
-数据.zip', '文件地址列表-2017-02-14.csv', '新建文本文档.txt', '机器学习1.zip', '训练数据和测试数据.zip']
```

由于该目录下面的文件量太大，所以上面结果中的"…"部分省略了部分文件显示。可以看到，通过 os.listdir()可以将某个文件夹下面的所有文件展示出来，并且以列表的形式展现，列表中的每一个元素都是其中的一个文件名。

在实际中，一个文件的路径信息包含了对应文件所在的目录信息，以及该文件的文件名信息。很多时候，都需要将两者拆分开来，即将路径拆分为"目录+文件名"的形式，在 Python 中同样可以使用 os 标准库下的 os.path.split()实现。

可以在 Python Shell 中输入如下所示的代码进行演示，关键部分已给出详细的注释：

```
>>> import os
>>> #将"D:/Python35/训练数据和测试数据.zip"路径拆分为目录+文件名的形式
>>> rst=os.path.split("D:/Python35/训练数据和测试数据.zip")
>>> print("拆分结果是:"+str(rst))
拆分结果是:('D:/Python35', '训练数据和测试数据.zip')
>>> #只获取拆分后的目录部分信息
>>> print(rst[0])
D:/Python35
>>> #只获取拆分后的文件名信息
>>> print(rst[0])
D:/Python35
>>> #值得注意的是，如果待拆分路径是一个目录，没有文件信息，必须在目录最后加上/
>>> #比如如果要拆分"D:/Python35/"路径的信息，可以通过如下代码实现
```

```
>>> print(os.path.split("D:/Python35/"))
('D:/Python35', '')
>>> #如果路径写成"D:/Python35",就会把Python35当成文件,而不当成目录,如下
>>> print(os.path.split("D:/Python35"))
('D:/', 'Python35')
```

通过上面的学习,大家应该已经对 sys 标准库及 os 标准库有了更深入的了解。更多关于标准库的知识,大家可以在需要用到某一个标准库的时候,再对该标准库进行详细的了解。

12.2　Python 的特殊方法

特殊方法

所谓"特殊方法",是指在面向对象编程的类中具有特殊意义的方法。这些特殊的意义是 Python 中规定的,比如__init__()表示初始化等。

Python 的特殊方法非常多,但是常见的特殊方法不多。

常见的特殊方法主要如下。

（1）__init__()。

（2）__len__()。

（3）__str__()。

（4）__del__()。

关于__init__()与__del__()这两个特殊方法在第 9 章面向对象程序设计的部分已经详细介绍过,__init__()方法主要是进行初始化操作的,__del__()方法主要是在对象消失前一刻用的,所以下面重点通过实例分别介绍__len__()与__str__()这两种特殊方法。

__len__()方法主要在对对象使用 len()函数时调用,所以__len__()方法一般来说是用于设置对象长度的。

比如可以输入下面的 Python 程序:

```
class Apple():
    def eat(self):
        pass
    def __len__(self):
        print("我是__len__()方法,我出现是因为他们对对象用了len()函数")
        return 0
```

上面的程序中,建立了一个 Apple 类,Apple 类中建立了一个特殊方法__len__()。在__len__()方法中,设置了对象的长度为 0,当然,也可以根据实际情况设置为其他的长度值。并且,如果调用了__len__()方法,会输出"我是__len__()方法,我出现是因为他们对对象用了 len()函数"等提示信息。

接下来运行上面的程序,并在 Python Shell 中输入下面的程序进行调试与运行,关键部分已给出详细的注释:

```
>>> #创建一个对象apple
>>> apple=Apple()
>>> #调用对象的eat()方法,正常使用,没有触发特殊方法__len__()
>>> apple.eat()
>>> #对对象执行len()操作,此时自动触发特殊方法__len__()
>>> thislen=len(apple)
我是__len__()方法,我出现是因为他们对对象用了len()函数
>>> #输出当前对象的长度,可以看到是我们所设置的0,即当前对象长度为0
```

```
>>> print(thislen)
0
```

所以设置对象的长度可以使用特殊方法__len__()实现。在设置好之后，当我们对对象使用 len()函数执行取长度的操作时，就可以自动触发该特殊方法，并根据需求返回对象的长度。

接下来为大家介绍特殊方法__str__()。

特殊方法__str__()一般是在对对象使用 print()或 str()时被自动调用的，要求特殊方法__str__()的返回值是一个字符串类型。

可以输入如下所示的程序：

```
class Apple():
    def eat(self):
        pass
    def __str__(self):
        print("我是__str__()，我出现代表他们对对象使用了print语句或str()函数")
        return "阳光总在风雨后"
```

上面的程序中，建立了一个 Apple 类，类里面有一个 eat()方法，不进行任何操作，只有一个 pass 占位语句。同时，里面还有一个特殊方法__str__()，如果调用了该方法，会输出"我是__str__()，我出现代表他们对对象使用了 print 语句或 str()函数"等信息，并且会返回 "阳光总在风雨后"这个字符串。

接下来可以执行上面的程序，执行后在 Python Shell 中输入下面的程序进行相应的调试与运行，核心部分已给出详细注释：

```
>>> #创建一个对象apple
>>> apple=Apple()
>>>  #调用对象的eat()方法，正常使用，没有触发特殊方法__str__()
>>> apple.eat()
>>> #对对象执行str()操作，此时自动触发特殊方法__str__()
>>> value1=str(apple)
我是__str__()，我出现代表他们对对象使用了print语句或str()函数
>>> #并且此时value1的值就是特殊方法__str__()中设置的返回值
>>> print(value1)
阳光总在风雨后
>>> #对对象执行print()操作，此时也会自动触发特殊方法__str__()
>>> #并且此时的返回值也直接被打印出来
>>> value2=print(apple)
我是__str__()，我出现代表他们对对象使用了print语句或str()函数
阳光总在风雨后
>>> #对对象执行print()操作，返回值已被打印出来，不会返回到value2中
>>> print(value2)
None
>>> #所以可以看到value2为None
```

经过上面的学习，大家应该已经了解了 Python 中的一些常见特殊方法。可见，特殊方法实际上就是具有一些特殊意义的在特定的时候被自动触发执行的方法。其实，除了这些常见的特殊方法之外，Python 中还有很多其他的特殊方法，同样，大家可以在需要用到的时候再进行详细了解。

12.3 元组、列表与字典的接收

如何在函数中接收
元组和列表

之前学过，函数中是可以有参数的。

定义了函数的参数就代表哪些值可以传到函数里面去执行，之前为大家介绍的函数的参数，基本上都是以普通的数据形式传入的，如整型数据、字符串数据等，传入后仍然是普通数据。

其实，函数的参数还可以在接收到普通数据后成为元组、列表与字典等数据。

此时就涉及函数如何接收这几类数据的问题。

在 Python 中，要用函数接收列表、元组或字典，可以在这几种类型的参数前面加上*或**。

如果在参数变量前面加上*，代表这个位置不知道有多少个参数，如果有，则将其存储为元组，所以，当普通数据传入到该位置后，在函数里面就会以元组的形式接收。

可以输入下面所示的程序：

```
def test1(a,b,*c):
    print("第一个参数为："+str(a))
    print("第二个参数为："+str(b))
    print("参数c为："+str(c))
    #遍历c位置接收到的数据
    for i in range(0,len(c)):
        print("第"+str(i+3)+"个数据是:"+str(c[i]))
```

可以看到，该函数中，a、b 参数都是正常变量，所以这两个位置正常地接收数据；函数中的 c 参数变量前面有*，所以，该位置可以不传入数据，也可以传入多个数据。假如有数据传入，传入的数据在函数中就会以元组的形式接收。

可以运行上面的程序，然后在 Python Shell 中输入下面的代码进行调试与运行，核心部分已给出详细的注释：

```
>>> #传入两个数据，*c位置不传数据，a、b位置数据正常接收
>>> test1("PHP","Python")
第一个参数为：PHP
第二个参数为：Python
参数c为：()
>>> #可以看到，当前参数c接收到一个空元组
>>> #传入3个数据，此时a、b正常接收前两个数据，c以元组的方式接收第3个数据
>>> test1("PHP","Python","Android")
第一个参数为：PHP
第二个参数为：Python
参数c为：('Android',)
第3个数据是:Android
>>> #传入5个数据，此时a、b正常接收前两个数据，c以元组的方式接收多余的数据
>>> test1("PHP","Python","Android","Spark","R")
第一个参数为：PHP
第二个参数为：Python
参数c为：('Android', 'Spark', 'R')
第3个数据是:Android
```

第4个数据是:Spark

第5个数据是:R

上面为大家介绍了以元组的形式接收数据。大家知道，元组里面的数据一旦定义，是不能够被更改的。列表更加灵活些，如果希望以列表的方式接收相应的数据，同样可以在对应的参数变量前加上*，但是在函数里面需要对接收到的参数进行 list() 转换，转换后，相当于在函数里面以列表的形式进行数据的接收。

可以输入如下所示的程序。需要注意的是，下面的程序与上面的程序有一个重要的区别，就是下面的程序需要对 c 进行 list() 转化：

```
def test2(a,b,*c):
    print("第一个参数为："+str(a))
    print("第二个参数为："+str(b))
    #对c进行list()转化
    c=list(c)
    print("参数c为："+str(c))
    #遍历c位置接收到的数据
    for i in range(0,len(c)):
        print("第"+str(i+3)+"个数据是:"+str(c[i]))
```

然后可以执行上面的程序，并在 Python Shell 中输入下面的程序进行调试与测试，关键部分已给出注释：

```
>>> #传入两个数据，*c位置不传数据，a、b位置的数据正常接收
>>> test2("PHP","Python")
第一个参数为：PHP
第二个参数为：Python
参数c为：[]
>>> #传入3个数据，此时a、b正常接收前两个数据，c以列表的方式接收第3个数据
>>> test2("PHP","Python","Android")
第一个参数为：PHP
第二个参数为：Python
参数c为：['Android']
第3个数据是:Android
>>> #传入5个数据，此时a、b正常接收前两个数据，c以列表的方式接收多余的数据
>>> test2("PHP","Python","Android","Spark","R")
第一个参数为：PHP
第二个参数为：Python
参数c为：['Android', 'Spark', 'R']
第3个数据是:Android
第4个数据是:Spark
第5个数据是:R
```

可以看到，上面*c 位置的数据是以列表的形式在函数里面进行接收的。

如果希望以字典的形式接收相应的数据，可以在参数变量前面加上**，代表这个位置不知道有多少个参数。如果有，则将其存储为字典。

如果以字典的形式接收相应的数据，在调用函数的时候，必须以"键=值"的形式去编写相应的实参。

可以输入下面所示的程序：

```
def test3(a,b,**c):
    print("第一个参数为："+str(a))
    print("第二个参数为："+str(b))
    print("参数c为："+str(c))
    #遍历c位置接收到的数据
    x=3
    for i in c.items():
        print("第"+str(x)+"个数据是："+str(i[0])+"-->"+str(i[1]))
        x+=1
```

上面的程序中，c 位置的参数前有两个星号，所以，多余的参数会以字典的形式存储到 c 中，在函数里面通过 for 循环实现对字典的遍历。大家在输入上面的程序之后，运行该程序，并在 Python Shell 中输入下面的程序进行相应的调试：

```
>>> #传入两个数据，c位置不传数据，a、b位置数据正常接收
>>> test3("苹果","梨子")
第一个参数为：苹果
第二个参数为：梨子
参数c为：{}
>>> #可以看到此时c参数为空字典
>>> #传入3个数据，前两个数据被a、b正常接收，第三个数据接收后存储到字典c中
>>> test3("苹果","梨子",总销售额="198209")
第一个参数为：苹果
第二个参数为：梨子
参数c为：{'总销售额': '198209'}
第3个数据是:总销售额-->198209
>>> #传入多个数据，前两个数据被a、b正常接收，多余的数据以字典的形式接收并存储到c中
>>> test3("苹果","梨子",总销售额="198209",总库存量="1000",平均单价="9.6")
第一个参数为：苹果
第二个参数为：梨子
参数c为：{'总库存量': '1000', '总销售额': '198209', '平均单价': '9.6'}
第3个数据是:总库存量-->1000
第4个数据是:总销售额-->198209
第5个数据是:平均单价-->9.6
```

可以看到，如果希望将参数以字典的形式接收，在对应的参数变量前加上 ** 即可实现。

上面主要为大家介绍了关于元组、列表、字典等的接收方式。当大家有此类需求的时候，可以直接按照上述的方法实现。

12.4　exec() 函数

假如一个字符串里面有 Python 代码，通常情况下会把这串代码作为字符串来输出，而不会执行这段代码。

exec 与 eval 语句

如果现在想执行这个字符串里面的 Python 代码，可以使用 exec() 函数实现。

比如，"print('Hello Python!')" 这个整体通过引号包含，是作为字符串使用的，虽然里面的内容是

一串 Python 代码，但是正常情况下并不会执行。如果需要将这个字符串当成 Python 代码执行，可以使用 exec()函数对其进行处理。

比如，可以在 Python Shell 中输入下面的程序进行测试与使用：

```
>>> #"print('Hello Python!')"整体为一个字符串
>>> stra="print('Hello Python!')"
>>> stra
"print('Hello Python!')"
>>> #可以看到上面把"print('Hello Python!')"作为字符串处理，并未执行
>>> #如果希望将字符串当成代码执行，可使用exec()函数
>>> exec(stra)
Hello Python!
>>> #可以看到，此时把该字符串当成代码运行，输出了"Hello Python!"
```

所以，如果希望将一个字符串直接当成 Python 代码执行，可以直接使用 exec()函数处理这个字符串。

12.5 eval()函数

假如一个字符串里面有 Python 的表达式，通常情况下是会把这串表达式作为字符串来输出，而不会执行。

如果想执行字符串里面的 Python 表达式，可以使用 eval()函数实现。

比如"9+10"这一个整体通过引号包含，只是会将这一个整体当成字符串，所以输出的时候会原样输出，并不执行该字符串里面的表达式。

如果希望运行字符串里面的表达式，可以使用 eval()函数对该字符串进行处理，处理后，字符串里面的表达式就会被执行了。

比如，可以输入如下所示的代码实现上面的过程：

```
>>> #"10+9"整体为一个字符串
>>> "10+9"
'10+9'
>>> #可以看到上面把"10+9"作为字符串，并未执行表达式
>>> #如果希望将字符串当成表达式执行，使用eval()函数
>>> eval("10+9")
19
>>> #可以看到，此时字符串里面的表达式被执行了，输出执行结果19
```

所以，如果希望让字符串里面的表达式被执行，使用 eval()函数对该字符串进行处理即可。

需要注意的是，exec()与 eval()的主要区别：exec()处理字符串里面的代码，而 eval()处理字符串里面的表达式，它们处理的对象不同。

12.6 lambda 表达式

lambda 表达式

lambda 语句主要用来创建一个新函数对象，并且将值返回给它们。

实际上，通过 lambda 创建出来的函数对象就是一种匿名函数，即没有函数名的函数。

lambda 使用的格式通常如下所示：

```
lambda 参数:表达式
```

创建好了匿名函数之后，可以传入相应的参数，然后会通过 lambda 中的表达式进行计算，并将计算的结果返回给该函数本身。

比如，有这样一个函数关系：

y=x+3

可以使用 lambda 创建一个匿名函数实现由自变量 x 到因变量 y 的转化。

相应的程序如下所示：

```
>>> #创建一个匿名函数并赋值给变量a，此时a代表该函数
>>> a=lambda x:x+3
>>> #传入相应的参数，实现由x-->y的转化
>>> a(1)
4
>>> a(20)
23
```

可以看到，传入 1 的时候返回 4，传入 20 的时候返回 23，就是之前需要实现的 y=x+3 的函数关系。

上面的 lambda 语句中，只传入了一个参数，实际上，也可以传入多个参数，如果需要传递多个参数，可以通过如下格式实现：

```
lambda 参数1,参数2,…:表达式
```

可以通过如下程序练习一下传入多个参数的情况，关键部分已给出注释：

```
>>> #创建两个lambda对象b、c，分别对应不同的规则
>>> b=lambda x,y,z:x+y
>>> c=lambda x,y,z:x+y-z
>>> #需要注意，声明了多少个参数，就得给多少个参数，不管是否用到
>>> #比如b中，表达式x+y只用到了两个参数，但是声明了x，y，z这3个参数
>>> #必须给3个参数，如果给两个参数，会出错，如下
>>> b(4,5)
Traceback (most recent call last):
  File "<pyshell#89>", line 1, in <module>
    b(4,5)
TypeError: <lambda>() missing 1 required positional argument: 'z'
>>> #传入3个参数给b
>>> b(4,7,8)
11
>>> #显然上面执行了4+7，即执行了x+y表达式并返回给b本身
>>> #传入3个参数给c
>>> c(4,7,8)
3
>>> #上面执行了x+y-z，即4+7-8=3
```

多个参数的情况与单个参数的情况用起来是类似的，大家只需要知道使用的格式就可以很容易应用起来。

实际上，lambda 表达式也可以在函数中使用。但是在函数中使用的时候，需要注意参数要对应好，比如，如下所示程序：

```
def func1(t):
    return lambda y:y+t
a=func1(10)
print("a--->"+str(a))
print("a(7)--->"+str(a(7)))
```

请大家思考上面程序的执行过程及输出结果。

实际上，最终的输出结果如下所示：

```
a---><function func1.<locals>.<lambda> at 0x000001D44DAAE598>
a(7)--->17
```

上面程序的执行过程主要为，首先调用自定义函数 func1()并赋值给变量 a，此时传入的实际参数为 10，会将 10 传给形参 t，所以 func1()中相当于 t 为 10，而 y 待定。将 lambda y:y+t 返回给变量 a，也就是说，变量 a 相当于一个匿名函数，当执行 print("a--->"+str(a))的时候，会输出"a---><function func1.<locals>.<lambda> at 0x000001D44DAAE598>"，a 会实现 "y:y+10" 的关系转化。如果把 y 看成因变量，把 x 看成自变量，a 实现的转化关系为"y=x+10"。随后执行 a(7)，相当于将匿名函数的参数指定为 7，然后通过 7+10 的映射关系进行计算，最终返回的结果为 17。所以执行 print("a(7)--->"+str(a(7)))的时候，会输出 "a(7)--->17"。

当普通函数与 lambda 表达式一起使用的时候，需要注意对应好参数关系。大家对上面的例子自行分析一遍后即可理解。

assert 语句与
repr()函数

12.7 assert 断言语句与 repr()函数

有的时候，确信某个表达式的值为真，如果想要检验一下，则可以使用 assert 语句对这个表达式进行声明，assert 语句也叫作断言语句。

假如为真，正确执行；假如为假，则引发 AssertionError 错误。

比如，小云同学打扮比较中性化，假如你确信地认为小云是女的，那么可以用 assert 语句去声明。若小云确实是女的，你猜对了，那么正常运行，同时不会提示对了，但假如小云是男的，那么会提示你错了。

接下来将上面这个例子转换为程序，如下所示，关键部分已给出详细注释：

```
#小云的真实性别
xiaoyunsex="man"
#用assert声明我们的猜测结果
assert xiaoyunsex=="woman"
```

显然此时小云的真实性别是男生，猜错了，在执行上面的程序后，出现如下所示的结果：

```
Traceback (most recent call last):
    File "D:\我的书籍\Python基础实例教程\参考资料\Python 标准库与其他应用\源码\13-assert.py", line 8, in
<module>
        assert xiaoyunsex=="woman"
AssertionError
```

通过上面的程序可以看到，使用 assert 声明后，假如猜错了，会引发 AssertionError 错误。

接下来，再输入一段新的程序。下面的程序中，小云的真实性别是女生。

```
#小云的真实性别
xiaoyunsex="woman"
#用assert声明我们的猜测结果
assert xiaoyunsex=="woman"
```

显然此时已经猜对了小云的真实性别，在执行上面的程序之后，没有任何输出。

通过上面的程序可以看到，使用 assert 声明后，假如猜对了，不会提示对了，只会正常地执行下去。

assert 断言语句通常会运用在程序的测试中。

接下来为大家介绍 repr() 函数。

如果想让任意一个值转换为一个字符串，可以直接将这个值传入 repr() 函数，repr() 函数就会将这个值转换为字符串，然后返回。

比如，可以先输入下面的程序：

```
print("s\nhi")
```

程序的运行结果如下所示：

```
s
hi
```

可以看到，由于当前\n 具有特殊含义（换行），所以在输出的时候直接在\n 处换行了。

有些时候，并不希望字符串中的一些具有特殊含义的元素展现其特殊含义，只希望当作普通的字符串使用，原样输出，这个时候，可以使用 repr() 函数对其进行处理。

比如可以输入如下程序：

```
print(repr("s\nhi"))
```

程序的执行结果如下所示：

```
's\nhi'
```

可以看到，处理之后，\n 就失去了其特殊的含义了，此时原样输出。

本节主要为大家介绍了 assert 断言语句与 repr() 函数的使用。本章的内容由于是对基础知识的补充，所以总体来说知识点会比较分散，希望大家多加练习，分别掌握。

12.8　小结与练习

小结：

（1）所谓"标准库"，就是指在我们安装 Python 时系统自带的库。使用这些库可以实现很多的功能，熟悉标准库将会大大方便编程。

（2）所谓"特殊方法"，是指在面向对象编程的类中具有特殊意义的方法。这些特殊的意义是 Python 中规定的，比如__init__()表示初始化等。

（3）在 Python 中，要用函数接收列表、元组或字典，可以在这几种类型的参数前面加上*或**。如果在参数变量前面加上*，代表这个位置不知道有多少个参数，如果有，则将其存储为元组，所以，当普通数据传入到该位置后，在函数里面就会以元组的形式接收。

（4）假如一个字符串里面有 Python 代码，通常情况下会把这串代码作为字符串来输出，而不会执行这段代码。如果现在想执行这个字符串里面的 Python 代码，可以使用 exec() 函数实现。

（5）假如一个字符串里面有 Python 的表达式，通常情况下会把这串表达式作为字符串来输出，而不会执行。如果想执行这个字符串里面的 Python 表达式，可以使用 eval() 函数实现。

（6）lambda 语句主要用来创建一个新函数对象，并且将值返回给它们。实际上，通过 lambda 创建出来的函数对象就是一种匿名函数，即没有函数名的函数。

（7）有的时候，确信某个表达式的值为真，如果想要检验一下，则可以使用 assert 语句对这个表达式进行声明，assert 语句也叫作断言语句。

（8）有些时候，并不希望字符串中的一些具有特殊含义的元素展现其特殊含义，只希望当作普通的字符串使用，原样输出，这个时候可以使用 repr() 函数对其进行处理。

习题：

现在有如下所示的程序：

```
def m():
    return lambda s:s*3
k=m()
print(k("hello"))
```

（1）请分析上面程序的输出结果与执行过程。

（2）请问输出时通过"print(m("hello"))"执行是否正确？为什么？

参考答案：

（1）程序的输出结果如下所示：

hellohellohello

执行过程为：首先调用 m() 函数并赋值给变量 k，此时 k 就是一个匿名函数。如果把 x 看成自变量，y 看成因变量，k 的映射关系为"y=x*3"，接下来执行 k("hello")，相当于传入"hello"作为该匿名函数的参数，"hello"*3 相当于将"hello"复制 3 次，所以最终的输出结果为"hellohellohello"。

（2）不正确，因为 m() 函数是没有参数的。

PART13

第13章
Python实战项目——远程操控计算机

■ 经过之前章节的学习，大家应该已经掌握了 Python 基础知识相关的内容。本章会整合之前所学习的基础知识，使用 Python 编写一个实战项目，实现远程控制计算机关机或者重启的功能。

13.1　项目目标

在开发项目之前，首先介绍一下项目目的，这样，大家在学习的时候会有所侧重。

本项目的开发目的如下。

（1）编写一个远程操控计算机的项目，实现远程关机或重启的功能。

（2）温习之前所学的 Python 基础知识。

（3）掌握项目开发的一般流程。

13.2　项目开发的步骤

接到一个软件项目的时候，不应该马上盲目地去做，而是应该根据项目开发的流程逐步去做。流程主要如下。

项目开发步骤

（1）需求分析。

（2）设计。

（3）编写。

（4）测试。

（5）使用。

（6）维护。

如果不知道这些步骤，拿到一个项目就凭着感觉去做，大项目必然会做得杂乱无章，最终影响项目开发的效率和最终的利益。

在项目开发时，开发步骤是非常重要的，大家要从小项目开始，养成良好规范的习惯。

需求分析

13.3　需求分析

13.3.1　需求分析的概念

需求分析是对一个项目要实现的功能进行详细的分析。比如对一个项目的目的、范围、定义和功能等进行相关分析，换句话说，也就是对所做的项目进行需求定位。

13.3.2　本项目的需求分析应用实例

本项目要做一个实现远程控制重启或关机功能的 Python 小软件，编程思路如下。首先，要知道在本地如何通过 Python 控制计算机的重启与关机，然后还需要知道如何远程发送消息给 Python 程序。在这里，可以利用 Python 的标准库控制本机计算机重启或关机。要实现远程控制，则可以把电子邮件作为远程控制的渠道，比如可以用 Python 自动登录邮箱检测邮件，当发送关机指令给这个邮箱的时候，如果 Python 检测到关机的指令，那么 Python 直接发送指令控制本机的关闭。理清了思路，就会感觉编程简单了很多。

所谓"需求分析"，这里是指功能需求分析，即理清该项目需要实现哪些功能。

其次，这并不是一个完整的需求分析文档，只是实际开发时的一个需求分析草稿，这一步是非常有必要的，建议掌握。

对于完整的需求分析文档，可以在搜索引擎上搜索相应的模板进行参考与编写。如果不是商业软件开发，编写完整的需求分析文档并非必要的步骤。

以下为本项目的简要需求分析。

（1）通过 Python 代码控制本地计算机关机。

（2）通过 Python 登录邮箱（当然也可以选择其他远程控制渠道）。

（3）通过 Python 监控与读取指定邮箱的邮件内容。

（4）通过 Python 实现邮件发送的功能（非必需）。

（5）核心业务逻辑处理部分（比如如何监控，如果判断什么时候关机或重启等）。

在了解了上面的功能需求之后，接下来就可以逐步编写相应的代码了。

13.4 简单代码的实现与改善

13.4.1 简单代码的实现

上面已经介绍过，要实现远程重启或关机，必须首先实现 Python 在本地控制计算机重启或关机。

下面进行该功能的实现，第一次只实现 Python 能够在本地控制计算机重启或关机即可，这一次开发也叫作第一次开发，可以当作目标小软件开发过程中的第一版简单版程序。

如果要控制本地计算机进行重启或关机，可以使用 os.system()方法，并传入相关 Shell 指令。

可以通过'shutdown –s –t 1'这一个 Shell 指令控制计算机关机，同样，可以通过'shutdown –r'这一个 Shell 指令控制计算机重启。

使用 Python 代码控制本地计算机关机，可以通过如下 Python 代码实现：

```python
import os
#关机
os.system('shutdown –s –t 1')
```

执行了上面的代码之后，计算机就会自动进行关机。

如果希望使用 Python 代码控制本地计算机重启，可以通过如下 Python 代码实现：

```python
import os
#重启
os.system('shutdown –r')
```

执行了上面的代码之后，计算机就会自动进行重启。

所以，简单版本的代码如下所示：

```python
import os
action=input("请输入您希望执行的操作:关机输入1，重启输入2")
#注意1加上双引号，因为其输入后是字符串而不是数字
if(action=="1"):
    #关机
    os.system('shutdown –s –t 1')
    print("关机指令执行成功")
elif(action=="2"):
    #重启
    os.system('shutdown –r')
    print("重启指令执行成功")
else:
    print("不执行任何操作")
```

执行了上面的程序之后，会提示我们输入希望执行的操作，如下所示：

> 请输入您希望执行的操作:关机输入1，重启输入2

如果我们希望执行关机的操作，可以输入 1，然后按回车键执行；如果希望执行重启的操作，可以输入 2，然后按回车键执行；如果输入其他的信息并按回车键，则不会执行任何的操作。

比如，输入 3 并按回车键，会输出如下所示信息：

> 请输入您希望执行的操作:关机输入1，重启输入23
>
> 不执行任何操作

如果输入 2 并按回车键，会执行重启的指令，如下所示：

> 请输入您希望执行的操作:关机输入1，重启输入22
>
> 重启指令执行成功

与此同时，会出现图 13-1 所示的提示界面。

图 13-1　执行重启指令后出现的界面

随后，会在一分钟之内关闭计算机，并自动进行重启。

同样，如果在执行了上面的代码之后，输入 1 并按回车键，便会执行关机的操作。

在此，实现了如何通过 Python 代码控制本地计算机的重启与关机，这便是目标小软件的第一版，即简单版本，显然最终目标还未达成，所以还需要进行后续的开发。

维护与改善

13.4.2　维护与改善

上面已经成功实现通过 Python 控制计算机的关机或重启，但是并不能满足所有需求，所以现在需要解决这个缺陷：让程序不仅能控制本地计算机的关机或重启，还能通过网络远程控制计算机的关机或重启。

发现旧版本的缺陷后，开发新版本的过程就是软件的维护与改善。

远程控制渠道-电子邮件

13.5　远程控制渠道的选择

13.5.1　远程控制渠道

如果想远程控制计算机的关机或者重启，本地计算机就需要联网。

联网后，还需要选择一个远程控制的渠道，比如可以通过 QQ、网页或者电子邮件等。

通过邮件控制
Python 操作
计算机 1

13.5.2　本项目中远程控制渠道的选择应用实例

只要能够实现与远程进行通信，就可以作为远程控制的渠道。所以远程控制的渠道非常多，在本项目中，选择邮件这种渠道作为远程控制的渠道工具。

13.6　通过邮件控制 Python 操作计算机

本项目以电子邮件作为远程控制渠道实现远程控制计算机的示意图如图 13-2 所示。

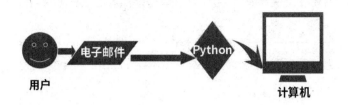

通过邮件控制
Python 操作计算机 2

图 13-2　以电子邮件作为远程控制渠道实现远程控制计算机的示意图

可以看到，用户向电子邮件发送相应的指令，随后指令传送给 Python 代码（可以用 Python 去定时监控指定指令），最后通过 Python 代码控制本地计算机执行相应的操作。

所以，接下来需要依次开发如下所示的部分。

（1）通过 Python 登录邮箱（当然也可以选择其他远程控制渠道）。

（2）通过 Python 监控与读取指定邮箱的邮件内容。

（3）通过 Python 实现邮件发送的功能（非必需）。

（4）核心业务逻辑处理部分。

首先需要准备一个邮箱，由于 QQ 邮箱的端口及使用与其他邮箱有些区别，所以此处使用新浪邮箱进行操作（如果有兴趣，可以自行研究 QQ 邮箱）。

在此，笔者准备了一个新浪邮箱（账号或密码可能后续会有修改，修改后代码无法使用，所以大家最好自行注册一个属于自己的邮箱）。

账号：weiweitest789@sina.com

密码：weijc7789

在网页上登录自己的邮箱，并进行一些设置。

默认 SMTP 与 POP3 是关闭的，而通过 Python 代码发送邮件需要用到 SMTP，通过 Python 代码读取邮件需要用到 POP3，所以需要先开启这两项。

大家可以选择邮箱个人中心控制面板中的"设置-客户端 pop/imap/smtp"选项，随后出现图 13-3 所示页面。

图 13-3　"POP3/SMTP 服务"页面

可以看到，默认 POP3 与 SMTP 是关闭的，所以需要选择"开启"单选按钮，并保存，如图 13-4 所示。

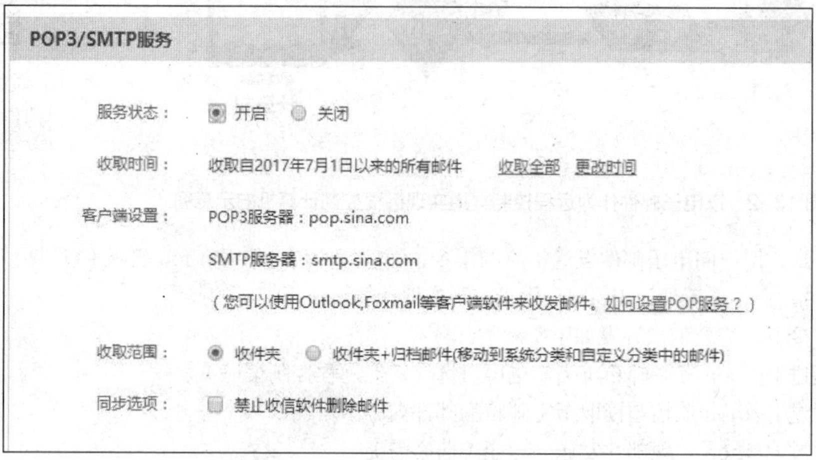

图 13-4　开启 POP3 与 SMTP

开启后，便可以使用 Python 代码登录邮箱了。

由图 13-4 可以看到，新浪邮箱默认的 POP3 服务器与 SMTP 服务器的信息如下。

POP3 服务器：pop.sina.com。

SMTP 服务器：smtp.sina.com。

接下来为大家介绍如何使用 Python 代码登录邮箱。

登录邮箱的目的不同，使用的模块也不同。

如果登录邮箱的目的是发送邮件，可以调用 smtplib 下的 SMTP() 建立一个邮件对象，然后调用该邮件对象下的 login() 方法即可实现登录。

如果登录邮箱的目的是查收邮件，可以调用 poplib 下的 POP3() 建立一个邮件对象，然后调用该对象下的 user() 方法和 pass_() 方法来设置邮箱登录时的账号和密码，设置好后便可实现登录。

接下来可以输入如下所示代码演示如何登录邮箱，关键部分已给出注释：

```
>>> #1. 以发送邮件为目的登录邮箱
>>> #导入smtplib
>>> import smtplib
>>> #通过SMTP()建立一个邮件对象，里面的参数是对应邮箱的SMTP服务器地址
>>> #sina邮箱的SMTP服务器地址上面已经提到，为smtp.sina.com
>>> mail=smtplib.SMTP('smtp.sina.com')
>>> #调用login()方法登录，第一个参数为邮箱账号，第二个参数为邮箱密码
>>> mail.login("weiweitest789@sina.com","weijc7789")
(235, b'OK Authenticated')
>>> #可见当前已经成功登录
>>> #2. 以查收邮件为目的登录邮箱
>>> #导入poplib模块
>>> import poplib
>>> #调用POP3()建立邮件对象
>>> #参数为对应邮箱的POP3服务器地址，上面介绍过sina的POP3地址为pop.sina.com
>>> mail=poplib.POP3('pop.sina.com')
>>> #调用user()设置账号
```

```
>>> mail.user("weiweitest789@sina.com")
b'+OK'
>>> #调用pass_()设置密码
>>> mail.pass_("weijc7789")
b'+OK 1 messages (10699 octets)'
>>> #可以看到已经成功
>>> #调用stat()试着返回邮件的基本统计信息
>>> stat=mail.stat()
>>> print(stat)
(1, 10699)
>>> #可以看到正常返回统计信息，证明此时邮箱已经成功登录并可以查收邮件
```

通过上面的练习，大家应该已经掌握了如何使用 Python 代码登录邮箱了。需要注意的是，按照使用目的的不同，登录邮箱时所使用的模块与方法不同。

接下来为大家介绍如何通过 Python 监控与读取指定邮箱的邮件内容。

如果想通过 Python 代码读取指定邮箱的邮件信息，首先需要以 POP3 的方式登录对应邮箱，然后调用 stat() 获取统计信息，可以通过 top() 指定返回前几行邮件信息，对返回的信息进行解码处理。解码之后，可以使用 email.message_from_string() 将解码后的信息转换为可识别的邮件信息，随后通过 email.header.decode_header() 处理可识别的邮件信息，处理后就可以把需要的邮件信息读取出来。

比如，如果需要读取最新的一封邮件的标题，可以通过如下代码实现，关键部分已给出详细注释：

```
>>> #导入poplib
>>> import poplib
>>> #登录邮箱
>>> mail=poplib.POP3('pop.sina.com')
>>> mail.user('weiweitest789@sina.com')
b'+OK'
>>> mail.pass_('weijc7789')
b'+OK 2 messages (12904 octets)'
>>> #登录后获取统计信息
>>> statistics=mail.stat()
>>> print(statistics)
(2, 12904)
>>> #可以看到，当前统计信息中显示，一共两封邮件，12904字节
>>> #通过top()指定返回前几行邮件信息，这里返回前0行，即最近一封邮件信息
>>> emailmsg=mail.top(statistics[0],0)
>>> print(emailmsg)
(b'+OK', [b'X-Mda-Received: from <mx-11-98.mail.sina.com.cn>([<10.29.11.98>])', …, b'X-QQ-MIME:
TCMime 1.0 by Tencent', b'X-Mailer: QQMail 2.x', b'X-QQ-Mailer: QQMail 2.x', b'X-QQ-SENDSIZE: 520',
b'Feedback-ID: qyriamail:iqianyue.com:qybgweb:qybgweb2', b'', b''], 1749)
>>> #可以看到，当前返回的邮件信息都是经过二进制编码的
>>> #对我们有用的信息存储在上面元组信息的第[1]个元素中，为一个列表
>>> #对这些有用的信息emailmsg[1]使用decode()进行解码
>>> #先创建列表newmsg存储解码后的信息
>>> newmsg=[]
>>> #通过for循环对列表emailmsg[1]里面的数据依次进行解码
>>> for i in emailmsg[1]:
```

```
      newmsg.append(i.decode())
>>> #查看解码后的信息
>>> print(newmsg)
['X-Mda-Received: from <mx-11-98.mail.sina.com.cn>([<10.29.11.98>])', …, 'X-QQ-MIME: TCMime
1.0 by Tencent', 'X-Mailer: QQMail 2.x', 'X-QQ-Mailer: QQMail 2.x', 'X-QQ-SENDSIZE: 520', 'Feedback-ID:
qyriamail:iqianyue.com:qybgweb:qybgweb2', '', '']
>>> #使用email.message_from_string()将解码后的信息转换为可识别的邮件信息
>>> import email
>>> myemailmsg=email.message_from_string("\n".join(newmsg))
>>> #通过email.header.decode_header()从可识别的邮件信息中得到标题信息
>>> from email.header import decode_header
>>> title=decode_header(myemailmsg["subject"])
>>> print(title)
[(b'\xce\xd2\xca\xc7\xd2\xbb\xb7\xe2\xb2\xe2\xca\xd4\xd3\xca\xbc\xfe', 'gb18030')]
>>> #标题信息中的第一个元素为标题具体内容，第二个元素为标题编码信息
>>> #进行解码处理
>>> title=title[0][0].decode(title[0][1])
>>> print(title)
我是一封测试邮件
>>> #可以看到，最近一封邮件信息的标题已经得到
```

通过上面的代码，就直接可以对邮件信息进行读取，此时可以登录网页版的邮箱验证一下是否正确。登录网页版的邮箱后，可以看到最新一封邮件的信息，如图 13-5 所示。

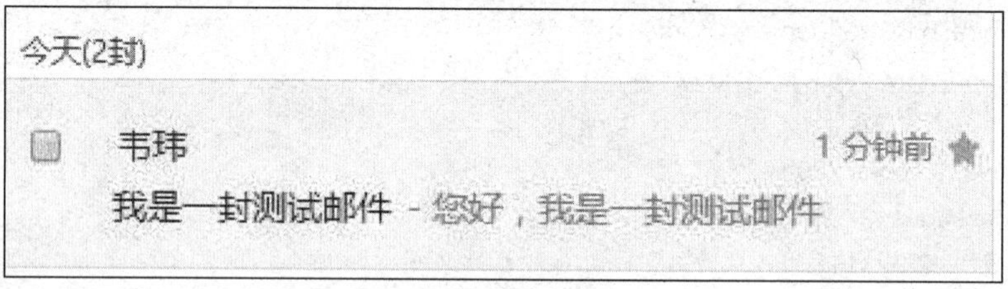

图 13-5　最新一封邮件的信息

可以看到，最近一封邮件的信息标题是"我是一封测试邮件"，这与代码中读取及输出的结果是一致的，所以，现在成功通过代码对邮箱中的邮件信息进行了读取。

接下来为大家介绍如何通过 Python 实现邮件发送的功能，实际上，这一部分的程序对本项目来说不是必需的。本项目的目的是通过电子邮件这种远程渠道实现对计算机的远程控制，只需要通过 Python 监控邮件中的指令信息即可。而发送电子邮件的环节，既可以通过 Python 代码实现，也可以通过传统的电子邮箱实现，所以这一部分不是必需的。当然，学习这一部分的功能，并且编写在程序中，可以让本项目更加完善。

如果需要通过 Python 实现邮件发送的功能，首先可以使用 SMTP 的方式登录电子邮箱，然后通过 email.mime.text 下面的 MIMEText 设置好要发送的电子邮件的内容，随后调用已经登录的电子邮件对象下面的 sendmail() 实现邮件的发送，最后调用电子邮件对象下面的 close() 实现连接的关闭。

比如，可以通过如下的代码实现电子邮件信息的发送，关键部分已给出详细的注释：

```
>>> #登录电子邮箱
>>> import smtplib
>>> mail=smtplib.SMTP('smtp.sina.com')
```

```
>>> mail.login('weiweitest789@sina.com','weijc7789')
(235, b'OK Authenticated')
>>> #现在已经成功登录，接下来通过MIMEText设置邮件信息
>>> from email.mime.text import MIMEText
>>> content=MIMEText('我是邮件的具体内容！本电子邮件主要用于测试是否能发送。')
>>> #设置标题信息
>>> content['Subject']='我是邮件标题，早上好！'
>>> #设置发送者邮箱
>>> content['From']='weiweitest789@sina.com'
>>> #设置接收者邮箱，邮箱与邮箱之间通过英文逗号隔开
>>> content['To']='weiweitest789@sina.com,abcdefg@iqianyue.com'
>>> #调用sendmail()实现发送，第一个参数为发送方邮箱
>>> #第二个参数为接收方邮箱，第三个参数为邮件信息
>>> mail.sendmail('weiweitest789@sina.com',["weiweitest789@sina.com","abcdefg@iqianyue.com"],
content.as_string())
{}
>>> #完成发送，关闭连接
>>> mail.close()
```

运行了上面的代码之后，邮件就通过 Python 代码发送到了指定的邮箱中了。此时，接收者的邮箱会出现刚刚发送的相关邮件信息，如图 13-6 所示。

图 13-6　接收者的邮箱中已经收到相关邮件

可以看到，接收者的邮箱中已经收到相关邮件。如果在收件箱中无法找到，可尝试在垃圾箱中寻找，为了避免进垃圾箱，大家可以将发送者的邮件地址添加到白名单中。

现在，相关的功能可以通过 Python 代码实现了。接下来就整合上面的各部分功能，完成整个项目的开发。

现在编写本项目的核心业务逻辑处理部分，主要思路是：首先建立好控制本地计算机关机的函数、控制本地计算机重启的函数、读取指定电子邮箱第一封邮件标题的函数、发送相应内容到指定电子邮箱的函数等；然后编写一个 while 循环，在循环中，定时登录指定电子邮箱并读取第一封电子邮件标题。如果标题为某个指定信息，则调用相应的自定义函数执行相应的操作，如标题为"关机"，可以调用关机函数实现控制本地计算机关机等。在执行了相应的操作之后，调用邮件发送函数给指定的邮箱发送一封新邮件，应避免新邮件的标题与我们定义的指定信息相同，这样，该软件下一次监控邮箱中最近一封邮件标题的时候，就不会永无止境地执行前面这一次的操作了，因为此时最近一封邮件的标题已经被重置。

本项目完整的代码如下所示：

```
#项目完整代码
#控制本地计算机关机的函数
def shut():
```

```
        import os
        #关机
        os.system('shutdown –s –t 1')
        print("关机指令执行成功")
#控制本地计算机重启的函数
def restart():
        import os
        #重启
        os.system('shutdown –r')
        print("重启指令执行成功")
#读取指定电子邮箱第一封邮件标题的函数
def read():
        #导入poplib
        import poplib
        #登录邮箱
        mail=poplib.POP3('pop.sina.com')
        mail.user('weiweitest789@sina.com')
        mail.pass_('weijc7789')
        #登录后获取统计信息
        statistics=mail.stat()
        #通过top()指定返回前几行邮件信息，这里返回前0行，即最近一封邮件信息
        emailmsg=mail.top(statistics[0],0)
        #先创建列表newmsg存储解码后的信息
        newmsg=[]
        #通过for循环对列表emailmsg[1]里面的数据依次进行解码
        for i in emailmsg[1]:
                #尝试各种编码的解码
                try:
                        newmsg.append(i.decode())
                except Exception as err:
                        try:
                                newmsg.append(i.decode("gbk"))
                        except Exception as err:
                                newmsg.append(i.decode("big5"))
        #使用email.message_from_string()将解码后的信息转换为可识别的邮件信息
        import email
        myemailmsg=email.message_from_string("\n".join(newmsg))
        #通过email.header.decode_header()从可识别的邮件信息中得到标题信息
        from email.header import decode_header
        title=decode_header(myemailmsg["subject"])
        #进行解码处理
        if title[0][1]:
                #如果有第二个元素，说明有编码信息
                title=title[0][0].decode(title[0][1])
        else:
```

```
            #否则没有编码信息,直接返回标题
            title=title[0][0]
        return title
#发送相应内容到指定电子邮箱的函数
def send(to=["weiweitest789@sina.com"],title="测试",content="测试"):
    #登录电子邮箱
    import smtplib
    mail=smtplib.SMTP('smtp.sina.com')
    mail.login('weiweitest789@sina.com','weijc7789')
    #现在已经成功登录,接下来通过MIMEText设置邮件信息
    from email.mime.text import MIMEText
    content=MIMEText(content)
    #设置标题信息
    content['Subject']=title
    #设置发送者邮箱
    content['From']='weiweitest789@sina.com'
    #设置接收者邮箱,邮箱与邮箱之间通过英文逗号隔开
    content['To']=','.join(to)
    #调用sendmail()实现发送,第一个参数为发送方邮箱
    #第二个参数为接收方邮箱,第三个参数为邮件信息
    mail.sendmail('weiweitest789@sina.com',to,content.as_string())
    #完成发送,接下来关闭连接
    mail.close()
#核心业务逻辑处理部分
print("程序运行中,等待远程指令")
while True:
    import time
    #读取指定邮箱的最新邮件标题信息
    thismsg=read()
    #如果标题为"重启""关机"等,执行相应操作
    if(thismsg=="重启"):
        #调用send()重置指令,避免后续再监控到重启指令,重复执行重启操作
        send()
        #执行重启
        restart()
    elif(thismsg=="关机"):
        #调用send()重置指令,避免后续再监控到关机指令,重复执行关机操作
        send()
        #执行关机
        shut()
    #每5s检测一次
    time.sleep(5)
```

执行上面的程序之后,会输出如下所示信息:

程序运行中,等待远程指令

只要在本地计算机执行了上面的程序，计算机便会一直监听远程指令。比如现在家里面的计算机运行了上面的程序，但是你人在办公室，此时可以通过电子邮箱给 weiweitest789@sina.com（即程序中监听的邮箱地址）发送一封标题为"重启"的邮件，家里面的计算机就会自动执行重启的操作，如果发送一封标题为"关机"的邮件到该邮箱，家里面的计算机便会自动执行关机的操作，这个时候就可以实现远程控制计算机重启或关机了。

比如，现在远程发送一封标题为"关机"的邮件到程序中监听的邮箱地址（weiweitest789@sina.com），等待一小会之后，程序中输出如下：

程序运行中，等待远程指令
关机指令执行成功

随后计算机自动执行关机操作。

重新开机后，登录收件邮箱，发现有图 13-7 所示的邮件信息。

图 13-7　重新开机后收件邮箱中的信息

图 13-7 中标题为"关机"的邮件是刚刚手动远程发送的，当本地程序监测到"关机"这个标题之后，自动调用 send()函数发送了一封重置邮件，即图 13-7 中标题为"测试"的这封邮件，随后控制计算机执行了关机的操作。

至此，本项目成功编写完成，功能已经实现。

开发过程中的调试

13.7　开发过程中的调试

有的时候，在写软件的时候会出现一定的错误和问题，尝试去解决这些问题的过程，称为调试。

大家在开发本项目的时候，同样也会遇到各种各样的问题，这都不要紧，只需要在遇到问题的时候能够发现问题出在什么地方，并且改进相应的程序即可。在项目开发的时候经常会进行调试，很难一次就将程序开发得非常完美。

比如，大家在编写邮件读取环节的程序时，如果操作等待时间过长，经常会遇到一些无法连接的错误，这个时候，大家重新执行登录的代码即可解决，这个过程就是一个调试的过程。类似的，大家在遇到其他问题的时候，也要尽量先定位问题出在了什么地方，然后对照上面的程序，仔细观察是哪个地方或者细节的问题，如果还思考不出，可以将错误提示放到搜索引擎中查找一下，看看能否解决。

总之，在遇到问题的时候，多独立思考，多尝试独立地解决这些问题，可以让你的编程能力变得更强。

13.8 打包 Python 程序

打包 Python 程序

13.8.1 程序打包的概念

把编写的程序代码变成一款可以直接执行的软件，这个过程就叫作程序的打包。

比如，现在编写的脚本只能在 Python 编辑器中运行，将其打包成软件之后，就可以直接在操作系统中运行，并不需要 Python 编辑器的支持。

13.8.2 打包 Python 程序的方法

读者可以使用一些工具把 Python 程序打包成可执行的应用软件。

在 Python 中，常用于打包的工具主要有 py2exe、Pyinstaller 等。这些工具并不需要全部掌握，大家选择一款自己觉得适合的工具即可。

配套视频课程中介绍的是 py2exe 这款工具的使用（由于视频录制得较早，所以使用的是 Python2.7，配合 py2exe 非常方便）。实际上，在 Python 3 中，Pyinstaller 这款工具会更为方便一些。

本书会为大家介绍如何通过 Pyinstaller 实现对 Python 程序的打包。

13.8.3 本项目中程序打包的应用实例

要使用 Pyinstaller 这款工具，首先需要安装。

在此，大家可以使用 pip 直接安装 Pyinstaller。首先打开 cmd 命令行界面，然后输入图 13-8 所示的指令。

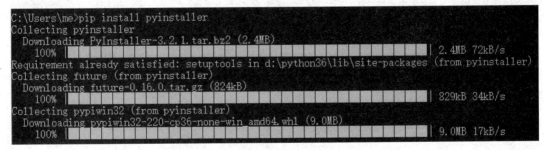

图 13-8 通过 pip 指令安装 Pyinstaller

可以看到，图 13-8 中通过 "pip install pyinstaller" 指令安装 Pyinstaller，只需要等待其安装完成即可。

安装完成后，会出现图 13-9 所示的安装成功提示信息。

```
Installing collected packages: future, pypiwin32, pyinstaller
  Running setup.py install for future ... done
  Running setup.py install for pyinstaller ... done
Successfully installed future-0.16.0 pyinstaller-3.2.1 pypiwin32-220
```

图 13-9 安装成功提示信息

并且，读者可以在 Python 安装目录下面的 Scripts 目录下看到已经安装好的工具文件 pyinstaller.exe，如图 13-10 所示。

> pyinstaller.exe
> pyinstaller-script.py

图 13-10　Python 安装目录下面的 Scripts 目录中可以看到 pyinstaller.exe 工具文件

接下来就可以使用 Pyinstaller 工具将 Python 程序打包成应用软件了，指令格式如下：

pyinstaller所在路径　待打包程序所在路径

比如，本项目的完整程序所在路径为 "D:/我的书籍/longrange.py"，笔者计算机的 Python 安装目录为 "D:/Python35"，所以可以通过如下 cmd 指令完成本项目的 Python 程序的打包：

```
D:\>d:\Python35\Scripts\pyinstaller d:\我的书籍\longrange.py
234 INFO: PyInstaller: 3.2.1
234 INFO: Python: 3.5.2
235 INFO: Platform: Windows-10-10.0.14393-SP0
247 INFO: wrote D:\longrange.spec
249 INFO: UPX is not available.
251 INFO: Extending PYTHONPATH with paths
['d:\\我的书籍', 'D:\\']
251 INFO: checking Analysis
252 INFO: Building Analysis because out00-Analysis.toc is non existent
252 INFO: Initializing module dependency graph...
256 INFO: Initializing module graph hooks...
258 INFO: Analyzing base_library.zip ...
3841 INFO: running Analysis out00-Analysis.toc
…输出代码太多，在此省略部分，节约空间…
20992 INFO: Updating manifest in C:\Users\me\AppData\Roaming\pyinstaller\bincache00_py35_64bit\_socket.pyd
20993 INFO: Updating resource type 24 name 2 language 1033
21007 INFO: Building COLLECT out00-COLLECT.toc completed successfully.
```

完成打包之后，可以看到在 cmd 窗口中会输出 "…completed successfully." 等提示信息。

打包成功后的可执行程序可以在 D:/dist 目录中找到，如图 13-11 所示，longrange 文件夹就是刚刚打包生成的与 longrange.py 程序有关的软件文件夹。

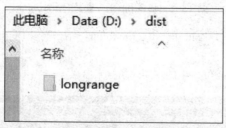

图 13-11　打包后生成的 longrange 文件夹

进入 longrange 文件夹后，会发现里面有很多文件，如图 13-12 所示。

图 13-12 中扩展名为 ".exe" 的文件，就是打包后生成的可执行文件，双击该文件即可直接运行。运行后，会出现图 13-13 所示的界面。

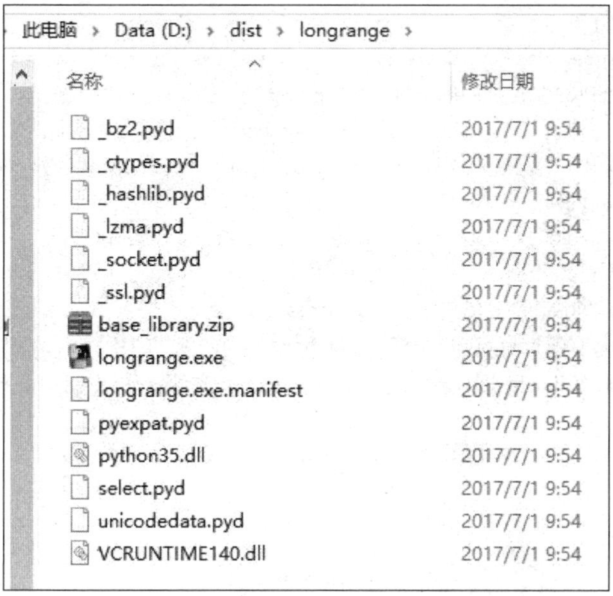

名称	修改日期
_bz2.pyd	2017/7/1 9:54
_ctypes.pyd	2017/7/1 9:54
_hashlib.pyd	2017/7/1 9:54
_lzma.pyd	2017/7/1 9:54
_socket.pyd	2017/7/1 9:54
_ssl.pyd	2017/7/1 9:54
base_library.zip	2017/7/1 9:54
longrange.exe	2017/7/1 9:54
longrange.exe.manifest	2017/7/1 9:54
pyexpat.pyd	2017/7/1 9:54
python35.dll	2017/7/1 9:54
select.pyd	2017/7/1 9:54
unicodedata.pyd	2017/7/1 9:54
VCRUNTIME140.dll	2017/7/1 9:54

此电脑 › Data (D:) › dist › longrange ›

图 13-12　longrange 文件夹里面的文件

D:\dist\longrange\longrange.exe

程序运行中，等待远程指令

图 13-13　打包后程序运行界面

此时，只需要开启该程序，便可以实现远程控制当前计算机以进行重启或关机，只要给指定邮箱发送"关机"或"重启"指令即可。

由图 13-12 可以看到，当前打包之后的程序需要依赖很多文件。由于依赖文件太多，将打包好的程序迁移到其他计算机运行，非常不方便。

其实，如果将所有依赖的文件全部封装到 .exe 文件中也是可以的，只需要在打包的时候加上 -F 参数即可。

同时，由图 13-13 可以看到，打开软件后，会出现一个 cmd 界面。有些时候，不希望软件带有该cmd 界面，也可以在打包的时候通过 -w 参数直接将其屏蔽，这样在某些情况下会美观很多。

接下来，为大家演示如何将所有的依赖文件全部封装到 .exe 文件中，且不带 cmd 界面。此时打包的 cmd 指令如下所示：

```
D:\>d:\Python35\Scripts\pyinstaller –F –w d:\我的书籍\longrange.py
671 INFO: PyInstaller: 3.2.1
687 INFO: Python: 3.5.2
687 INFO: Platform: Windows-10-10.0.14393-SP0
703 INFO: wrote D:\longrange.spec
703 INFO: UPX is not available.
718 INFO: Extending PYTHONPATH with paths
['d:\\我的书籍', 'D:\\']
718 INFO: checking Analysis
859 INFO: checking PYZ
```

937 INFO: checking PKG

953 INFO: Building because D:\build\longrange\longrange.exe.manifest changed

953 INFO: Building PKG (CArchive) out00-PKG.pkg

2953 INFO: Building PKG (CArchive) out00-PKG.pkg completed successfully.

2953 INFO: Bootloader d:\python35\lib\site-packages\PyInstaller\bootloader\Windows-64bit\runw.exe

2953 INFO: checking EXE

2968 INFO: Rebuilding out00-EXE.toc because longrange.exe missing

2968 INFO: Building EXE from out00-EXE.toc

2984 INFO: Appending archive to EXE D:\dist\longrange.exe

3015 INFO: Building EXE from out00-EXE.toc completed successfully.

打包完成后，在 D:/dist 目录中会生成一个独立的.exe 文件，如图 13-14 所示。

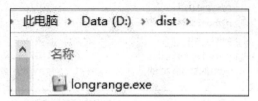

图 13-14　打包生成的独立的.exe 可执行文件

　　读者可以直接将该文件迁移到其他计算机中，即使其他计算机没有搭建好 Python 开发环境，双击该.exe 文件即可执行（但是最好关闭杀毒软件，避免被误杀干扰）。

　　并且，由于打包时加入了-w 参数，所以运行该软件时并不会显示 cmd 界面，因为 cmd 界面已经通过-w 参数屏蔽掉了。如果想显示 cmd 界面，在打包的时候不加-w 参数即可。运行该软件，即可实现通过电子邮件远程控制该计算机关机或者重启的功能。

项目实现与总结

13.9　项目的实现与总结

　　至此，本项目已经完全实现了。

　　在这个小项目的编写过程中，大家知道了项目开发的基本流程，并且完整地走了一遍。希望大家以后在接到软件项目的时候有一个项目管理的意识。

按标准的步骤去开发项目，会大大提高大项目的开发效率。

　　在这个小项目开发的过程中，还复习了之前学习过的 Python 基础知识，希望大家能对 Python 的基础知识进行良好的综合，融会贯通。

第14章

Python实战项目——腾讯动漫爬虫

■ 本章将为大家介绍一个新项目的开发，该项目会实现使用 Python 程序自动爬取腾讯动漫作品的功能。

14.1 urllib 基础

要实现本项目，首先需要了解 urllib 库的相关基础，因为通过 Python 代码爬取网页的时候经常会使用到 urllib 库。对网页进行爬取的这些程序也叫作爬虫。

urllib 库是 Python 自带的，不需要额外下载与安装。

如果希望通过 urllib 爬取一个网页，可以使用 urllib.request.urlopen()方法实现。比如，爬取百度首页，可以通过如下所示的代码实现：

```
>>> #导入urllib.request
>>> import urllib.request
>>> page=urllib.request.urlopen("http://www.baidu.com")
>>> #此时，page就是爬到的网页，但是如果要得到里面的信息，还需要使用read()方法读取
>>> data=page.read()
>>> len(data)
111494
>>> #上面的data为网页的源码数据
>>> #为了避免出问题，通常还需要对数据进行解码，比如使用decode()处理
>>> data=data.decode("utf-8","ignore")
>>> #上面的data为解码后的数据，上面的ignore参数用于出问题时忽略问题
>>> #如果要提取出网页中的相关信息，可以使用表达式，比如可以使用正则表达式进行
>>> import re
>>> pat="<title>(.*?)</title>"
>>> #上面的正则表达式可以匹配出标题
>>> #使用正则表达式函数实现从data中将匹配的数据提取出来
>>> rst=re.compile(pat,re.S).findall(data)
>>> #输出匹配的结果
>>> print(rst)
['百度一下，你就知道']
>>> #可以看到，上面的代码爬取了百度首页，并通过正则表达式提取出了百度首页的标题信息
```

上面的代码为大家演示了使用 urllib 库爬取简单的网页，并且从爬取到的数据中提取出网页标题这一项信息。事实上，当爬到数据之后，可以根据需求提取各种目标信息，是非常灵活的。

从上面的代码中大家可以看到，爬取一个网页中的数据，首先需要使用 urlopen()获得该网页，然后使用 read()来读取具体的数据，最后还要使用 decode()进行解码。在正常编写程序的时候，这些步骤也可以整合到一起。比如想得到百度首页（http://www.baidu.com）中的网页数据，可以使用下面的编写方式来实现：

```
>>> #导入urllib.request
>>> import urllib.request
>>> #整合写，直接得到百度首页的网页数据，并且此时数据已经经过解码处理
>>> data=urllib.request.urlopen("http://www.baidu.com").read().decode("utf-8","ignore")
```

这种整合的编写方法在实际编程的时候会更加方便。在实际编程的时候，一般会将网页的获取、网页数据的读取、解码等环节整合起来编写。

有的时候还需要将 urllib 程序伪装成浏览器，才能够爬取相关网页，否则会出现一些错误。

大家可以尝试使用 urllib 爬取糗事百科的一个网页，例如我们要爬取 http://www.qiushibaike.com/，按照常规的写法，如下所示：

```
>>> import urllib.request
>>> data=urllib.request.urlopen("http://www.qiushibaike.com/").read().decode("utf-8","ignore")
```

但是在执行了上面的程序之后，却出现了图 14-1 所示的错误提示。

```
File "D:\Python35\lib\http\client.py", line 1197, in getresponse
    response.begin()
File "D:\Python35\lib\http\client.py", line 297, in begin
    version, status, reason = self._read_status()
File "D:\Python35\lib\http\client.py", line 266, in _read_status
    raise RemoteDisconnected("Remote end closed connection without"
http.client.RemoteDisconnected: Remote end closed connection without response
```

图 14-1　错误提示

这个错误是由于对方网站识别了访问者的身份，并对某些访问者做了限制所导致的。显然，此时需要将 urllib 程序伪装成浏览器，才可对该网站进行访问爬取。

一般来说，网站如果要识别访问者的身份是浏览器还是其他类型，可以通过访问者的用户代理（即 User-Agent 信息）进行。

打开浏览器，然后按 F12 键调出网页调试工具，并选择工具中的 Network 选项卡，随后在浏览器中任意打开一个网页，便会看到调试工具的左侧加载出了相关的网址信息，单击调试工具左侧显示的任意一个网址，在调试工具右侧部分的界面中选择 Headers 选项卡，信息如图 14-2 所示。

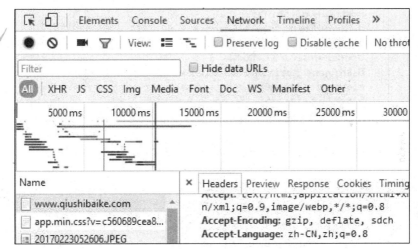

图 14-2　网页调试工具中的 Headers 信息

随后就可以在 Headers 信息中查看到用户代理（User-Agent）的相关信息，如图 14-3 所示。

可以将图 14-3 中的用户代理相关信息复制出来，如下所示：

User-Agent:Mozilla/5.0 (Windows NT 10.0；WOW64) AppleWebKit/537.36 (KHTML, like Gecko) Chrome/49.0.2623.221 Safari/537.36 SE 2.X MetaSr 1.0

可以看到，当前的用户代理代表着当前浏览器的身份，不同浏览器的用户代理很可能不一样。

显然，现在只需要将上面的用户代理信息添加到 urllib 程序中，便可以让 urllib 程序以浏览器的身份爬取相关的网页，即实现了将 urllib 程序伪装成浏览器。

将用户代理信息添加到 urllib 程序中的方法很多，此处只介绍其中一种。

如果希望将用户代理信息添加到 urllib 程序中，可以使用 opener 实现。首先创建一个 opener 对象，然后把 opener 对象下的 addheaders 属性设置为相关的用户代理信息。设置完成之后，其代理信息就添加到 opener 对象中了，此时可以使用 opener 对象下的 open()方法以浏览器的身份访问爬取网页，urllib.request 中仍然不会以浏览器的身份去访问爬取网页。如果需要让 urllib.request 也可以使用浏览器的身份爬取相关的网页，还需要把 opener 对象安装为全局。

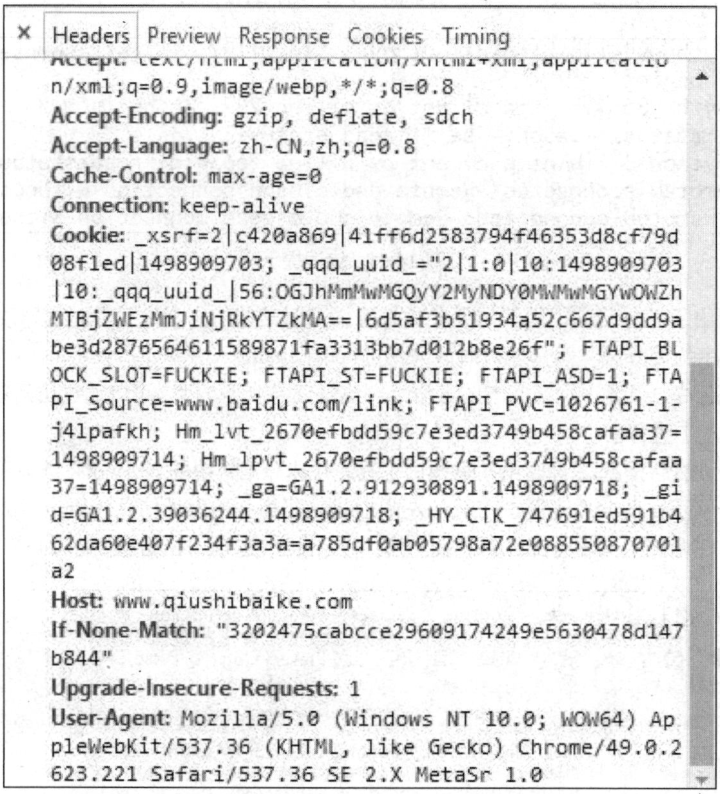

Accept: text/html,application/xhtml+xml,applicatio
n/xml;q=0.9,image/webp,*/*;q=0.8
Accept-Encoding: gzip, deflate, sdch
Accept-Language: zh-CN,zh;q=0.8
Cache-Control: max-age=0
Connection: keep-alive
Cookie: _xsrf=2|c420a869|41ff6d2583794f46353d8cf79d
08f1ed|1498909703; _qqq_uuid_="2|1:0|10:1498909703
|10:_qqq_uuid_|56:OGJhMmMwMGQyY2MyNDY0MWMwMGYwOWZh
MTBjZWEzMmJiNjRkYTZkMA==|6d5af3b51934a52c667d9dd9a
be3d2876564611589871fa3313bb7d012b8e26f"; FTAPI_BL
OCK_SLOT=FUCKIE; FTAPI_ST=FUCKIE; FTAPI_ASD=1; FTA
PI_Source=www.baidu.com/link; FTAPI_PVC=1026761-1-
j41pafkh; Hm_lvt_2670efbdd59c7e3ed3749b458cafaa37=
1498909714; Hm_lpvt_2670efbdd59c7e3ed3749b458cafaa
37=1498909714; _ga=GA1.2.912930891.1498909718; _gi
d=GA1.2.39036244.1498909718; _HY_CTK_747691ed591b4
62da60e407f234f3a3a=a785df0ab05798a72e088550870701
a2
Host: www.qiushibaike.com
If-None-Match: "3202475cabcce29609174249e5630478d147
b844"
Upgrade-Insecure-Requests: 1
User-Agent: Mozilla/5.0 (Windows NT 10.0; WOW64) Ap
pleWebKit/537.36 (KHTML, like Gecko) Chrome/49.0.2
623.221 Safari/537.36 SE 2.X MetaSr 1.0

图 14-3　用户代理（User-Agent）的相关信息

比如，我们可以通过如下所示的程序实现以浏览器的身份爬取网页的功能，关键部分已给出详细注释：

```
>>> import urllib.request
>>> #将用户代理信息以元组的方式存储起来
>>> headers=("User-Agent","Mozilla/5.0 (Windows NT 10.0; WOW64) AppleWebKit/537.36 (KHTML, like Gecko) Chrome/49.0.2623.221 Safari/537.36 SE 2.X MetaSr 1.0")
>>> #创建opener对象
>>> opener = urllib.request.build_opener()
>>> #把opener对象下的addheaders属性设置为相关的用户代理信息
>>> opener.addheaders=[headers]
>>> #使用opener下的open()爬取相关网页，此时可以爬了
>>> data=opener.open("http://www.qiushibaike.com/").read()
>>> print(len(data))
76496
>>> #此时urllib.request仍然不以浏览器身份访问
>>> data=urllib.request.urlopen("http://www.qiushibaike.com/").read().decode("utf-8","ignore")
Traceback (most recent call last):
  File "<pyshell#7>", line 1, in <module>
```

```
…节约篇幅，省略部分输出代码…
    raise RemoteDisconnected("Remote end closed connection without"
http.client.RemoteDisconnected: Remote end closed connection without response
>>> #可以看到，上面使用urllib.request访问仍然被拒
>>> #如果要让urllib.request也可以使用浏览器的身份爬取相关的网页，还需要把opener对象安装为全局
>>> #安装为全局
>>> urllib.request.install_opener(opener)
>>> #安装后，urllib.request也能以浏览器身份访问了
>>> data=urllib.request.urlopen("http://www.qiushibaike.com/").read().decode("utf-8","ignore")
>>> print(len(data))
66061
>>> #可以看到，成功实现
```

上面已经为大家介绍了如何让 urllib 爬虫以浏览器的身份去爬取相应的网页，接下来为大家介绍如何编写一个百度信息自动搜索爬虫。

比如，大家可以先手动在百度上搜索一个关键词，在此笔者输入"马蹄糕"关键词并搜索，随后便会出现相应的网页列表，注意观察此时地址栏中的 URL 地址。当前的 URL 地址为：

https://www.baidu.com/s?wd=%E9%A9%AC%E8%B9%84%E7%B3%95&rsv_spt=1&rsv_iqid=0xa72146100006daf7&issp=1&f=8&rsv_bp=0&rsv_idx=2&ie=utf-8&tn=baiduhome_pg&rsv_enter=1&rsv_sug3=1&rsv_sug1=1&rsv_sug7=100&rsv_sug2=0&inputT=1997&rsv_sug4=1997

接下来可以手动单击"下一页"按钮，以及再下一页等，并关注 URL 变化，各页 URL 变化如下所示。

第 2 页：

https://www.baidu.com/s?wd=%E9%A9%AC%E8%B9%84%E7%B3%95&pn=10&oq=%E9%A9%AC%E8%B9%84%E7%B3%95&tn=baiduhome_pg&ie=utf-8&usm=3&rsv_idx=2&rsv_pq=b3fa137f0005ed59&rsv_t=511fl%2F7HDoSyZhJduay6QDMQ55s%2FNOSXLVTRwMUI%2BRFSkuH6IZVm%2FFU3kJ338lGTERtV&rsv_page=1

第 3 页：

https://www.baidu.com/s?wd=%E9%A9%AC%E8%B9%84%E7%B3%95&pn=20&oq=%E9%A9%AC%E8%B9%84%E7%B3%95&tn=baiduhome_pg&ie=utf-8&usm=3&rsv_idx=2&rsv_pq=afbf49b300080f3b&rsv_t=3aa9bm1azjEU83fjgO0oI5v4%2Bbw9YV5ReS8js1HENjzeDZs%2BzoriAB5ucuOSzXz87Sy9&rsv_page=1

……

注意观察上面各页 URL 地址的变化，显然，最大的不同为 pn 这一个字段，第 1 页没有 pn 字段，第 2 页的 pn 字段值为 10，第 3 页的 pn 字段值为 20，所以，可以推测页码与 pn 字段的关系为 pn 字段值=（当前页码值-1）*10。同时，经过分析可以知道，上面 URL 地址中的 wd 字段代表的是检索的关键词，而其他的一些字段很多都可以精简。

所以，初步分析可以知道 URL 与检索内容的基本关系如下。

URL：https://www.baidu.com/s?wd=检索关键词&pn=(当前页码值-1)*10

有了上面的分析之后，可以先验证一下分析是否正确，比如要查看"金毛"关键词第 10 页的检索结果，按照上面总结出来的关系，URL 应该是：

https://www.baidu.com/s?wd=金毛&pn=90

可以访问一下上面的网址，结果如图 14-4 所示。

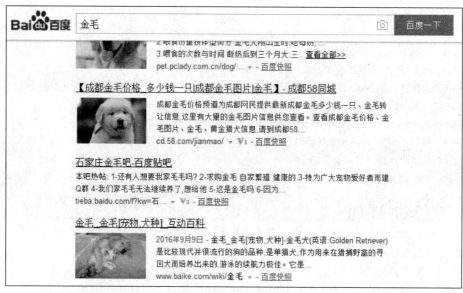

图 14-4　检索结果页面展示

并且正好在第 10 页，如图 14-5 所示。

图 14-5　当前检索的页码

显然，刚刚总结出来的 URL 规律是没有问题的。有了上面的规律之后，接下来就可以编写 Python 爬虫实现自动检索百度信息了。

相关代码如下所示，关键部分已给出详细注释：

```
import urllib.request
url="http://www.baidu.com/s?wd="
key="马蹄糕"
#对关键词进行编码，因为URL中需要对中文等进行处理
key_code=urllib.request.quote(key)
#带检索关键词的URL
url_key=url+key_code
#通过for循环爬取各页信息，这里爬取1～10页
for i in range(0,10):
    print("正在爬取"+str(i+1)+"页数据")
    #根据刚刚总结的URL规律构造当前URL
    thisurl=url_key+"&pn="+str(i*10)
    #爬取这一页的数据
```

```
data=urllib.request.urlopen(thisurl).read().decode("utf-8","ignore")
#成功得到数据
#根据正则表达式将爬到的网页列表中的各网页标题进行提取
import re
pat='"title":"(.*?)"'
rst=re.compile(pat,re.S).findall(data)
#将各标题信息通过循环遍历输出
for j in range(0,len(rst)):
    print("第"+str(j)+"条网页标题是:"+str(rst[j]))
    print("------------")
```

通过上面的代码可以实现一个百度信息自动检索的爬虫,输出结果如下所示:

```
正在爬取1页数据
第0条网页标题是:马蹄糕的做法,马蹄糕怎么做好吃,马蹄糕的家常做法_鱼尾巴_好豆网
------------
第1条网页标题是:马蹄糕的做法,马蹄糕怎么做好吃,马蹄糕的家常做法_felicia_好豆网
------------
第2条网页标题是:马蹄糕的做法_家常马蹄糕的做法【图】马蹄糕的家常做法大…_美食杰
------------
第3条网页标题是:马蹄糕的做法_马蹄糕怎么做_马蹄糕的家常做法 _下厨房
------------
第4条网页标题是:广式马蹄糕的做法_【图解】广式马蹄糕怎么做如何做好吃…_豆果美食
------------
第5条网页标题是:大厨教你做美食_20131122期-美味点心自己做-马蹄糕-生活-…_爱奇艺
------------
正在爬取2页数据
第0条网页标题是:【马蹄糕的做法】马蹄糕怎么做_马蹄糕的家常做法_下厨房
…节约空间,输出内容太多,省略部分输出代码…
第8条网页标题是:马蹄糕的做法,马蹄糕怎么做好吃,马蹄糕的家常做法_想停_好豆网
------------
第9条网页标题是:广东马蹄糕的做法 3种做法简单又美味_6681养生网
------------
第10条网页标题是:'+r+'
------------
```

可见,通过上面的爬虫可以自动在百度上检索指定关键词,并且自动得到前 10 页结果,并且将各页结果中的标题信息进行了输出。

通过上面的学习,大家应该已经掌握了 urllib 的一些简单的基础知识。这些知识在本项目中已经足够,未来在需要用到的时候,可以再研究自动模拟 post 请求、抓包分析、反爬攻关技巧等更深入的知识。

14.2　PhantomJS 基础

由于腾讯动漫站点具有动态反爬机制,所以本项目中还会使用 PhantomJS 对这个反爬机制进行处理。本节会为大家介绍 PhantomJS 的一些基础知识。

PhantomJS 将 QtWebKit 作为其核心浏览器的功能,当然读者也可以把 PhantomJS 看成一个浏览

器，但是这个浏览器是无界面的，可以直接使用代码操作它来实现相关的功能。

在 PhantomJS 中，可以执行相应的 JavaScript 代码，实际上，也可以使用 Python 代码操作 PhantomJS 以实现相应的功能。

正是由于 PhantomJS 具有浏览器的功能，所以在用其访问网页的时候，即使是一些动态数据，也会被自动触发，此时就可以解决传统爬虫比较难解决的或者需要通过抓包分析才能解决的动态数据加载的问题。当然，PhantomJS 解决动态数据触发的问题比较方便，但是爬取效率不如通过抓包分析解决后所写的爬虫，正所谓有其利，必有其弊。

如果要使用 PhantomJS，首先需要下载 PhantomJS 并安装。

大家可以从 PhantomJS 官网下载 PhantomJS，下载之后可以直接解压，解压并配置好环境变量后就安装成功了。

笔者将 PhantomJS 解压到 D:/Python35/phantomjs 目录中，解压后的文件如图 14-6 所示。

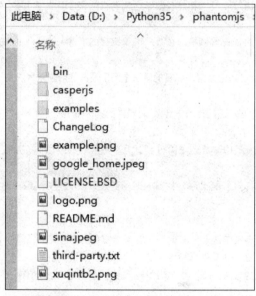

图 14-6　PhantomJS 解压后的内容

图 14-6 中的 bin 目录主要放置着 PhantomJS 的可执行文件，examples 目录中主要放置着一些官方已经写好的 PhantomJS 程序。前面已经提到过，可以直接在 PhantomJS 中执行 JavaScript 代码，也可以通过 Python 代码操作 PhantomJS。这些示例程序官方是采用 JavaScript 代码写的，如果读者熟悉 JavaScript，也可以自行编写 JavaScript 代码执行；如果不熟悉 JavaScript，也没关系，因为后面会介绍如何使用 Python 代码操作 PhantomJS。

解压目录中的 bin 目录主要放置着 PhantomJS 的可执行文件，不妨进入 bin 目录。可以看到，bin 目录的内容如图 14-7 所示。

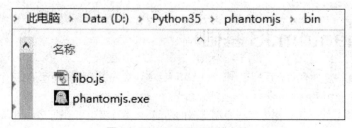

图 14-7　bin 目录下面的文件

图 14-7 中有一个名为 "phantomjs.exe" 的文件，该文件就是 PhantomJS 的可执行文件，执行该文件就可以启动 PhantomJS 了。

接下来还需要配置环境变量，配置环境变量的目的是告诉系统从什么地方去调用 PhantomJS 的可执行文件，显然，需要将 PhantomJS 的解压目录下面的 bin 目录配置为环境变量。

大家可以打开环境变量配置界面，并编辑 PATH 变量，在 PATH 变量中把 PhantomJS 解压目录下面的 bin 目录添加上，如图 14-8 所示。

```
D:\Python35\phantomjs\bin\
```

图 14-8　配置 PATH 环境变量

添加好之后，只需要保存即可完成环境变量的配置。

随后，可以打开 cmd 界面，在 cmd 界面中输入 "phantomjs"，看一下是否能够调用 PhantomJS，如果环境变量的配置没有问题，会出现图 14-9 所示的界面。

```
C:\Users\me>phantomjs
phantomjs>
```

图 14-9　cmd 界面中输入 "phantomjs" 后的界面

可以看到，当前成功调用了 PhantomJS，现在正在等待执行相应的操作，随后手动关闭，退出该界面即可。

经过上面的步骤，大家已经完成了 PhantomJS 的安装与配置。如果希望使用 Python 代码操作 PhantomJS，还需要使用 Selenium 这款工具。同样，Python 中有 Selenium 这个模块，只需要通过 pip 安装好这个模块，就可以使用了。

大家可以直接在 cmd 界面中输入下面的指令来安装 Selenium：

```
pip install selenium
```

执行了上面的指令之后，便会自动安装好 Selenium，结果如图 14-10 所示。

```
C:\Users\me>pip install selenium
Collecting selenium
  Downloading selenium-3.4.3-py2.py3-none-any.whl (931kB)
    100% |████████████████████████████████| 942kB 41kB/s
Installing collected packages: selenium
Successfully installed selenium-3.4.3
```

图 14-10　成功安装 Selenium

随后，大家就可以在 Python 代码中使用 Selenium 了，比如可以尝试执行下面的代码：

```
>>> import selenium
```

如果没有出现错误，即说明 Selenium 成功安装，接下来便可以使用 Selenium 操作 PhantomJS 完成相应的功能了。

接下来为大家介绍 PhantomJS 的基础使用。

要使用 PhantomJS，首先需要创建一个 PhantomJS 浏览器对象。如果需要创建 PhantomJS 浏览器对象，可以首先从 selenium 中导入 webdriver，再使用 webdriver 的 PhantomJS() 创建即可。比如，可以通过如下所示代码创建一个 PhantomJS 浏览器对象：

```
>>> #导入webdriver
>>> from selenium import webdriver
```

```
>>> #创建一个PhantomJS浏览器对象
>>> browser=webdriver.PhantomJS()
>>> #此时browser就是创建出来的浏览器对象
```

创建浏览器对象之后，如果想访问爬取某个网页，可以调用浏览器对象下面的 get()方法实现，比如访问爬取百度首页，可以接着上面的代码继续输入如下代码实现：

```
>>> #访问爬取百度首页
>>> browser.get("http://www.baidu.com")
>>> #访问后，如果希望将当前访问到的界面截图保存
>>> #可以使用浏览器对象下的get_screenshot_as_file()方法实现
>>> browser.get_screenshot_as_file("D:/Python35/baidu.jpg")
True
>>> #保存之后，大家可以直接查看"D:/Python35/baidu.jpg"，便可看到当前访问的内容
```

随后，可以看到"D:/Python35/baidu.jpg"图片内容，如图 14-11 所示。

图 14-11　通过 PhantomJS 访问爬取百度首页得到的内容

如果希望通过 PhantomJS 自动在百度上搜索某些信息，只需要按照正常浏览网页的方式去操作即可，只不过这些操作会通过代码实现，此时不需要像 urllib 一样去分析 URL 地址的规律。urllib 与 PhantomJS 的基本操作思路是不同的，urllib 的思路主要是总结网页之间的规律，并根据该规律批量获取数据，而 PhantomJS 的思路主要是通过代码模拟人工去批量获取相应数据。

如果希望通过 PhantomJS 自动在百度上搜索某些信息，首先需要定位到图 14-11 所示的文本输入框中，清除输入框中的内容，然后输入待检索关键词，随后定位到"百度一下"按钮，然后单击该按钮，即可实现信息的自动搜索。

可以将鼠标指针移动到文本输入框所在位置，然后单击右键，选择"审查元素"命令，便可以定位到该元素所在代码的位置。如图 14-12 所示，图中被自动选中的部分就是文本输入框元素相关的代码。

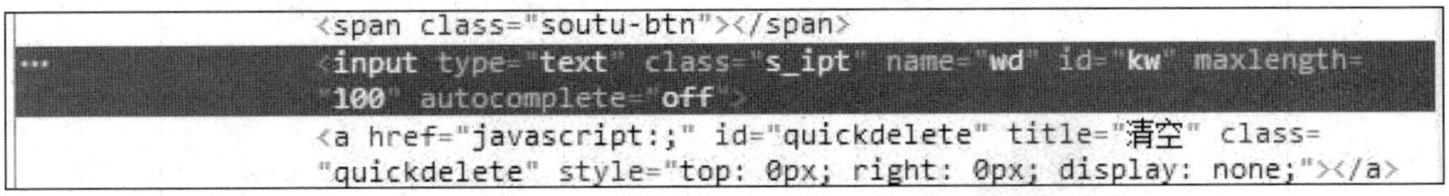

图 14-12 定位到的代码位置图示

然后在该代码位置单击右键，便可出现图 14-13 所示的快捷菜单，选择相关命令。

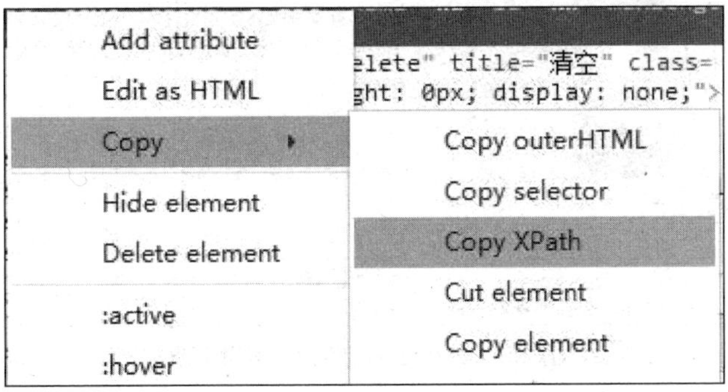

图 14-13 复制该元素相关代码的 XPath 表达式

在图 14-13 所示界面中，选择"Copy→Copy XPath"命令便可以复制相关的 XPath 表达式，复制后如下所示：

```
//*[@id="kw"]
```

接下来，还需要以类似的方式定位图 14-11 所示的"百度一下"按钮，首先将鼠标指针移动到该按钮所在位置，然后选择"审查元素"，在自动定位到代码的地方单击鼠标右键，并将对应的 XPath 表达式复制出来。

"百度一下"按钮元素所对应的 XPath 表达式为：

```
//*[@id="su"]
```

得到了需要定位元素相关的 XPath 表达式之后，就可以进行后续程序的编写了。接着上面已经输入的 Python 程序继续输入如下程序，实现自动在百度中搜索相关信息的功能：

```
>>> #通过XPath定位到文本输入框，并调用clear()清除输入框中已有数据（若有）
>>> browser.find_element_by_xpath('//*[@id="kw"]').clear()
>>> #通过XPath定位到文本输入框，并调用send_keys()向该输入框输入相关信息
>>> browser.find_element_by_xpath('//*[@id="kw"]').send_keys("可乐鸡翅")
>>> #通过XPath定位到"百度一下"按钮，并调用click()单击该按钮
>>> browser.find_element_by_xpath('//*[@id="su"]').click()
>>> #将当前浏览到的页面再次截图保存
>>> browser.get_screenshot_as_file("D:/Python35/baidu.jpg")
True
```

随后，大家可以查看图片"D:/Python35/baidu.jpg"，发现图中已经有了相应的搜索结果，部分截图如图 14-14 所示。

图 14-14　自动保存的搜索结果截图

可以看到，此时已经成功实现通过 PhantomJS 访问爬取百度网页，并自动进行信息搜索的功能。

如果希望获取 PhantomJS 当前访问页面的源码数据，可以调用浏览器对象下的 page_source 属性，比如可以继续输入如下 Python 代码，获得网页源码数据，并提取当前网页上各信息的标题：

```
>>> #获取当前PhantomJS访问的网页源码
>>> data=browser.page_source
>>> #接下来不需要使用PhantomJS了，可以退出浏览器对象
>>> browser.quit()
>>> #通过正则表达式提取网页上各信息的标题并输出
>>> import re
>>> pat="'title:'(.*?)'"
>>> rst=re.compile(pat,re.S).findall(data)
>>> print(rst)
['可乐鸡翅的做法\u3000美食天下', '可乐鸡翅最正宗的做法_百度经验', '可乐鸡翅_百度百科', '', '可乐鸡翅的相关视频 在线观看_百度视频']
```

可以看到，当前网页上信息的标题已经输出了。

经过上面的学习，大家应该已经对 PhantomJS 的基础使用有了了解。大家需要重点掌握如何创建 PhantomJS 浏览器对象，如何访问爬取相关网页，如何对网页中的元素信息进行定位，如何截取当前 PhantomJS 访问的页面为图片，如何获得 PhantomJS 访问页面的源代码，如何退出 PhantomJS 浏览器对象等知识。其次，还需要掌握 PhantomJS 与 urllib 编程时的主要思路的区别，urllib 侧重于规律的观察、发现与利用，而 PhantomJS 侧重于模拟人的步骤对网页进行访问爬取。

14.3　需求分析

如果希望爬取腾讯动漫中的漫画，不妨打开腾讯动漫中某一个动漫的网址：

http://ac.qq.com/Comic/comicInfo/id/539443

打开后如图 14-15 所示。

图 14-15　某一腾讯动漫的页面

然后，单击"开始阅读"按钮，出现图 14-16 所示界面。

图 14-16　单击"开始阅读"后出现的界面

可以看到，在此有一幅漫画，现在可以按常规方式进行处理。

首先查看该网页对应的源代码，发现在源代码中并不能找到这一幅漫画对应的图片地址，并且，当鼠标指针往下滑动的时候，才会触发加载后续的漫画，所以，可以初步推断，这种数据是通过异步加载动态触发出来的。

按照一贯的解决思路，接下来尝试使用抓包分析进行解决，所以打开 Fiddler。

打开 Fiddler 之后，再次打开动漫页，通过拖动触发出相应的漫画。与此同时，Fiddler 中会依次出现新触发的资源信息，如图 14-17 所示。

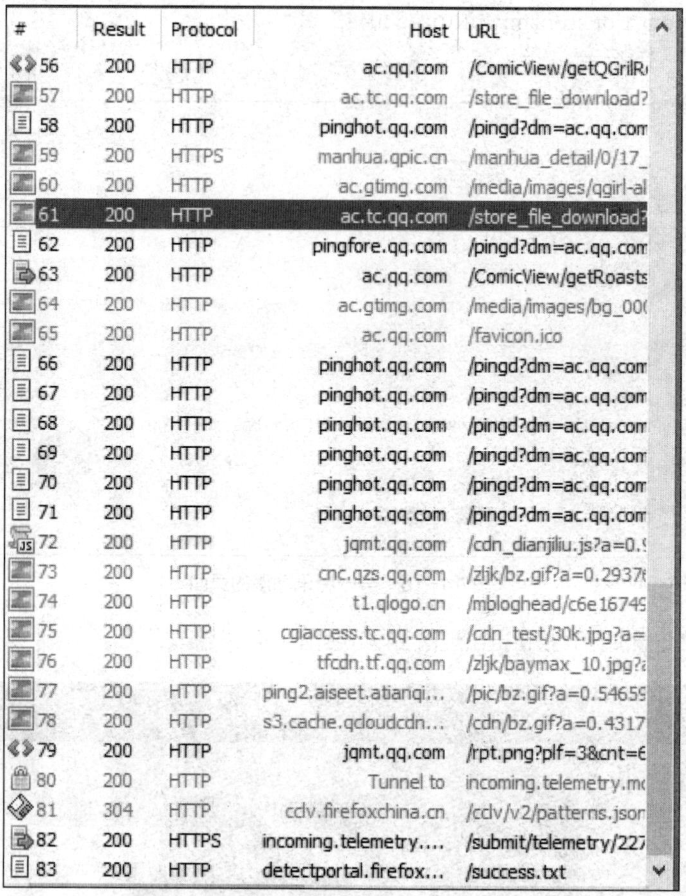

#	Result	Protocol	Host	URL
56	200	HTTP	ac.qq.com	/ComicView/getQGrilR
57	200	HTTP	ac.tc.qq.com	/store_file_download?
58	200	HTTP	pinghot.qq.com	/pingd?dm=ac.qq.com
59	200	HTTPS	manhua.qpic.cn	/manhua_detail/0/17_
60	200	HTTP	ac.gtimg.com	/media/images/qgirl-al
61	200	HTTP	ac.tc.qq.com	/store_file_download?
62	200	HTTP	pingfore.qq.com	/pingd?dm=ac.qq.com
63	200	HTTP	ac.qq.com	/ComicView/getRoasts
64	200	HTTP	ac.gtimg.com	/media/images/bg_00
65	200	HTTP	ac.qq.com	/favicon.ico
66	200	HTTP	pinghot.qq.com	/pingd?dm=ac.qq.com
67	200	HTTP	pinghot.qq.com	/pingd?dm=ac.qq.com
68	200	HTTP	pinghot.qq.com	/pingd?dm=ac.qq.com
69	200	HTTP	pinghot.qq.com	/pingd?dm=ac.qq.com
70	200	HTTP	pinghot.qq.com	/pingd?dm=ac.qq.com
71	200	HTTP	pinghot.qq.com	/pingd?dm=ac.qq.com
72	200	HTTP	jqmt.qq.com	/cdn_dianjiliu.js?a=0.
73	200	HTTP	cnc.qzs.qq.com	/zljk/bz.gif?a=0.2937
74	200	HTTP	t1.qlogo.cn	/mbloghead/c6e1674
75	200	HTTP	cgiaccess.tc.qq.com	/cdn_test/30k.jpg?a=
76	200	HTTP	tfcdn.tf.qq.com	/zljk/baymax_10.jpg?
77	200	HTTP	ping2.aiseet.atianqi...	/pic/bz.gif?a=0.5465
78	200	HTTP	s3.cache.qcloudcdn...	/cdn/bz.gif?a=0.4317
79	200	HTTP	jqmt.qq.com	/rpt.png?plf=3&cnt=6
80	200	HTTP	Tunnel to	incoming.telemetry.m
81	304	HTTP	cdv.firefoxchina.cn	/cdv/v2/patterns.jsor
82	200	HTTPS	incoming.telemetry....	/submit/telemetry/227
83	200	HTTP	detectportal.firefox...	/success.txt

图 14-17　Fiddler 中依次出现的信息

随后依次分析这些网址，并把与漫画相关的网址整理复制出来，如图 14-18 所示。

```
http://ac.tc.qq.com/store file download?buid=15017&uin=1454407085&dir path=/&name=02
17_58_913d4c7fadda8cd0969eda01bc6d606a_1617.jpg
http://ac.tc.qq.com/store file download?buid=15017&uin=1454404937&dir path=/&name=02
17_22_db62312f6f9452bcf62ffbd5d9a61f48_1597.jpg
```

图 14-18　漫画相关的网址

通过对比观察，可以看到漫画资源的网址规律。

对应的规律如下：

http://ac.qq.com/store_file_download?buid=动漫 ID&uin=uin 值&dir_path=/&name=日期_随机数_漫画图片 ID.jpg

可以看到，其地址中有一段是随机数，这一段网址很难通过网址构造的方法构造出来，所以，即使分析出了网址规律也无济于事。

显然，对于这种网址动态触发+资源随机存储的反爬策略，若采用以往的反爬处理技巧很难解决，这一点大家可以先按常规的方法使用 urllib 写一遍便会有深刻感触。

问题的解决办法总是有的，只是需要思考。

本章后续的小节会为大家具体地介绍如何处理这种反爬方式并实现腾讯动漫爬虫。

所以，本项目的主要功能需求如下。

（1）自动爬取某一腾讯动漫作品各页中的动漫图片，并存储到本地。

（2）使用 Python 代码自动触发各页中的动漫图片，并自动提取获得的各图片资源的地址。

（3）使用 urllib 依次自动访问获得的各图片资源的地址，爬取需要的动漫图片数据。

通过完成上面的 3 个功能需求，大家还应掌握编程时候的思路与处理及技巧，目的是希望大家通过本项目的练习掌握网址动态触发+资源随机存储的反爬策略的处理方式与技巧。

14.4　腾讯动漫爬虫的实现思路

由上面的介绍可以知道，目前问题的难点如下。

（1）漫画图片是动态触发、异步加载的，无法通过漫画的主网址获得各漫画图片的具体网址，而没有漫画图片的具体网址，就无法爬取这些漫画图片。

（2）漫画图片网址中含有随机参数，即使通过抓包分析技术分析出各漫画图片具体网址的规律，也无法主动构造出这些漫画图片的地址。

这些问题其实可以解决，解决思路如下。

（1）通过 PhantomJS 自动触发出漫画图片。

（2）通过 JavaScript 代码实现页面滑动，目的是自动触发出剩下的多张漫画图片。

（3）触发出漫画图片之后，将漫画图片地址通过正则表达式提取出来。

（4）得到的漫画图片地址交给 urllib 爬虫，对相关资源进行自动爬取并存储到本地。

在这里稍微解释一下，PhantomJS 虽然可以触发相关的数据，因为可以将其看成浏览器，所以效率是比较低的。

所以，一般情况下，会将主要爬虫部分交给 urllib 或者 Scrapy 等常规爬虫，这样效率会高很多。常规爬虫不能处理的部分可以交给 PhantomJS 等处理，处理完成后交由常规爬虫处理。也就是不同的技术负责不同的部分，整合起来，可以让爬虫的效率更高，并且不影响爬虫的功能实现。

14.5　腾讯动漫爬虫的实现

14.5.1　使用 PhantomJS 实现动态触发动漫图片地址的获取

接下来进入项目的编写。本项目的瓶颈部分在于具体漫画图片地址的获取，必须一开始就要解决，否则无法进行后续的开发。所以，先为大家介绍如何使用 PhantomJS 实现动态触发动漫图片地址的获取。

首先，导入相关模块：

```
from selenium import webdriver
import time
from selenium.webdriver.common.desired_capabilities import DesiredCapabilities
```

然后，需要基于 PhantomJS 创建一个浏览器，并且设置用户代理，否则可能出现界面不兼容的情况，如下所示：

```
dcap = dict(DesiredCapabilities.PHANTOMJS)
dcap["phantomjs.page.settings.userAgent"] = ("Mozilla/4.0 (compatible; MSIE 5.5; windows NT)"  )
browser = webdriver.PhantomJS(desired_capabilities=dcap)
```

然后，通过 PhantomJS 打开相关动漫网页，将动漫图片地址触发出来，如下所示：

```
#打开动漫的第一页
browser.get("http://ac.qq.com/ComicView/index/id/539443/cid/1")
#将打开的界面截图保存，方便观察
a=browser.get_screenshot_as_file("D:/Python35/test.jpg")
#获取当前页面的所有源码（此时包含触发出来的异步加载的资源）
data=browser.page_source
#将相关网页源码写入本地文件中，方便分析
fh=open("D:/Python35/dongman.html","w",encoding="utf-8")
fh.write(data)
fh.close()
```

随后，运行相关代码。运行完成后，会发现对应的截图"D:/Python35/test.jpg"，如图 14-19 所示。

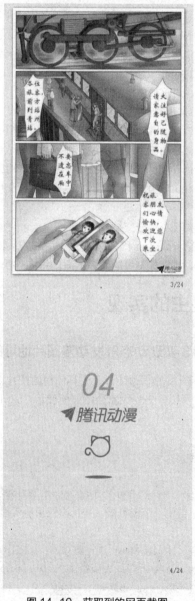

图 14-19　获取到的网页截图

可以看到，前面的漫画图片成功加载，可是后面的漫画图片却没有加载出来，为什么呢？

显然，后面的漫画图片只有触发才能加载，可以使用 JavaScript 代码实现自动拖动触发后续漫画的功能。

在没有触发后续漫画图片之前，不妨看一下此时的网页源代码，在源代码中搜索"ac.tc.qq.com/store_file_download"，即搜索满足漫画图片资源的网址格式的地址，查看源码中有没有，如图 14-20 所示。

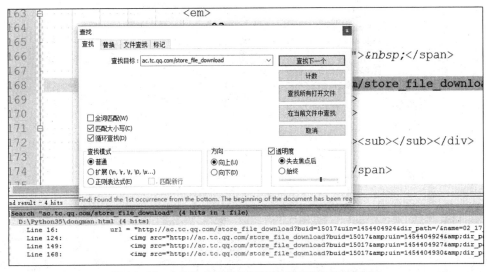

图 14-20　在源代码中搜索满足漫画图片资源格式的网址

可以看到，此时只有 4 个匹配的网址，说明确实没有加载出剩下的动漫图片资源网址。

接下来，可以通过 window.scrollTo(位置 1, 位置 2)实现自动滑动页面的功能，触发后续的网址，可以在以下代码的下面插入补充代码：

```
browser.get("http://ac.qq.com/ComicView/index/id/539443/cid/1")
```

插入的补充代码如下：

```
for i in range(10):
    js='window.scrollTo('+str(i*1280)+','+str((i+1)*1280)+')'
    browser.execute_script(js)
    time.sleep(1)
```

通过该循环，可以依次进行自动滑动，模拟滑动后触发后续的图片资源。

随后，再次执行代码。执行完代码后，可以看到剩下的动漫图片资源已经加载出来了，并且源码中匹配的网址也变多了，此时源码中网址的匹配情况如图 14-21 所示。

可以看到，此时符合规律的网址已经变成了 25 个，当前页面中的所有图片资源已经加载出来了。

显然，通过 PhantomJS 已经实现了异步资源触发与随机网址获取的功能。

接下来需要提取出相关动漫图片的网址，并交由 Urllib 模块进行后续爬取。

结束 PhantomJS 的使用之后，需要关闭浏览器对象，所以，在代码后添加如下一行代码：

```
browser.quit()
```

执行后即可关闭相应的浏览器对象。

14.5.2　编写 urllib 爬虫对漫画图片进行爬取

继续编写该爬虫项目，可以通过如下正则表达式将所有动漫资源图片网址提取出来：

```
'<img src="(http:..ac.tc.qq.com.store_file_download.buid=.*?name=.*?).jpg"'
```

图 14-21　源码中网址的匹配情况

提取出来之后，通过 urllib 对这些图片进行爬取，保存到本地。

具体代码实现如下：

```
import re
import urllib
#构造正则表达式提取动漫图片资源网址
pat='<img src="(http:..ac.tc.qq.com.store_file_download.buid=.*?name=.*?).jpg"'
#获取所有动漫图片资源网址
allid=re.compile(pat).findall(data)
for i in range(0,len(allid)):
    #得到当前网址
    thisurl=allid[i]
    #去除网址中的多余元素amp;
    thisurl2=thisurl.replace("amp;","")+".jpg"
    #输出当前爬取的网址
    print(thisurl2)
    #设置将动漫存储到本地目录
    localpath="D:/Python35/dongman/"+str(i)+".jpg"
    #通过urllib对动漫图片资源进行爬取
    urllib.request.urlretrieve(thisurl2,filename=localpath)
```

随后，运行该代码，便可以在本地目录"D:/Python35/dongman/"下看到图 14-22 所示的信息。

可以看到，相关动漫图片资源已经爬到本地了。

显然，当前完成了一页动漫的爬取，即爬取了第一页（http://ac.qq.com/ComicView/index/id/539443/cid/1）的内容。如果需要批量爬取更多页的漫画，还需要继续编写一些代码。

首先，可以把上面爬取一页漫画的代码封装为一个函数，在此封装成一个名为 getCartoon(page) 的函数，函数里面有一个参数，代表控制程序爬取第几页的漫画。

其次，需要观察各页漫画之间的 URL 的规律。

图 14-22　爬取到的漫画图片

比如，在此将该漫画的前三页的 URL 地址整理了出来，分别如图 14-23、图 14-24、图 14-25 所示。

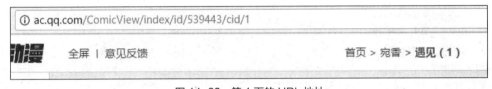

图 14-23　第 1 页的 URL 地址

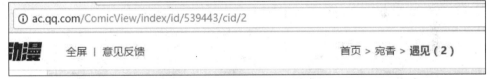

图 14-24　第 2 页的 URL 地址

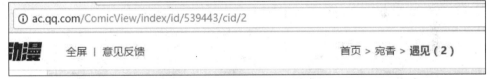

图 14-25　第 3 页的 URL 地址

可见，动漫作品的各页网址规律如下。

http://ac.qq.com/ComicView/index/id/动漫作品的 ID 号/cid/页码号

所以，如果要爬取该动漫作品的不同页数，只需要更改 URL 地址中的"页码号"部分即可。

所以，在 getCartoon(page)函数里面，需要修改两个地方，第一个需要修改的地方为：

```
...
browser.get("http://ac.qq.com/ComicView/index/id/539443/cid/1")
...
```

更改如下：

```
...
browser.get("http://ac.qq.com/ComicView/index/id/539443/cid/"+str(page))
...
```

这样每次调用函数，都可以爬取不同页码的动漫内容。

第二个需要修改的地方为：

```
...
#设置将动漫存储到本地目录
localpath="D:/Python35/dongman/"+str(i)+".jpg"
...
```

更改如下：

```
...
#设置将动漫存储到本地目录
localpath="D:/Python35/dongman/"+str(page)+"_"+str(i)+".jpg"
...
```

可以看到，每页存储到本地的图片名称就不一样了，即不冲突了，否则新爬下来的动漫图片会替换上一页爬下来的动漫图片。

随后，需要在函数外面编写一段循环代码用于总体控制。

比如，现在希望爬取前 10 页的所有动漫图片，可以在函数外面编写如下程序：

```
for page in range(1,11):
    print("正在爬取第"+str(page)+"页")
    getCartoon(page)
print("全部爬完")
```

可以看到，只需要通过 for 循环即可实现，而要爬某一页动漫的时候，直接调用自定义函数 getCartoon(page)即可实现。

运行上面完整的程序后，可以看到本地目录 "D:/Python35/dongman/" 下的图片，如图 14-26 所示。

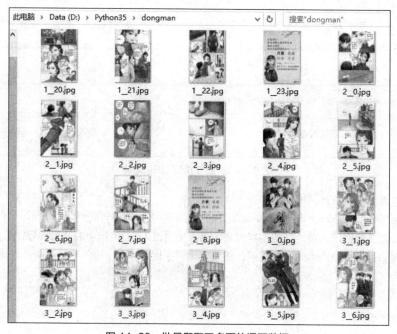

图 14-26　批量爬取了多页的漫画数据

可以看到，该动漫作品的各页的动漫数据都已经成功批量爬取到本地了。

14.5.3 项目完整代码

为了让读者可以更好地阅读与参考，在此附上本项目的完整代码，如下所示。

```python
def getCartoon(page):
    from selenium import webdriver
    import time
    from selenium.webdriver.common.desired_capabilities import DesiredCapabilities
    import re
    import urllib.request
    dcap = dict(DesiredCapabilities.PHANTOMJS)
    dcap["phantomjs.page.settings.userAgent"] = ("Mozilla/4.0 (compatible; MSIE 5.5; windows NT)"   )
    browser = webdriver.PhantomJS(desired_capabilities=dcap)
    #打开动漫的一页
    browser.get("http://ac.qq.com/ComicView/index/id/539443/cid/"+str(page))
    for i in range(10):
        js='window.scrollTo('+str(i*1280)+','+str((i+1)*1280)+')'
        browser.execute_script(js)
        time.sleep(1)
    #将打开的界面截图保存，方便观察
    a=browser.get_screenshot_as_file("D:/Python35/test.jpg")
    #获取当前页面的所有源码（此时包含触发出来的异步加载的资源）
    data=browser.page_source
    #将相关网页源码写入本地文件中，方便分析
    fh=open("D:/Python35/dongman.html","w",encoding="utf-8")
    fh.write(data)
    fh.close()
    browser.quit()
    #构造正则表达式提取动漫图片资源网址
    pat='<img src="(http:..ac.tc.qq.com.store_file_download.buid=.*?name=.*?).jpg"'
    #获取所有动漫图片资源网址
    allid=re.compile(pat).findall(data)
    for i in range(0,len(allid)):
        #得到当前网址
        thisurl=allid[i]
        #去除网址中的多余元素amp;
        thisurl2=thisurl.replace("amp;","")+".jpg"
        #输出当前爬取的网址
        print(thisurl2)
        #设置将动漫存储到本地目录
        localpath="D:/Python35/dongman/"+str(page)+"__"+str(i)+".jpg"
        #通过urllib对动漫图片资源进行爬取
        urllib.request.urlretrieve(thisurl2,filename=localpath)
for page in range(1,11):
    print("正在爬取第"+str(page)+"页")
```

```
        getCartoon(page)
print("全部爬完")
```

代码是调试过的，可运行。如果在执行的时候出现问题，可先查看是否是编写的时候细节的地方出现了问题。如果都没有问题，需要观察一下是否是腾讯动漫中的某个网址或者网页结构发生了变化。如果发生了变化，同样可以使用上面的方式实现该爬虫项目，只不过对应的 URL 地址需要进行一些更换，并且提取动漫图片地址时的正则表达式可能需要进行一些更换。腾讯动漫网站的 URL 结构与网页内容结构大体上不会发生过多变化，但是不排除有这种可能，这里主要为大家提供了一种问题的解决思路，希望大家使用的时候注意。

14.6 项目的实现与总结

现在已经完整实现了腾讯动漫爬虫，可以看到，难点就在于动漫图片地址的获取。如果可以获取到动漫图片地址，接下来就可以使用 urllib 以及 for 循环对动漫图片数据进行批量的爬取。同样，也希望大家能够通过本项目的练习掌握网址动态触发+资源随机存储的反爬策略的处理方式与技巧。

同时，大家在使用 Python 编写爬虫项目的时候，要遵守道德与法律。比如，不要爬取对方网站的私密信息，不要把爬取到的信息公开发布或者出售给第三方，不要批量开启大量爬虫对站点进行攻击（大网站的承受能力会强很多，基本不受影响；如果是小网站，需要注意数量限制，不要采用服务器集群的方式对站点进行恶意大批量访问爬取，否则会影响对方服务器的带宽及性能等）。毕竟，与人方便，就是与己方便。